国家职业教育电力系统自动化技术专业教学资源库配套教材
新形态一体化教材

发电厂变电站电气设备

主　编　刘建英　李蓉娟　赵双双
副主编　袁玉雅　吴新伟　李竟达

北京理工大学出版社
BEIJING INSTITUTE OF TECHNOLOGY PRESS

内 容 简 介

“发电厂变电站电气设备”课程是电力系统自动化技术专业群的专业核心课程。本书针对变配电运行值班员、变电设备检修工岗位能力要求，依据人才培养方案，选择典型工作项目，以项目整体准备和实施为载体，结合学校软硬件条件和资源，将本课程转化为八个项目进行介绍，主要内容包括：认识发电厂变电站，电力系统中性点运行方式，开关设备运行与控制，互感器运行，母线、电力电缆及绝缘子，其他一次设备运行，电气主接线，接地装置、配电装置布置及运行。本书配套有国家职业教育电力系统自动化技术专业教学资源库相关资源。

本书可作为高等职业院校电力系统自动化技术专业群学生用书，也可作为变配电运行值班员、变电设备检修工的参考用书。

图书在版编目（CIP）数据

发电厂变电站电气设备 / 刘建英，李蓉娟，赵双双主编. —北京：北京理工大学出版社，2020. 6（2023.8 重印）

ISBN 978 -7 -5682 -8610 -7

Ⅰ. ①发…　Ⅱ. ①刘…　②李…　③赵…　Ⅲ. ①发电厂 - 电气设备 - 高等职业教育 - 教材②变电所 - 电气设备 - 高等职业教育 - 教材　Ⅳ. ①TM62②TM63

中国版本图书馆 CIP 数据核字（2020）第 110092 号

出版发行 / 北京理工大学出版社有限责任公司
社　　址 / 北京市海淀区中关村南大街 5 号
邮　　编 / 100081
电　　话 / （010）68914775（总编室）
（010）82562903（教材售后服务热线）
（010）68948351（其他图书服务热线）
网　　址 / http：//www. bitpress. com. cn
经　　销 / 全国各地新华书店
印　　刷 / 涿州市新华印刷有限公司
开　　本 / 787 毫米 × 1092 毫米　1/16
印　　张 / 14
字　　数 / 345 千字
版　　次 / 2020 年 6 月第 1 版　2023 年 8 月第 3 次印刷
定　　价 / 40. 00 元

责任编辑 / 陈莉华
文案编辑 / 陈莉华
责任校对 / 周瑞红
责任印制 / 施胜娟

图书出现印装质量问题，请拨打售后服务热线，本社负责调换

本书数字资源获取说明

方法一

用微信等手机软件“扫一扫”功能，扫描本书中二维码，直接观看相关知识点视频。

方法二

Step1：扫描下方二维码，下载安装“微知库”APP。

Step2：打开“微知库”APP，点击页面中的“电力系统自动化技术”专业。

Step3：点击“课程中心”选择相应课程。

Step4：点击“报名”图标，随后图标会变成“学习”，点击“学习”即可使用“微知库”APP进行学习。

安卓客户端

IOS 客户端

前　言

“发电厂变电站电气设备”课程是电力系统自动化技术专业群的一门专业核心课程，是一门理论与实践紧密结合的学科，是校企合作开发的基于项目教学的实用课程，它遵循电力系统自动化技术专业岗位职业标准和人才质量培养标准。通过本课程的学习，培养理想信念坚定，德、智、体、美、劳全面发展，具备从事变配电运行值班员、变电设备检修工所需发电厂变电站电气设备知识的高素质技术技能人才。

本课程针对变配电运行值班员、变电设备检修工岗位能力要求，综合考虑本专业发展现状，选择典型工作岗位具有代表性的工作项目，以它的整体准备和实施为载体，结合本学校的教学硬、软件条件和资源，将本课程转化为具体的工作项目，充分体现本课程的职业性、实践性和开放性的要求。

本课程采用多种教学模式相结合的形式进行教学，包括理实一体教室、多媒体教室、实训室等，通过教师对各类典型工作任务的分析和讲解后，学生以独立或小组合作的形式借助参考教材、技术相关资料，制订各步骤工作计划，完成电气设备的运行维护、载流导体的运行维护、电气主接线的识图与设计、配电装置的布置等典型工作任务。充分发挥教师的主导作用，通过设定教学任务和教学目标，让师生双方边教、边学、边做，全程构建素质和技能培养框架，丰富课堂教学和实践教学环节，提高教学质量。理中有实，实中有理，突出学生动手能力和专业技能的培养，充分调动和激发学生学习兴趣。

“发电厂变电站电气设备”标准化课程由八个项目25个任务组成，其中项目一认识发电厂变电站，包含“认识发电厂”“认识变电站”“认识一、二次设备”3个任务；项目二电力系统中性点运行方式，包含“中性点不接地电力系统”“中性点经消弧线圈接地电力系统”“中性点直接接地电力系统”3个任务；项目三开关设备运行与控制，包含“认识电弧及电器触头”“高压断路器的运行与控制”“高压隔离开关的运行与控制”“高压负荷开关认识及操作”“高压熔断器的运行”5个任务；项目四互感器运行，包含“初识互感器”“电流互感器运行维护”“电压互感器运行维护”3个任务；项目五母线、电力电缆及绝缘子，包含“母线运行维护”“电力电缆运行维护”“绝缘子运行维护”3个任务；项目六其他一次设备运行，包含“电容器运行维护”“电抗器运行维护”2个任务；项目七电气主接线，包括“电气主接线的类型及特点”“发电厂变电站电气主接线图识读”“自用电系统设计”3个任务；项目八接地装置、配电装置布置及运行，包含“接地装置布置”“配电装置布置”“GIS组合电器运行维护”3个任务。

项目一由内蒙古电力集团综合能源有限责任公司吴新伟编写；项目二、项目七由内蒙古机电职业技术学院李蓉娟编写；项目三由内蒙古机电职业技术学院袁玉雅编写；项目四～项目六由内蒙古机电职业技术学院赵双双编写；项目八的任务一、任务二由内蒙古机电职业技术学院李竟达编写，项目八的任务三由内蒙古机电职业技术学院刘建英编写。

由于编者的知识水平有限，书中难免出现不足之处，恳请同行、专家和读者批评指正。

编　者

前言

目　录

项目一

认识发电厂变电站

项目场景

某500 kV变电站的全景图如图1－1所示。该站有哪些电气设备呢？这是变配电运行值班员、变电设备检修工首先要掌握的内容。

图1－1　某500 kV变电站的全景图

相关知识和技能

①了解火力、水力、核能、风力、光伏等发电的流程；②掌握变电站的作用；③了解变电站的类型；④掌握一、二次设备的作用；⑤了解一、二次设备的类型；⑥能区分一、二次设备。

任务一　认识发电厂

【任务描述】　通过本任务的学习，学生可了解火力、水力、核能、风力、光伏等发电的流程。

【教学目标】

知识目标：了解发电厂的作用类型。

技能目标：能绘制发电流程。

【任务实施】 ①课前预习电力系统基本知识及电力负荷分类，并做相应测试；②课中观看火力发电、水力发电、核能发电等发电流程动画，做笔记，论坛讨论；③课后做测试习题，根据测试情况回看发电流程动画。

【知识链接】 火力发电、水力发电、核能发电、闪蒸地热发电、风力发电、太阳能发电、潮汐发电。

发电厂是将其他形式的能量转换成电能的工厂。发电按能源可分为火力发电、水力发电、核能发电、风力发电、太阳能发电、地热发电、潮汐发电等。

一、 火力发电

火力发电是将燃烧的化学能转换成电能。火力发电厂（简称火电厂）按使用能源的不同和转换能源的特点分为凝汽式火电厂、热电厂和燃气轮机发电厂。

1. 凝汽式火电厂

凝汽式火电厂生产过程如图 1－2 所示。原煤经碎煤机、磨煤机磨制成煤粉，送入煤粉仓。煤粉经给粉机送入炉膛，同时，空气经送风机、空气预热器送至炉膛，经过除氧等处理的生水也通过给水泵送入锅炉。煤粉在炉膛内充分燃烧，将水转换成高温高压的蒸汽，推动汽轮机旋转。

汽轮机带动发电机旋转，将机械能转换成电能。电能经升压站送入公共电网。在汽轮机中做过功的蒸汽排入凝汽器，被循环冷却水迅速冷却而凝结为水后重新送回锅炉。

2. 热电厂

热电厂生产过程如图 1－3 所示。来自锅炉的高温高压的蒸汽推动汽轮机带动发电机将热能转换成电能，电能经升压站送入公共电网。将汽轮机中一部分做过功的蒸汽从中段抽出，直接供给热能用户，或经加热器将水加热后供给热能用户。将汽轮机另一部分做过功的蒸汽排入凝汽器，循环水泵打入的循环水将排汽迅速冷却而凝结，由凝结水泵将凝结水送到除氧器中除氧后由给水泵重新送回锅炉。热网回水经回水泵送入加热器中加热后继续向热能用户供热。

3. 燃气轮机发电厂

燃气－蒸汽联合发电过程如图 1－4 所示，空气经压气机压缩后送入燃烧室。燃料经燃料泵打入燃烧室，燃烧产生的高温高压气体进入燃气轮机膨胀做工，推动燃气轮机旋转，带动发电机发电。做过功的尾气经烟囱排出。为了提高热效益，燃气轮机的排汽送入余热锅炉，加热其中的给水并产生高温高压的蒸汽，送到汽轮机中做功，带动发电机再次发电。从汽轮机中抽取低压蒸汽，通过蒸汽型溴冷机或汽－水热交换器制取冷热水。

二、 水力发电

水力发电是把水的位能和动能转换成电能。水力发电厂（简称水电厂）按照建设方式的不同有坝式水电厂、引水式水电厂和抽水蓄能水电厂三种。

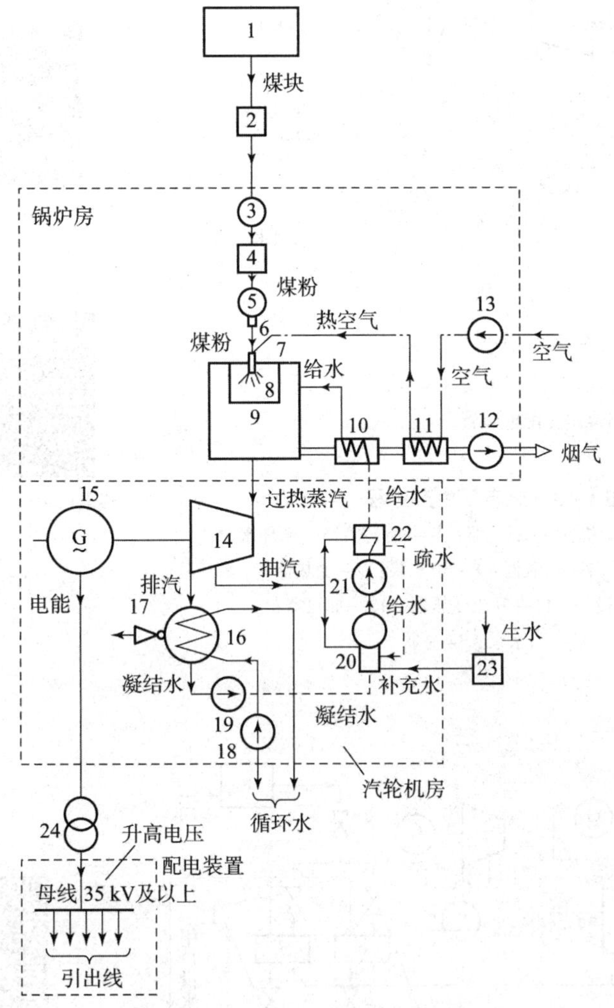

图 1－2　凝汽式火电厂生产过程

1—煤场；2—碎煤机；3—原煤仓；4—磨煤机；5—煤粉仓；6—给粉机；7—喷燃器；8—炉膛；9—锅炉；10—省煤器；11—空气预热器；12—引风机；13—送风机；14—汽轮机；15—发电机；16—凝汽器；17—抽汽器；18—循环水泵；19—凝结水泵；20—除氧器；21—给水泵；22—加热器；23—水处理设备；24—升压变压器

凝汽式火电厂生产流程（动画）

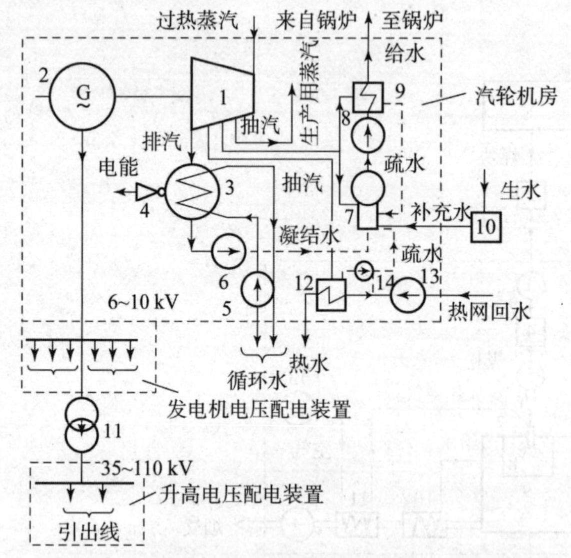

220 kV热电厂（三维场景）

热电厂生产过程（动画）

图1－3　热电厂生产过程

1—汽轮机；2—发电机；3—凝汽器；4—抽汽器；5—循环水泵；6—凝结水泵；7—除氧器；8—给水泵；9—加热器；10—水处理设备；11—升压变压器；12—加热器；13—回水泵；14—泵

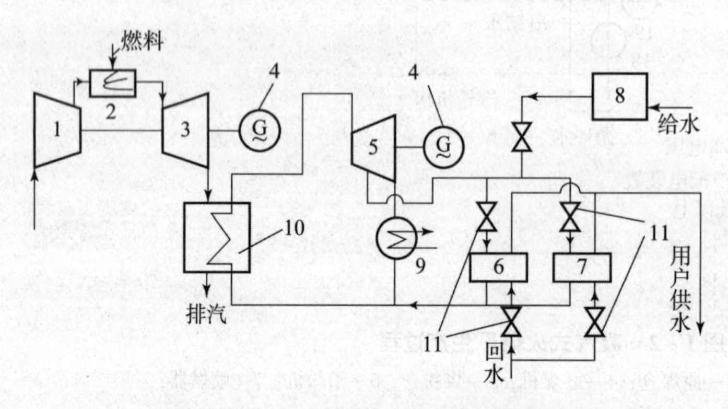

燃气–蒸汽联合循环系统（动画）

图1－4　燃气－蒸汽联合循环系统

1—压气机；2—燃烧室；3—燃气轮机；4—发电机；5—汽轮机；6—蒸汽型溴冷机；7—汽－水热交换器；8—备用燃气锅炉；9—凝汽器；10—余热锅炉；11—制冷采暖切换阀

1. 坝式水电厂

坝式水电厂是在河流上适当的地方拦河筑坝，形成水库，抬高上游水位，使坝的上、下游形成大的水位差，利用水的落差冲动水轮机带动发电机发电。坝式水电厂适宜建在河道坡降较缓且流量较大的河段。坝式水电厂的生产过程较简单，发电机与水轮机转子同轴连接，水由上游沿压力进水管进入水轮机蜗壳，冲动水轮机转子，水轮机带动发电机转动即发出电能。做过功的水通过尾水管流到下游；生产出来的电能经变压器升压并沿架空线送至屋外配电装置，而后进入电力系统。坝式水电厂断面图如图1－5所示。

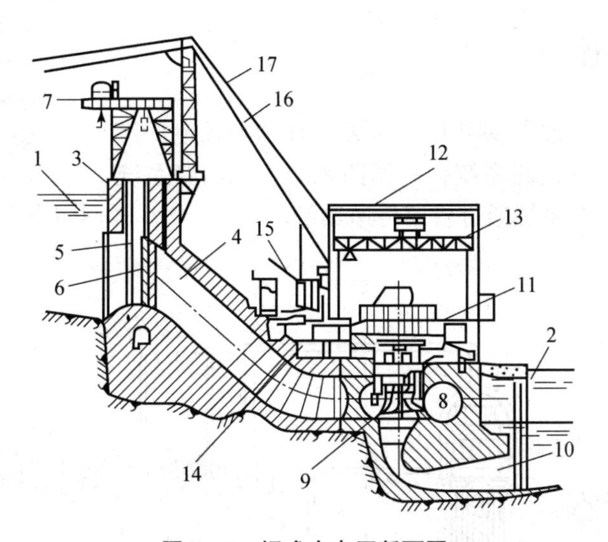

图 1－5　坝式水电厂断面图

1—上游水位；2—下游水位；3—坝；4—压力进水管；5—检修闸门；6—阀门；7，13—吊车；8—水轮机蜗壳；9—水轮机转子；10—尾水管；11—发电机；12—发电机闸；14—发电机电压配电装置；15—升压变压器；16—架空线；17—避雷线

2. 引水式水电厂

引水式水电厂适宜建在河道弯曲或河道坡降较陡的河段，用较短的引水系统可集中较大的水头，也适用于高水头水电厂，避免建设过高的挡水建筑物。引水式水电厂断面图如图 1－6 所示。

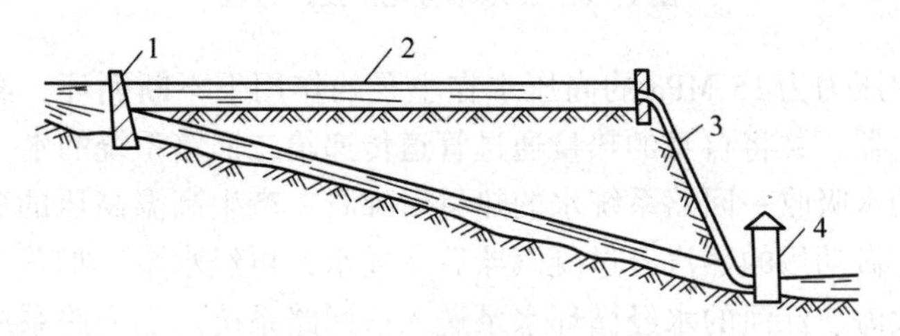

图 1－6　引水式水电厂

1—堰；2—水渠；3—压力水管；4—厂房

3. 抽水蓄能水电厂

抽水蓄能水电厂利用电力系统低谷负荷时的剩余电力抽水到高处蓄存，在高峰负荷时放水发电。它是电力系统的填谷调峰电源。在以火电、核电为主的电力系统中，建设适当比例的抽水蓄能水电厂可以提高系统运行的经济性和可靠性。抽水蓄能水电厂可能是堤坝式或引水式的。抽水蓄能水电厂断面图如图 1－7 所示。

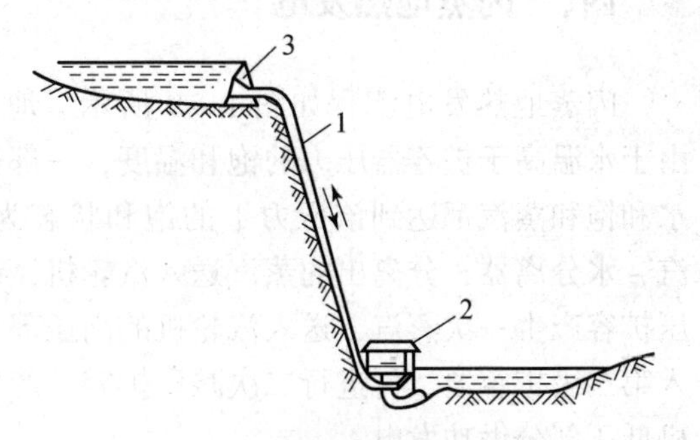

图 1－7　抽水蓄能水电厂断面图

1—压力水管；2—厂房；3—坝

三、 核能发电

压水堆核电厂生产过程（动画）

压水堆核电厂生产过程如图 1 - 8 所示。压水堆核电厂生产过程包含三个独立的回路系统：一回路系统、二回路系统和三回路系统。这三个系统通过管道传递热量。

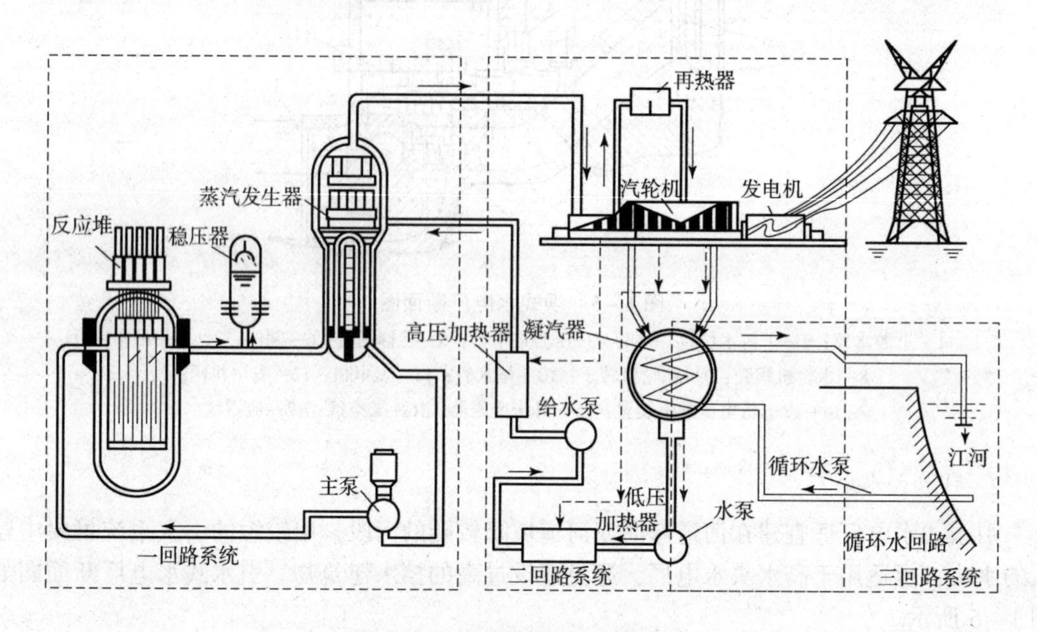

图 1 - 8　压水堆核电厂生产过程

一回路系统中压力为 15 MPa 的高压水在主泵的作用下不断循环，经过反应堆时被加热后进入蒸汽发生器，并将自身的热量通过管道传递给二回路系统的水。

二回路系统的水吸收一回路系统水的热量后沸腾，产生高温高压的蒸汽，推动汽轮机带动发电机发电。做功后的蒸汽经过凝汽器后变成水，再经水泵、加热器送入蒸汽发生器循环利用。取自大海、江河的水经循环水泵送入三回路系统。三回路系统的水在凝汽器中带走二回路系统的余热后流回大海、江河。

四、 闪蒸地热发电

闪蒸地热发电流程如图 1 - 9 所示。地下热水经除氧器除氧后，进入第一级扩容器。由于水温高于扩容器压力的饱和温度，一部分热水急速汽化为蒸汽，并使温度降低，直到水和饱和蒸汽都达到该压力下的饱和状态为止。当地热进口流体为湿蒸汽时，则先进入汽 - 水分离器，分离出的蒸汽送入汽轮机，剩余的水再进入扩容器。通过第一级扩容器减压扩容产生一次蒸汽，送入汽轮机的高压部分推动汽轮机带动发电机发电。余下的热水进入第二级扩容器，再进行二次减压扩容，产生的压力低于一次蒸汽的二次蒸汽，送入汽轮机低压部分做功发电。

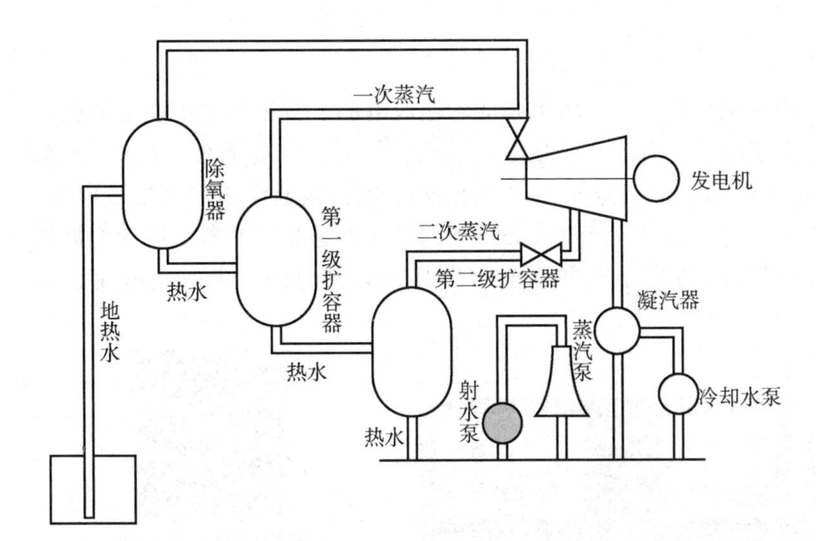

闪蒸地热发电流程（动画）

图 1-9　闪蒸地热发电流程

五、 风力发电

我国水电、风电、太阳能发电装机均位居世界第一，风力发电装置如图 1-10 所示。风力机将风能转化为机械能，升速齿轮箱将风力机轴上的低速旋转变为高速旋转，带动发电机发出电能，经电缆线路引至配电装置，然后送入电网。风力机的叶片多数是由聚酯树脂增强玻璃纤维材料制成的；塔架由钢材制成（锥形筒状式或桁架式）；升速齿轮箱一般为三级齿轮传动；风力发电机组的单机容量为几十瓦至几兆瓦，100 kW 以上的风力发电机为同步发电机或异步发电机；大、中型风力发电机组皆配有由微机或可编程控制器组成的控制系统，以实现控制、自检、显示等功能。

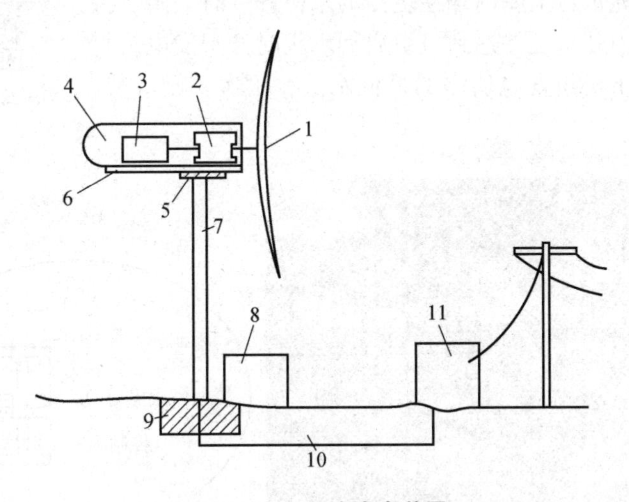

图 1-10　风力发电装置

1—风力机；2—升速齿轮箱；3—发电机；4—控制系统；5—驱动装置；6—底板和外罩；7—塔架；8—控制和保护装置；9—土建基础；10—电缆线路；11—配电装置

六、 太阳能发电

太阳能光伏发电是利用光生伏特效应，将太阳能转换成电能。常见的太阳能电池板以硅半导体作为材料。太阳光照在半导体 P－N 结上，形成新的空穴－电子对。在 P－N 结电场的作用下，空穴由 N 区流向 P 区，电子由 P 区流向 N 区，接通电路后就形成电流。光伏组件接收太阳光产生直流电，通过汇流箱收集得到的直流电送往逆变器，经逆变器将直流电转换成交流电，通过变压器升压至并网电压后并入公共电网。光伏发电流程如图 1－11 所示。

光伏发电过程（视频文件）

光伏电站（三维场景）

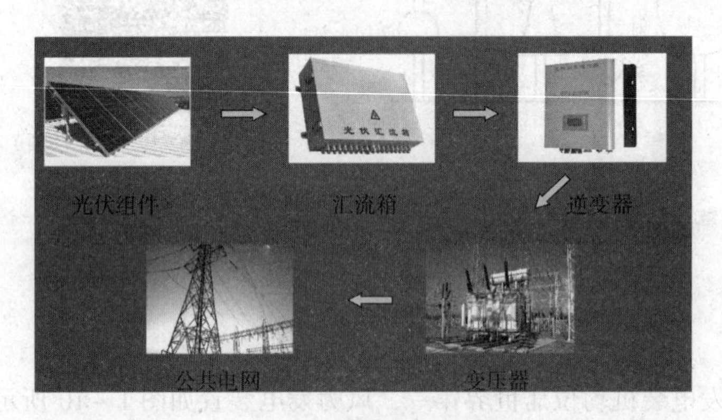

图 1－11　光伏发电流程

七、 潮汐发电

潮汐发电流程（视频文件）

潮汐发电站如图 1－12 所示。单库单向式潮汐电厂只建一个水库，安装单向水轮发电机组，在落潮时发电。当涨潮至库内水位时，开闸向库内充水，至库内外在更高的水位齐平时关闸。待潮水逐渐下降至库内外水位差达到机组启动水头时开闸发电，直到库内外水位差小于机组发电所需的最低水头，再次关闸等待，转入下一周期。

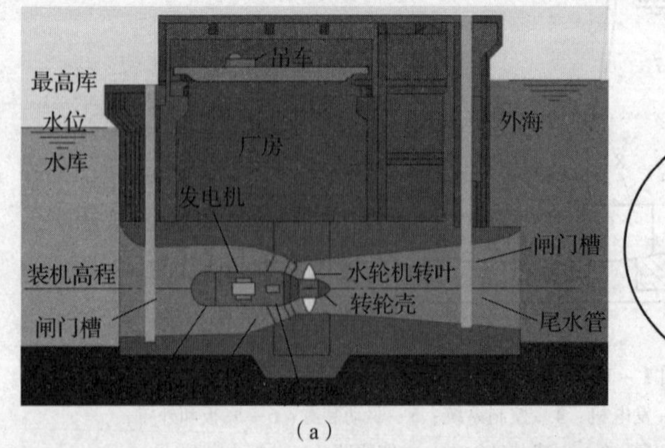

图 1－12　潮汐发电站

（a）单库单向式潮汐发电站；（b）单库双向式潮汐发电站

单库双向式潮汐电厂也只建一个水库，安装双向水轮发电机组，在涨潮、落潮时均能发电。当潮涨到一定高度时，打开控制闸 A、B 将潮水引入，冲动发电机组发电；当涨潮即将结束时，打开控制闸 E、F，使水库充满水后即关闸；当潮落至一定水位差时，打开控制闸 C、D，再次冲动发电机组发电。

【习题】

知识点1：认识发电厂

任务二　认识变电站

【任务描述】 通过本任务的学习，学生可掌握变电站的作用，了解变电站的类型。

【教学目标】

知识目标：掌握变电站的作用；了解变电站的类型；熟悉变电站的结构组成。

技能目标：能认识变电站的设施及设备。

【任务实施】 ①课前复习发电、输电、变电、配电、用电的流程，并做相应测试；②课中学习变电站的作用、类型及结构组成，做笔记，论坛讨论；③课后做测试习题，根据测试情况回看变电站素材。

【知识链接】 变电站的作用、枢纽变电站、中间变电站、地区变电站、终端变电站、企业变电站。

变电站是联系发电厂和电能用户的中间环节，起着变换电压和分配电能的作用。

认识变电站（视频文件）

一、变电站的类型

（1）变电站按作用可分为升压站、降压站和开关站（换流站）。

（2）按其地位可分为枢纽变电站、中间变电站、地区变电站、终端变电站和企业变电站五种。

①枢纽变电站。枢纽变电站位于电力系统的枢纽点，连接电力系统高、中压的几个部分，汇集多个电源多回大容量联络线，变电容量大，电压（指高压侧，下同）为 330 ~ 500 kV。全站停电时，将引起系统解列甚至瘫痪。

②中间变电站。中间变电站一般位于电力系统的主要环路线路中或主要干线的接口处，汇集有 2 ~ 3 个电源，高压侧以交换潮流为主，同时又降压供给当地用户，主要起中间环节作用。电压等级为 220 ~ 330 kV。全站停电时将引起区域电网解列。

③地区变电站。地区变电站以对地区供电为主，是一个地区或城市的主要变电站，电压等级一般为 110 ~ 220 kV。全站停电时将使该地区停电。

④终端变电站。终端变电站位于输电线路终端，接近负荷点，经降压后直接向用户供电，不承担功率转送任务，电压等级为 110 kV 及以下。全站停电时仅使其所供的用户停电。

⑤企业变电站。企业变电站是供大、中型企业专用的终端变电站，电压等级一般为 35 ~ 110 kV，进线 1 ~ 2 回。全站停电时将引起该企业停电。

（3）变电站按电压等级可分为 1 000 kV、750 kV、500 kV、330 kV、220 kV、110 kV、35 kV 变电站。

二、 变电站的构成

变电站主要由电气设备、土建基础和构架、电源系统、通信系统、遥视安防系统和防雷接地系统构成。

1. 电气设备

电气设备主要由一次设备和二次设备组成。一次设备是生产、传输、汇集、分配、使用电能的设备，主要有变压器、高压隔离开关、断路器、互感器、母线等。

二次设备：对一次设备进行保护、控制、测量、计量、通信等的设备。

2. 土建基础和构架

土建基础和构架主要有主控楼、高压室、设备构架、设备基础、站区道路和电缆沟等。

3. 电源系统

电源系统主要有交流系统和直流系统。

4. 通信系统

通信系统由光端机、光纤配线架、音频配线架组成。

5. 遥视安防系统

遥视安防系统由遥视监控、火灾自动报警、红外线探测系统组成。

6. 防雷接地系统

防雷接地系统由防雷装置和接地装置组成。防雷装置主要有避雷针和避雷器。接地装置主要是接地网和接地体。

【习题】

知识点1：认识变电站.png

任务三　认识一、二次设备

【任务描述】 通过本任务的学习，学生可掌握一、二次设备的作用，了解一、二次设备的类型，能区分一、二次设备。

【教学目标】

知识目标：掌握一、二次设备的定义、功能。

技能目标：能区分一、二次设备，并能正确寻找设备间隔。

【任务实施】 ①课前通过推送资料认识一、二次设备，并做相应的测试；教师根据测试结果设计课中内容。②课中，教师根据学生情况，重点讲解一、二次设备的功能；③课后做测试习题，根据测试情况回看变电站素材。

认识一、二次设备（视频文件）

【知识链接】 一次设备、二次设备。

一、 一次设备

发电厂、变电站的电气设备按其所起的作用分为一次设备和二次设备。一次设备是直接生产、传输、分配、交换、使用电能的设备。一次设备主要有生产和转换电能的设备、开关电器、限流电器、载流导体、补偿设备、互感器、保护电器（防御过电压设备）、绝缘子和接地装置。常见一次设备的图形和文字符号如表 1－1 所示。

知识点2：一次设备符号

表 1－1 常见一次设备的图形和文字符号

名 称	文字符号	图形符号	名 称	文字符号	图形符号
交流发电机	G		普通电抗器	L	
电动机	M		分裂电抗器	L	
调相机	G		电容器	C	
双绕组变压器	T		母线、导线、电缆	W	
三绕组变压器	T		电缆终端头	—	
三绕组自耦变压器	T		双绕组、三绕组电压互感器	TV	

续表

名　称	文字符号	图形符号	名　称	文字符号	图形符号
隔离开关	QS		具有两个铁芯和两个二次绕组、一个铁芯和两个二次绕组的电流互感器	TA	
断路器	QF		接触器的主动合、主动断触点	K	
负荷开关	QL		避雷器	F	
熔断器	FU		火花间隙	F	
消弧线圈	L		接地	E	

1. 生产和转换电能的设备

生产和转换电能的设备包括发电机、变压器和电动机，它们都是按电磁感应原理工作的，统称为电机。

2. 开关电器

开关电器包括断路器、隔离开关、负荷开关、熔断器、重合器、分段器、组合开关，它们是用来接通或断开电路的电器。

3. 限流电器

限流电器包括普通电抗器和分裂电抗器，其作用是限制短路电流，使发电厂和变电站能选择轻型开关电器和选用小截面的导体，提高经济性。

4. 载流导体

载流导体包括母线、架空线和电力电缆。母线用来汇集、传输和分配电能或将发电机、变压器与配电装置相连。架空线路和电力电缆用来传输电能。

5. 补偿设备

补偿设备包括调相机、电力电容器、消弧线圈和并联电抗器。

调相机是一种不带机械负荷的同步电动机，是电力系统的无功电源，用来向系统输出无功功率，以调节电力系统的电压。

电力电容器有并联补偿和串联补偿两种。并联补偿是将电容器与用电设备并联，也是无功电源，它发出无功功率，供给就地无功负荷需要，避免长距离输送无功功率，减少线路电能损耗和电压损耗，提高电力系统供电能力。串联补偿是将电容器与架空线路串联，抵消系统的部分感抗，提高系统的电压水平，同时减少系统的功率损失。

消弧线圈是用来补偿小接地电流系统的单相接地电容电流，以利于熄灭电弧。

并联电抗器一般装在某些 330 kV 及以上超高压线路上，主要是吸收过剩的无功功率，改善沿线路的电压分布和无功功率分布，降低有功功率损耗，提高输电效率。

6. 互感器

互感器包括电流互感器和电压互感器。

电流互感器是将一次侧的大电流变成二次侧标准的 5 A 或 1 A 的小电流，供电给测量仪表和继电保护的电流线圈。

电压互感器是将一次高电压变成二次标准的 100 V 或 100 $\sqrt{3}$ V 的低电压，供电给测量仪表和继电保护装置的电压线圈。

它们使测量仪器和保护装置标准化和小型化，使二次设备与一次高压部分隔离，且互感器二次侧可靠接地，保证了设备和工作人员的安全。

7. 防御过电压设备

防御过电压设备包括避雷线（架空地线）、避雷器、避雷针、避雷带和避雷网等。避雷线可将雷电流引入大地，保护输电线路免受雷击。

避雷器可防止雷电过电压及内部过电压对电气设备的危害。

避雷针、避雷带和避雷网可防止雷电直接击中配电装置的电气设备或建筑物。

8. 绝缘子

绝缘子包括线路绝缘子、电站绝缘子和电器绝缘子，用来支持和固定载流导体，并使载流导体与地绝缘或使装置中不同电位的载流导体间绝缘。

9. 接地装置

接地装置包括接地体和接地线，用来保证电力系统正常工作或保护人身安全。

二、 二次设备

二次设备是对一次设备进行监视、测量、控制、调节、保护，以及为运行、维护人员提供运行工况或产生指挥信号所需要的辅助设备。

常见的二次设备主要有测量表计、绝缘监察装置、控制和信号装置、继电保护和自动装置、直流电源设备和塞流线圈。

1. 测量表计

测量表计包括电流表、电压表、功率表、电能表、频率表、温度表等，用来监视、测量电路的电流、电压、功率、电能、频率及设备的温度等参数。

2. 绝缘监察装置

绝缘监察装置包括交流绝缘监察装置和直流绝缘监察装置，用来监察交、直流电源。

3. 控制和信号装置

控制和信号装置采用手动（通过控制开关或按钮）或自动（通过继电保护或自动装置）方式通过操作回路实现断路器的分、合闸。断路器都有位置信号灯，有些隔离开关也有位置指示器。

主控制室内设有中央信号装置，用来反映电气设备的正常、异常或事故状态。

4. 继电保护和自动装置

继电保护作用是当一次设备发生事故时，作用于断路器跳闸，自动切除故障元件，当一次系统出现异常时发出信号，提醒工作人员注意。自动装置用来实现发电机的自动并列、自动调节励磁、自动按事故频率减负荷、电力系统频率自动调节、按频率自动启动水轮机组，实现发电厂或变电站的备用电源自动投入、输电线路自动重合闸、变压器分接头自动调整、并联电容器自动投切等。

5. 直流电源设备

直流电源设备包括蓄电池组和硅整流装置，用作开关电器的操作、信号、继电保护及自动装置的直流电源，以及事故照明和直流电动机的备用电源。

6. 塞流线圈

塞流线圈，又称高频阻波器，是电力载波通信设备不可缺少的部分，与耦合电容器、结合滤波器、高频电缆、高频通信机等组成输电线路高频通信通道。塞流线圈起到阻止高频电流向变电站或支线泄漏、减小高频能量损耗的作用。

【习题】

知识点1：认识一次设备.png

知识点1：认识二次设备.png

项目二

电力系统中性点运行方式

项目场景

某500 kV变电站低压侧母线开口三角报警，显示三相电压不平衡，同时，滤波显示A相电压基本不变，B相电压变小，C相变大。现场检查母线电容式电压互感器、避雷器、主变压器低压侧电流互感器均正常工作，二次回路检查未见异常，主变压器低压侧仅有一台站用变压器运行，且各个设备状态正常，试分析故障。

相关知识和技能

①了解电力系统中性点的运行方式；②分析中性点不接地电力系统、中性点经消弧线圈接地电力系统、中性点直接接地电力系统正常运行及发生单相接地故障时的现象；③能排查电力系统中性点运行方式中的单相接地故障。

电力系统中性点是指三相绕组作星形连接的变压器和发电机的中性点。电力系统中性点与大地间的电气连接方式，称为电力系统中性点接地方式，即中性点运行方式。

电力系统中性点的运行方式，可分为中性点非有效接地和中性点有效接地两大类。中性点非有效接地系统包括中性点不接地、中性点经消弧线圈接地和中性点经高电阻接地的系统，当发生单相接地时，接地电流被限制到较小数值，故又称之为小接地电流系统。而中性点有效接地系统包括中性点直接接地和中性点经小阻抗接地的系统，因发生单相接地时接地电流很大，故又称之为大接地电流系统。

我国电力系统广泛采用的中性点接地方式主要有不接地、经消弧线圈接地及直接接地三种。

任务一　中性点不接地电力系统

【任务描述】 通过本任务的学习，学生可了解电力系统中性点的运行方式，能分析中性点不接地电力系统正常运行及发生单相接地故障时的现象，能排查中性点不接地电力系统的单相接地故障。

【教学目标】

知识目标：掌握中性点不接地电力系统正常运行及发生单相接地故障时的特点。

技能目标：能排查中性点不接地电力系统故障。

【任务实施】 ①课前预习电力系统中性点运行方式的类型；②课中重点学习中性点不接地电力系统正常工作时和发生单相接地故障时的特点及单相接地故障的排查；③课后做测试习题，根据测试情况回看中性点不接地电力系统分析视频。

【知识链接】 电力系统中性点；中性点不接地电力系统正常工作时情况；中性点不接地电力系统发生单相接地故障时情况。

中性点不接地又叫作中性点绝缘。在中性点不接地的电力系统中，中性点对地的电位是不固定的，在不同的情况下，它可能具有不同的数值。中性点对地的电位偏移称为中性点位移。中性点位移的程度，对系统绝缘的运行条件来说是至关重要的。

一、 正常运行情况

中性点不接地的电力系统正常运行时，三相导线之间和各相导线对地之间，沿导线的全长存在分布电容，这些分布电容在工作电压的作用下会产生附加的容性电流。各相导线间的电容及其所引起的电容电流较小，并且对后面讨论的问题没有影响，故可以不予考虑。各相导线对地之间的分布电容，分别用集中的等效电容 C_A、C_B、C_C 表示，如图 2－1（a）所示。

中性点不接地电力系统分析（视频文件）

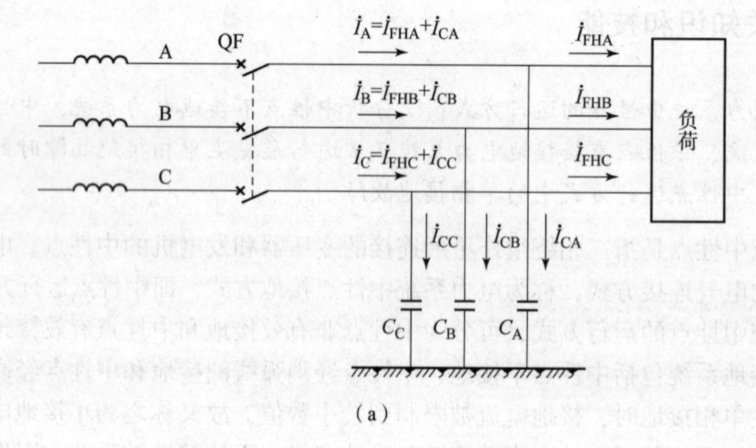

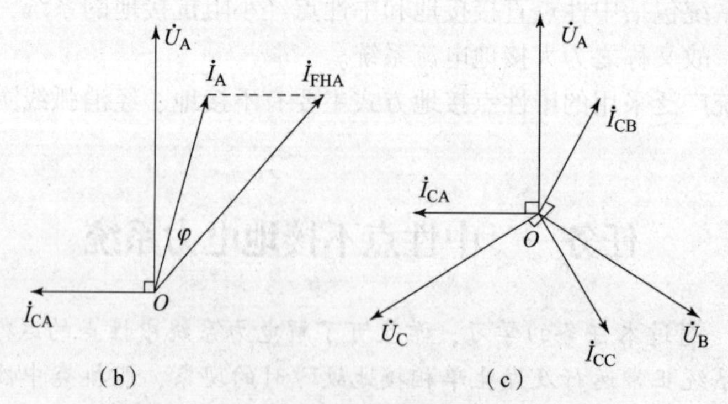

图 2－1　中性点不接地电力系统正常运行情况

（a）电路示意图；（b）、（c）相量图

电力系统正常运行时，一般认为三相系统是对称的，即 A、B、C 三相频率相同、幅值相等、相位互差 120°的电角度，如图 2－1（c）所示。中性点 N 对地的电位 $U_N=0$。

设电源三相电压分别为 $\dot{U}_{A}$、$\dot{U}_{B}$、$\dot{U}_{C}$，各相对地电压分别用 $\dot{U}_{Ad}$、$\dot{U}_{Bd}$、$\dot{U}_{Cd}$表示，则有 $U_{Ad}=U_{A}+U_{N}$。而对称的三相系统中性点对地的电压等于零，则 A 相对地电压 $\dot{U}_{Ad}$等于 A 相相电压 $\dot{U}_{A}$。其他两相与 A 相相同。即各相的对地电压分别为电源各相的相电压。

各相对地电压作用在各相的分布电容上，如正常运行时各相导线对地的电容相等并等于 C，正常时各相对地电容电流的有效值也相等，且有 $I_{CA}=I_{CB}=I_{CC}$。在对称电压的作用下，各相的对地电容电流 $\dot{I}_{CA}$、$\dot{I}_{CB}$、$\dot{I}_{CC}$大小相等，相位互差 120°，如图 2－1（c）所示。各相对地电容电流的相量和为零，所以大地中没有电容电流流过。此时各相电流 $\dot{I}_{A}$、$\dot{I}_{B}$、$\dot{I}_{C}$ 为各相负荷电流 $\dot{I}_{LA}$、$\dot{I}_{LB}$、$\dot{I}_{LC}$与相应的对地电容电流 $\dot{I}_{CA}$、$\dot{I}_{CB}$、$\dot{I}_{CC}$的相量和。

综上所述，中性点不接电的电力系统正常运行时，中性点 N 对地的电位 $U_{N}=0$。各相的对地电压分别为电源各相的相电压。各相的对地电容电流 $\dot{I}_{CA}$、$\dot{I}_{CB}$、$\dot{I}_{CC}$大小相等，相位互差 120°电角度。各相对地电容电流的相量和为零。

二、　单相接地故障

在中性点不接地的三相系统中，当由于绝缘损坏等原因发生单相接地故障时，会发生什么变化呢？设 C 相 K 点发生完全接地，如图 2－2（a）所示。所谓完全接地，也称金属性接地，即认为接地处的电阻近似等于零。当 C 相完全接地时，故障相 C 相对地电压为零，即 $U'_{CK}=0$，而 C 相对地的电压 U'_{CK} = 中性点对地的电压 U'_{N} + C 相电压 U_{C}，则 $U'_{N}=-U_{C}$。即当 C 相完全接地时，中性点对地电压与接地相的相电压大小相等、方向相反，中性点对地的电压不再为零，而上升为相电压。于是非故障相 A 相对地电压 $U'_{AK}=U_{A}+U'_{N}=U_{A}-U_{C}$，由相量图 2－2（b）可知，A 相对地电压 U'_{AK}由单相接地故障前的相电压升高为线电压，非故障相 B 相同 A 相。即非故障相对地电压升高到线电压，即升高为相电压的$\sqrt{3}$倍。这就要求系统中的各种电气设备的绝缘必须按照线电压考虑。此时，A、C 相间电压为 U'_{AK}，B、C 相间电压为 U'_{BK}，而 A、B 相间电压等于 U'_{AB}，系统三相的线电压仍保持对称且大小不变。因此，对接于线电压的用电设备的工作并无影响，无须立即中断对用户供电。但非故障相电压升高为线电压，长期运行可能在绝缘薄弱处发生绝缘破坏而造成相间短路。因此，中性点不接地电力系统发生单相接地故障时，带故障运行时间不得超过两个小时。

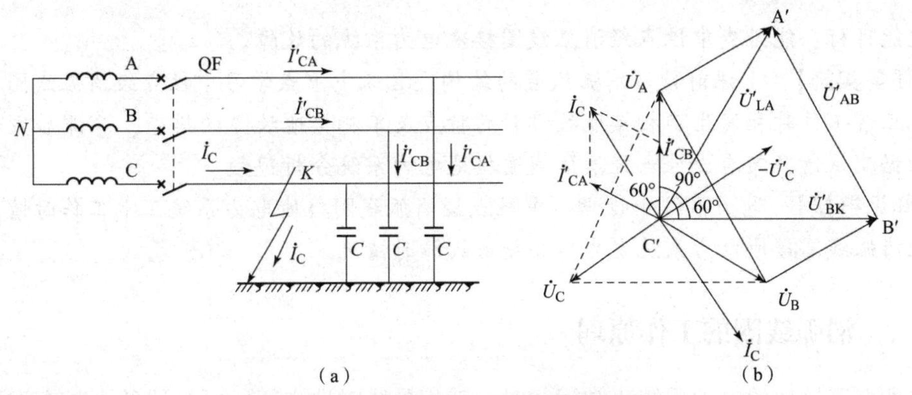

图 2－2　中性点不接地三相系统单相接地

（a）三相电路；（b）相量图

单相接地故障时，由于 A、B 两相对地电压由正常时的相电压升高为故障后的线电压，则非故障相对地的电容电流 I'_A和 I'_B 也相应增大至$\sqrt{3}$倍，分别超前相应的相对地电压 90°。

利用基尔霍夫电流定律，选取地为节点，则流入节点的电流和等于零，即 $I'_C + I'_A + I'_B = 0$，即 $I'_C = -(I'_A + I'_B)$，由相量图得 $-I'_C = \sqrt{3}I'_A$，而单相接地故障时，非接地相对地的电容电流 I'_A 升为原来的$\sqrt{3}$倍，即 $I'_A = \sqrt{3}I_A$，因此，单相接地故障时，接地相对地的电容电流增大为原来的 3 倍。

综上所述，中性点不接地电力系统发生单相接地故障时，接地相对地的电压为零，非接地相对地的电压升为线电压，中性点的电压由零升为相电压。非接地相对地的电容电流也升为原来的$\sqrt{3}$倍，接地相对地的电容电流升为原来的 3 倍。线电压不变，设备能正常运行，但带故障运行时间不得超过两个小时。

目前我国 3 ~ 10 kV 不直接连接发电机的系统和 35 kV、6 kV 系统，多采用中性点不接地的运行方式。

【习题】

电力系统的中性点

任务二　中性点经消弧线圈接地电力系统

【任务描述】　通过本任务的学习，学生能分析中性点经消弧线圈接地电力系统正常运行及发生单相接地故障时的现象，了解欠补偿、完全补偿、过补偿方式，能排查中性点经消弧线圈接地电力系统的单相接地故障。

【教学目标】

知识目标：掌握中性点经消弧线圈接地电力系统在正常运行及发生单相接地故障时的特点。

技能目标：能排查中性点经消弧线圈接地电力系统的故障。

【任务实施】　①课前预习消弧线圈的结构；②课中重点学习中性点经消弧线圈接地电力系统正常工作时和发生单相接地故障时的特点及单相接地故障的排查；③课后做测试习题，根据测试情况回看中性点经消弧线圈接地电力系统分析视频。

【知识链接】　电力系统中性点；中性点经消弧线圈接地电力系统正常工作时情况；中性点经消弧线圈接地电力系统发生单相接地故障时情况。

一、　消弧线圈的工作原理

中性点不接地的电力系统正常运行时，三相导线对地之间，沿导线的全长存在分布电容。这些分布电容使得中性点不接地的电力系统，当接地电流较大时，电弧不能自行熄灭而造成危害。为了克服这一缺点，3～66 kV 系统中，当单相接地故障电流超过规定值时，通常采用中性点经消弧线圈接地的方式，在发生单相接地故障时，接地处流过一个与容性接地电流相反的感性电流，即消弧线圈对接地电流起补偿作用，使接地点处的电弧能自行熄灭。

消弧线圈实质上是一个带铁芯的电感，它装在系统发电机或变压器的中性点与大地之间。中性点经消弧线圈接地的三相系统如图 2－3（a）所示。正常运行时，中性点的对地电压为零，消弧线圈中没有电流通过。当系统发生单相接地故障时，如 C 相接地，中性点的对地电压 $U'_N=-U_C$，非故障相的对地电压升高至$\sqrt{3}$倍，系统的线电压仍保持不变。消弧线圈在中性点电压即 $-U_C$ 的作用下，有一个电感电流 i_L 通过，此电感电流必定通过接地点形成回路。所以接地点的电流为接地电流 i_C 与电感电流 i_L 的相量和，如图 2－3（b）所示。接地电流 i_C 超前 $\dot{U}_C$ 90°，电感电流滞后 $\dot{U}_C$ 90°。i_C 和 i_L 相位相差 180°，即方向相反。在接地处 i_C 和 i_L 互相抵消，称为电感电流对接地电容电流的补偿。如果适当选择消弧线圈的匝数，可使接地点的电流变得很小或等于零，从而清除了接地处的电弧以及由电弧所产生的危害，消弧线圈因此而得名。

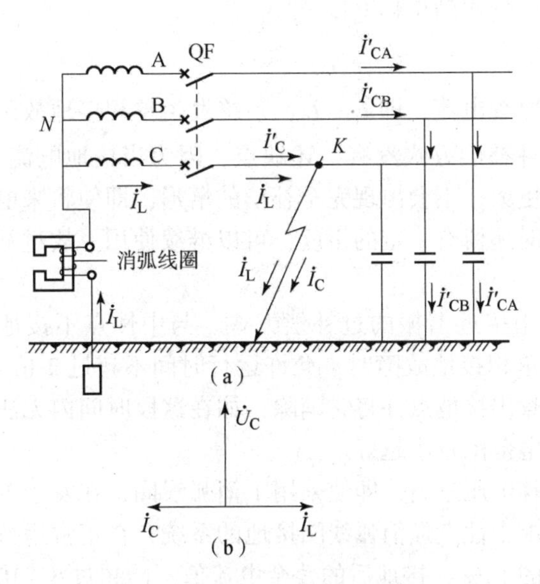

图 2－3　中性点经消弧线圈接地的三相系统

（a）电路图；（b）相量图

中性点经消弧线圈接地系统（视频文件）

二、消弧线圈的补偿方式

根据电感电流对接地电流的补偿程度不同，有完全补偿、欠补偿和过补偿三种补偿方式。

1. 完全补偿

完全补偿是使电感电流等于接地电容电流，即 $I_L=I_C$，亦即接地处电流为零。从消弧角度来看，完全补偿方式十分理想，但实际上却存在着严重问题。因为正常运行时，在某些条件下，如线路三相的对地电容不完全相等或断路器三相触头合闸时同期性差等，在中性点与地之间会出现一定的电压，此电压作用在消弧线圈通过大地与三相对地电容构成的串联回路中，因此时感抗 X_L 与容抗 X_C 相等，满足谐振条件，形成串联谐振，产生谐振过电压，危及系统的绝缘，因此在实际电力工程中通常不采用完全补偿方式。

2. 欠补偿

欠补偿是使电感电流小于接地的电容电流，即 $I_L < I_C$，系统发生单相接地故障时，接地点还有容性的未被补偿的电流（$I_C - I_L$）。在这种方式下运行时，若部分线路停电检修或系统频率降低等原因，都会使接地电流 I_C 减少，又可能出现完全补偿的情形，产生满足谐振的条件，变为完全补偿。因此，装在变压器中性点的消弧线圈，以及有直配线的发电机中性点的消弧线圈，一般不采用欠补偿方式。

对于大容量发电机，当发电机采用与升压变压器单元接线时，为了限制电容耦合，传递过电压以及频率变化等对发电机中性点位移电压的影响，发电机中性点的消弧线圈宜采用欠补偿方式。因为当变压器高压侧发生单相接地故障时，高压侧的过电压可能经电容耦合传递至发电机侧，在发电机电压网络中出现危险的过电压，使发电机中性点位移电压升高。另外，频率变化也会影响发电机中性点的位移电压。

3. 过补偿

过补偿是使电感电流大于接地的电容电流，即 $I_L > I_C$，系统发生单相接地故障时，接地点还有剩余的感性电流 $I_L - I_C$。这种补偿方式没有上述缺点，因为当接地电流减小时，感性的补偿电流与容性接地电流之差更大，不会出现完全补偿的情形，即使将来电网发展使电容电流增加，由于消弧线圈选择时还留有一定的裕度，可以继续使用。故过补偿方式在电力系统中得到广泛应用。

根据规程规定，消弧线圈一般采用接近谐振的过补偿方式。与中性点不接地系统一样，中性点经消弧线圈接地系统发生单相接地故障时，允许运行时间不超过 2 h。在这段时间内，运行人员应尽快采取措施，查出接地点并将它消除；如在这段时间内无法消除接地点，应将接地的部分线路停电，停电范围越小越好。

在正常运行时，如果中性点的位移电压过高，即使采用了消弧线圈，在发生单相接地时，接地电弧也难以熄灭。因此，要求中性点经消弧线圈接地的系统，在正常运行时其中性点的位移电压不应超过额定相电压的 15%，接地后的残余电流值不能超过 5～10 A，否则接地处的电弧不能自行熄灭。

三、 消弧线圈的试用范围

中性点经消弧线圈接地电力系统与不接地电力系统一样，在发生单相接地故障时，可继续供电 2 h，供电可靠性高，但电气设备和线路的对地绝缘应按能承受线电压的标准设计，绝缘投资较大。中性点经消弧线圈接地后，能有效地减少单相接地故障时接地处的电流，使接地处的电弧迅速熄灭，防止了经间歇性电弧接地时所产生的过电压。故广泛应用在不适合采用中性点不接地的、以架空线路为主体的 3～60 kV 系统，还可用在雷害事故严重的地区和某些大城市电网的 10 kV 系统，以提高供电可靠性、减少断路器分闸次数、减少断路器维修量。

【习题】

中性点经消弧线圈
接地系统（交互习题）

任务三　中性点直接接地电力系统

【任务描述】 通过本任务的学习，学生能分析中性点直接接地电力系统正常运行及发生单相接地故障时的现象，能排查中性点直接接地电力系统的单相接地故障。

【教学目标】

知识目标：掌握中性点直接接地电力系统正常运行及发生单相接地故障时的特点。

技能目标：能排查中性点直接接地电力系统故障。

【任务实施】 ①课前预习中性点直接接地电力系统正常运行时现象；②课中重点学习中性点直接接地电力系统发生单相接地故障时的特点及单相接地故障的排查；③课后比较中性点不接地电力系统和中性点直接接地电力系统发生单相接地故障时的现象有何异同。

【知识链接】 中性点直接接地电力系统正常工作时情况；中性点直接接地电力系统发生单相接地故障时情况。

随着电力系统输电电压的增高和输电距离的不断增长，单相接地电流也随之增大，中性点不接地或经消弧线圈接地的运行方式已不能满足电力系统正常、安全、经济运行的要求。针对这些情况，电力系统中性点可经采用直接接地的运行方式，即中性点直接与大地相连。

一、　中性点直接接地电力系统的工作原理

中性点直接接地电力系统正常运行时，与中性点不接地电力系统一样。由于三相系统对称，A、B、C 三相对地电压大小相等，空间互差 120°的电角度，中性点的电压为零，中性点没有电流流过。当中性点直接接地电力系统发生单相接地故障时，如图 2－4 所示，由于接地相直接通过大地与电源构成单相回路，故称这种故障为单相短路。由于单相短路电流 I_K 很大，继电保护装置应立即动作，使断路器断开，迅速切除故障部分，以防止 I_K 造成更大的危害。

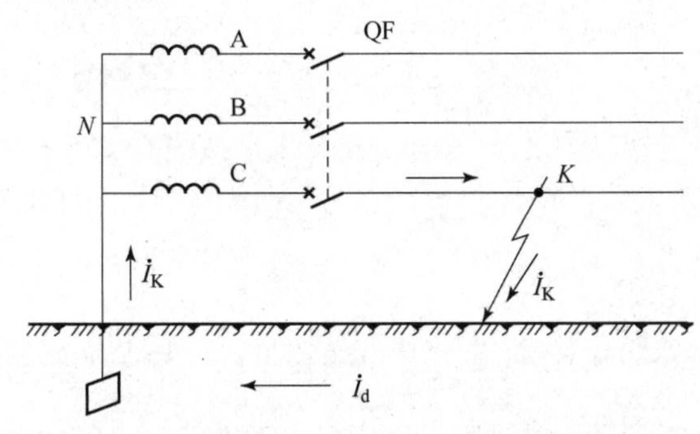

图 2－4　中性点直接接地三相系统单相接地

中性点直接接地的
电力系统（视频文件）

二、 中性点直接接地电力系统的特点及适用范围

中性点直接接地电力系统发生单相接地故障时，因中性点与大地相连，则中性点对地电压为零，接地相对地电压也为零。非接地相对地电压不升高，接近相电压，各相对地绝缘水平决定于相电压，因此中性点直接接地电力系统的绝缘水平只需按相电压考虑，从而降低了造价。实践经验表明，中性点直接接地电力系统的绝缘水平与中性点不接地时相比，大约可降低 20% 的绝缘投资。电压等级越高，节约投资的经济效益越显著。因此，目前，我国电压为 110 kV 及以上的系统，广泛采用中性点直接接地的运行方式。

但中性点直接接地电力系统发生单相接地故障时，非接地相之间的线电压不变，非接地相与接地相之间的线电压降为相电压，设备不能正常工作。这是中性点直接接地电力系统与中性点不直接接地电力系统相比最大的缺点。

由于中性点直接接地电力系统在单相短路时须断开故障线路，中断对用户的供电，降低了供电可靠性。为了克服这一缺点，目前，在中性点直接接地电力系统的线路上，广泛装设有自动重合闸装置。当线路发生单相短路时，继电保护装置作用，使断路器迅速断开，经一段时间后，自动重合闸装置作用，使断路器自动合闸。如果单相接地故障是暂时性的，则线路断路器重合成功，用户恢复供电。如果单相接地故障是永久性的，继电保护装置将再次动作，使断路器断开，即重合不成功。据有关资料统计采用一次重合闸的成功率在 70% 以上。

单相短路时的短路电流很大，甚至可能超过三相短路电流，必须选用较大容量的开关设备。为了限制单相短路电流，通常只将系统中一部分变压器的中性点接地或经阻抗接地。

单相短路时较大的单相短路电流只在一相内通过，在三相导线周围将形成较强的单相磁场，对附近通信线路产生电磁干扰。因此，在线路设计时必须考虑在一定距离内输电线路避免和通信线路平行架设，以减少可能产生的电磁干扰。

【习题】

中性点谐振接地（交互习题）

开关设备运行与控制

项目场景

思维导图－开关设备运行与控制（图像附件）

2009 年 3 月 17 日，安徽合肥供电公司发生“3・17”人员伤亡事故，具体事故过程如下：220 kV 竹溪变电站“35 kV 电容器 361 开关及电容器由运行转检修”（35 kV 开关设备为室内柜式设备）。3 月 17 日 9 时 01 分，竹溪变电站运行人员向调度汇报操作结束，随即调度许可变电站工作。在布置完现场安全措施后，9 时 23 分当值值班员陆某许可 35 kV#1 电容器 361 开关及避雷器预试、检修、维护保养，以及 3613 闸刀检修工作。9 时 30 分，工作负责人变更为何某，在完成与前工作负责人之间工作交接后，何某组织实施现场工作，11 时试验工作结束，并填写了试验记录。

11 时 20 分左右，开关一班刘某某（死者，男，36 岁）、丁某、张某、穆某某在别处检修工作结束后，会合到竹溪变电站现场参加检修。工作负责人何某在 5 kV 开关柜检修现场向 4 位开关一班工作人员交代工作任务、工作范围、安全措施及带电部位等，4 位工作人员现场确认并签名，小组负责人丁某进行工作分工后，开始 361 开关检修保养工作，工作分工是：刘某某外观检查手车轨道，穆某某和张某清扫检修开关手车。

11 时 24 分，其他检修人员正在检查手车开关，小组负责人（监护人）也在注视开关检查的工作，突然，听到绝缘隔板活门发出开合动作的声音，同时，一团弧光、烟雾喷出开关柜，发现柜内检查手车开关轨道的刘某某倒坐在地，衣服着火，检修人员立即帮助刘某某灭火，并迅速将其拉至柜外，紧急拨打 120 将伤员送往医院救治，16 时许刘某某因医治无效死亡。

在上述案例场景中涉及开关电气的电弧、变电站中各类高压电气开关设备及其相应的运行检修工作。本项目主要学习电弧的产生与熄灭以及高压断路器、高压隔离开关、高压负荷开关、高压熔断器的运行与控制，从而更好地完成发电厂变电站中高压电气设备的检修与维护工作。

相关知识和技能

①了解电弧的产生和熄灭条件，了解电弧的特点；②掌握高压电气设备的基本结构和作用；③掌握高压电气设备的技术参数及特点；④掌握高压电气设备操动机构的类型及特点；⑤能对高压电气设备进行控制电路分析；⑥能对高压电气设备进行分合闸操作；⑦能

对高压电气设备进行运行维护及检修。

任务一　认识电弧及电器触头

【任务描述】 电力系统中的开关电器，在断开和接通电流时，分离的触头之间不可避免地要产生电弧。对电弧进行了解和分析，并采取有效的措施熄灭电弧，这对电力系统的正常操作与安全运行有很重要的意义。本任务需了解电弧的特性、分析电弧产生和熄灭的过程，并掌握熄灭电弧的基本方法，为后续课程的学习打下基础。

【教学目标】

知识目标：掌握电弧产生和熄灭的条件及常用的灭弧方式。

技能目标：能熄灭电气设备电弧。

【任务实施】 ①阅读资料，分析电弧特性，各组制定灭弧实施方案；②归纳总结灭弧方法；③掌握不同灭弧原理及方法。

【知识链接】 电弧的概念、电弧的特点及危害、电弧的熄灭。

一、认识电弧

认识电弧（视频）

当开关电器开断电路时，触头间电压达到 10～20 V，电流达到 80～100 mA 时，电器触头刚刚分离后，触头之间就会产生强烈又刺眼的亮光，这就是电弧。产生电弧的条件是很低的，我们平时插拔插头时也可见浅蓝色的弧光，就是一种小型的电弧。

1. 电弧的特点

(1) 电弧的温度很高。电弧形成后，由电源不断地输送能量，维持它燃烧，并产生很高的温度。电弧燃烧时，能量高度集中，弧柱区中心温度可达到10 000 ℃以上，表面温度也有3 000～4 000 ℃，同时发出强烈的白光。

(2) 电弧是一种自持放电。不同于其他形式的放电现象（如电晕放电、火花放电等），电极间的带电质点不断产生和消失，处于一种动态平衡。弧柱区电场强度很低，一般仅为 10～200 V/cm，很低的电压就能维持电弧的稳定燃烧而不会熄灭。

(3) 电弧是良导体。电弧是一束质量很轻的电离气体，在电动力、热力或其他外力作用下能迅速移动、伸长、弯曲和变形。其运动速度可达每秒几百米。

(4) 电弧在工业上有很多有益的应用。例如，利用高温的电弧可焊接机器、电弧炼钢炉等。

2. 电弧的危害

(1) 电弧的温度都比较高，这就可能烧坏电器触头和触头周围的其他部件；对充油设备还可能引起着火甚至爆炸等危险，危及电力系统的安全运行，造成人员的伤亡和财产的重大损失。

(2) 电弧是一种气体导电现象，所以在开关电器中，虽然开关触头已经分开，但是在触头间只要有电弧存在，电路就没有真正断开，直到电弧完全熄灭，电流才会彻底消失，电路才真正断开，电弧的存在延长了开关电器断开故障电路的时间，加重了电力系统短路故障的危害。

（3）电弧在电动力、热力作用下能移动，容易造成飞弧短路、伤人或引起事故扩大。

因此，要保证电力系统的安全运行，开关电器在正常工作时必须迅速可靠地熄灭电弧。

3. 电弧的产生

并不是所有的电气设备在开断时都会有电弧出现，电弧的产生和电压电流值的大小是直接相关的。当开关电器开断电路时，电压和电流达到一定值时，在触头刚刚分离后，触头之间就会产生强烈的白光，这种现象称为电弧，电弧是由于弧柱内的定向运动而形成的，实质就是一种气体放电的现象。

1）自由电子的产生

触头开断的瞬间由阴极通过热电子发射或强电场发射产生少量的自由电子。

（1）热电子发射。触头刚分离时，触头间的接触压力和接触面积不断减小，接触电阻迅速增大，使接触处剧烈发热，局部高温使此处电子获得动能，就可能发射出来成为自由电子，这种现象称为热电子发射。

（2）强电场发射。触头刚分离时，由于触头间的间隙很小，在电压作用下间隙形成很高的电场强度，当电场强度超过 3×10^{6} V/m 时，阴极触头表面的电子就可能在强电场力的作用下，被拉出金属表面成为自由电子，这种现象称为强电场发射。

2）碰撞电离

从阴极表面发射出来的自由电子，在触头间电场力的作用下加速运动，不断与间隙中的中性气体质点（原子或分子）撞击，如果电场足够强，自由电子的动能足够大，碰撞时就能将中性原子外层轨道上的电子撞击出来，脱离原子核内正电荷吸引力的束缚，成为新的自由电子。失去自由电子的原子则带正电，称为正离子。新的自由电子又在电场中加速积累动能，去碰撞另外的中性原子，产生新的电离，碰撞电离不断进行、不断加剧，带电质点成倍增加，如图 3-1 所示，此过程愈演愈烈，在极短的时间内，大量的自由电子和正离子出现，在触头间隙形成强烈的放电现象，形成了电弧，这种现象称为碰撞电离，又称电场电离。

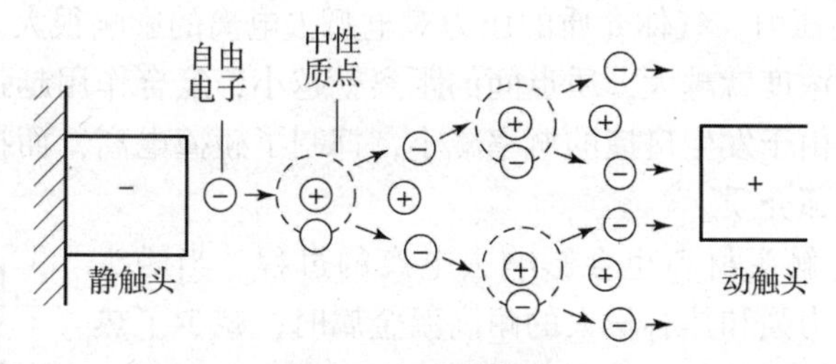

图 3-1　碰撞游离

3）热电离维持

触头间隙在发生碰撞电离后，形成电弧并产生高温。温度增高时，气体中粒子的运动速度也随着增大，就可能使原子外层轨道的电子脱离原子核内正电荷的束缚力成为自由电子，这种电离方式称为热电离。气体温度愈高，粒子运动速度愈大，原子热电离的可能性也愈大，从而供给弧隙大量的电子和正离子，维持电弧稳定燃烧。弧柱导电就是靠热电离来维持的。

4. 电弧的熄灭

电弧中发生电离的同时，还存在着相反的过程，即去电离。去电离使弧隙中正离子和自由电子减少，电弧的熄灭是电弧区域内已电离的质点不断发生去电离的结果。去电离的主要方式包括复合和扩散两种形式。

1）复合

复合是指异性带电质点相遇，正负电荷中和成为中性质点的现象。电子的运动速度远远大于正离子的运动速度，所以电子和正离子直接复合的可能性很小。复合的方式是电子先附在中性质点上形成负离子，负离子的运动速度比较小，正负离子的复合就容易进行。目前广泛使用的 SF_6 断路器就利用了 SF_6 气体的强电负性来实现电弧的尽快熄灭。

2）扩散

扩散是指电弧中的自由电子和正离子散溢到电弧外面，并与周围未被电离的冷介质相混合的现象。扩散是由于带电粒子的无规则热运动，以及电弧内带电粒子的密度远大于弧柱外带电粒子的密度，电弧的温度远高于周围介质的温度造成的。电弧和周围介质的温度差愈大，带电粒子的密度差愈大，扩散作用就愈强。高压断路器中常采用吹弧的灭弧方法，就是加强了扩散作用。

所以，当电离作用大于去电离作用时，电弧燃烧加强；当电离作用与去电离作用持平时，电弧维持稳定燃烧；当去电离作用大于电离作用时，电弧会越来越弱，弧温下降，使热电离下降或停止，最终导致电弧熄灭。但在电弧熄灭的过程中，存在很多物理因素影响其去电离作用，主要包括以下几方面。

（1）电弧温度。电弧是由热电离维持的，降低电弧温度就可以减弱热电离，减少新的带电质点产生。同时，也减小了带电质点的运动速度，加强了复合作用。通过快速拉长电弧，用气体或油吹动电弧，或使电弧与固体介质表面接触等，都可以降低电弧的温度。

（2）介质的特性。电弧燃烧时所在介质的特性在很大程度上决定了电弧中去电离的强度，这些特性包括导热系数、热容量、热电离温度、介电强度等。若这些参数值大，则去电离过程就越强，电弧就越容易熄灭。

（3）气体介质的压力。气体介质的压力对电弧去电离的影响很大。因为，气体的压力越大，电弧中质点的浓度就越大，质点间的距离就越小，复合作用越强，电弧就越容易熄灭。在高真空度中，由于发生碰撞的概率减小，抑制了碰撞电离，而扩散作用却很强。因此，真空是很好的灭弧介质。

（4）触头材料。触头材料也会影响去电离的过程。当触头采用熔点高、导热能力强和热容量大的耐高温金属时，减少了热电子发射和电弧中的金属蒸气，有利于电弧熄灭。

电弧的产生和熄灭（微课）

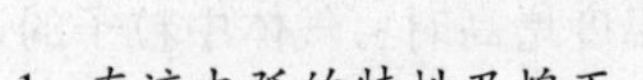

二、 交直流电弧的熄灭

1. 直流电弧的特性及熄灭

1）直流电弧的特性

直流电弧指在直流电路中产生的电弧。直流电弧的特性可以用沿弧长的电压分布和伏安特性来表示，如图 3 – 2、图 3 – 3 所示。稳定燃烧的直流电弧电压降由阴极区电压降、弧柱区电压降和阳极区电压降三部分组成。电弧阴极区电压降近似等于常数，它与电极材料和弧隙的介质有关。弧柱区电压降与弧长成正比。阳极区的电压降比阴极区的小。当电流很大时，阳极区电压降很小。如果其他条件不变，电弧电压随电流的增加而下降。

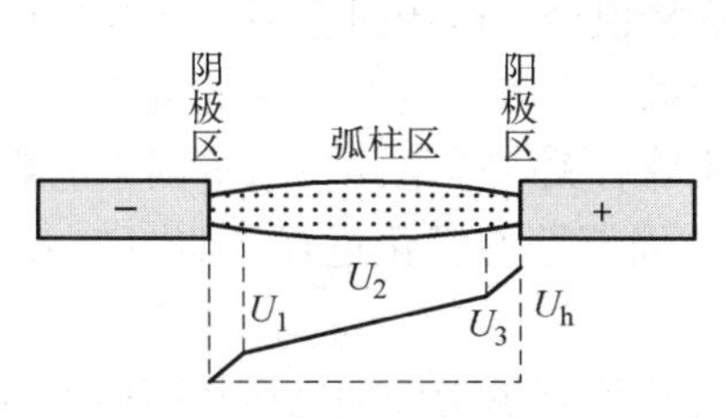

图 3 – 2　直流电弧电压分布图

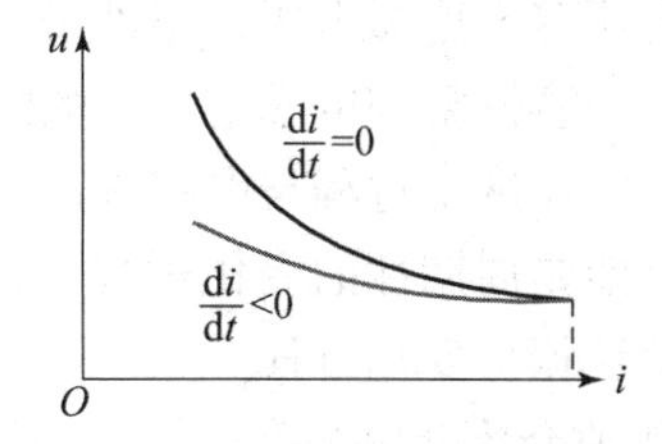

图 3 – 3　直流电弧伏安特性

对于几毫米长的电弧，通常称为短弧。在短弧中，电弧电压主要由阳极区电压降、阴极区电压降组成，它的特性表现在电弧电压约为 20 V，而且是与电流、外界条件无关的常数。对于长度为几厘米以上的电弧，称为长弧。在长弧中，电弧电压主要由弧柱区电压降组成，电弧电压与电弧长度成正比。

2）直流电弧的熄灭

当电源电压不足以维持稳态电弧电压及线路电阻电压降时，电弧会自行熄灭。

熄灭直流电弧一般采用下列方法：

（1）拉长电弧；

（2）开断电路时在电路中逐级串入电阻；

（3）在断口上装灭弧栅；

（4）冷却电弧。

2. 交流电弧的特性及熄灭

1）交流电弧的特性

交流电弧指在交流电路中产生的电弧。交流电弧的特性如下。

（1）交流电弧具有伏安特性。在交流电路中，电流瞬时值随时间变化，因而电弧的温度、直径以及电弧电压也随时间变化，电弧的这种特性称为伏安特性，如图 3 – 4 所示。

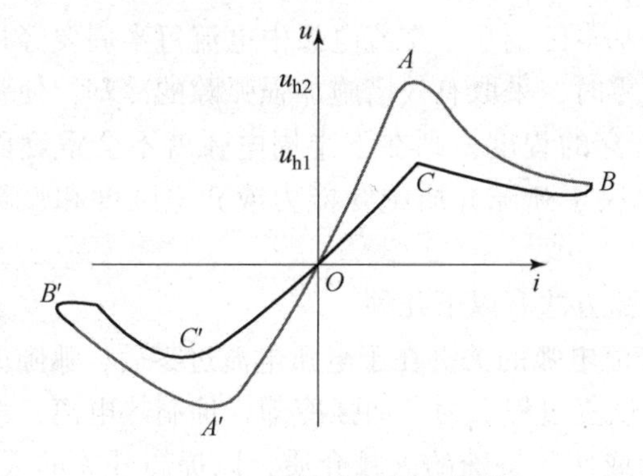

图 3 – 4　交流电弧伏安特性

交流电弧特性及灭弧方法（视频文件）

（2）交流电弧具有热惯性。由于弧柱的受热升温或散热降温都有一定过程，跟不上快速变化的电流，所以电弧温度的变化总滞后于电流的变化，这种现象称为电弧的热惯性。

（3）弧隙电压的恢复特性。交流电流每半个周期过零一次，称为自然过零。电流过零时，电弧自然熄灭，如果电弧是稳定燃烧的，则电弧电流过零熄灭后，在另半周又会重燃。电流过零使电弧熄灭后，加在弧隙上的电压称为恢复电压。电弧电流过零前，弧隙电压呈马鞍形变化，电压值很低，电源电压的绝大部分降落在线路和负载阻抗上。电流过零时，弧隙电压等于熄弧电压，正处于马鞍形的后峰值处，电流过零后，弧隙电压从后峰值逐渐增长，一直恢复到电源电压，弧隙电压从熄弧电压变成电源电压的过程称为弧隙电压恢复过程。电压恢复过程与电路参数、负荷性质等有关。受电路参数等因素的影响，电压恢复过程可能是周期性的变化过程，也可能是非周期性的变化过程。如图 3－5 所示为恢复电压周期性振荡变化过程。

（4）弧隙介质介电强度的恢复特性。弧隙介质能够承受外加电压作用而不致使弧隙击穿的电压称为弧隙的绝缘能力或介电强度。当电弧电流过零时电弧熄灭，弧隙中去电离作用继续进行，弧隙电阻不断增大，但弧隙介质的介电强度要恢复到正常状态值需要有一个过程，此恢复过程称为弧隙介质介电强度的恢复过程。介质介电强度的恢复速度与冷却条件、电流大小、开关电器灭弧装置的结构和灭弧介质的性质有关。如图 3－6 所示为不同介质的介电强度恢复过程曲线。从图中可见：在电流过零瞬间，介电强度突然出现升高的现象，此现象称为近阴极效应。在低压电器中，常利用近阴极效应这个特性来灭弧。

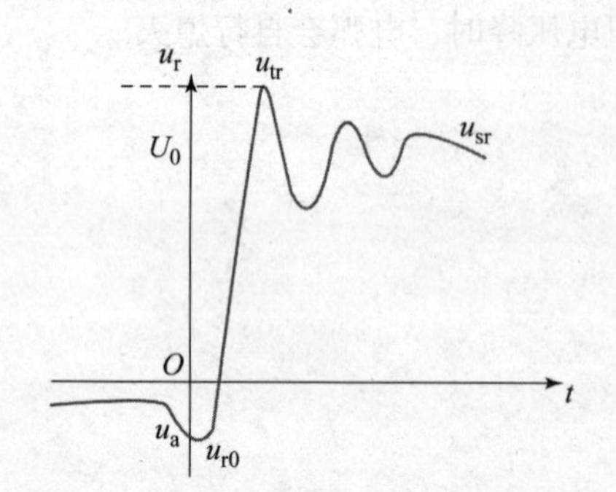

图 3－5　恢复电压周期性振荡变化过程

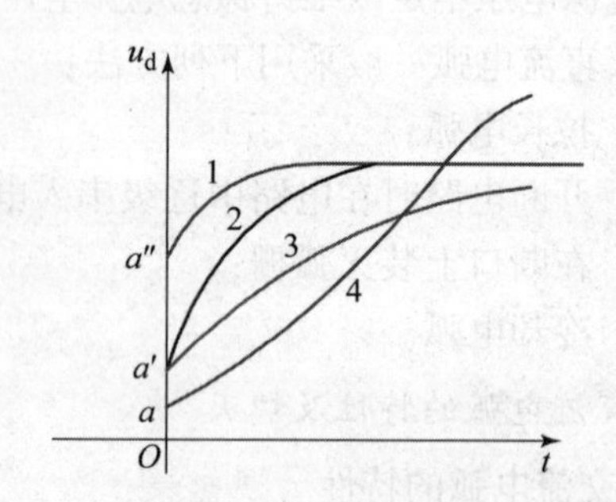

图 3－6　不同介质的介电强度恢复过程曲线

1—真空；2—SF_6；3—空气；4—油

2）交流电弧的熄灭

交流电弧的燃烧过程与直流电弧的基本区别在于交流电弧中电流每半周要经过零点一次，此时电弧自然暂时熄灭。在电流过零时，采取有效措施加强弧隙的冷却，使弧隙介质的绝缘能力达到不会被弧隙外施电压击穿的程度，则在下半周电弧就不会重燃而最终熄灭。交流电流过零后，电弧是否重燃取决于弧隙介质绝缘能力或介电强度和弧隙电压的恢复。

目前，在开关电器中广泛采用的灭弧方法有以下几种。

（1）提高触头的分闸速度。熄灭交流电弧的关键在于电弧电流过零后，弧隙的介质强度的恢复过程能否始终大于弧隙电压的恢复过程。为了加强冷却，抑制热电离，增强去电离，在开关电器中装设专用的灭弧装置或使用特殊的灭弧介质，以提高开关的灭弧能力。迅速拉长电弧，有利于迅速减小弧柱中的电位梯度，增加电弧与周围介质的接触面积，加强冷却和扩散的作用。因此，现代高压开关中都采取了迅速拉长电弧的措施灭弧，如采用强力分闸弹簧，其分闸速度已达 16 m/s 以上。

（2）采用多断口。在许多高压断路器中，常采用每相两个或多个断口相串联的方式，如图3－7所示。在熄弧时，多断口把电弧分割成多个相串联的小电弧段。多断口使电弧的总长度长，导致弧隙的电阻增加；在触头行程、分闸速度相同的情况下，电弧被拉长的速度成倍增加，使弧隙电阻加速增大，提高了介质强度的恢复速度，缩短了灭弧时间。采用多断口时，加在每一断口上的电压成倍减少，降低了弧隙的恢复电压，亦有利于熄灭电弧。在要求将电弧拉到同样的长度时，采用多断口结构成倍减小了触头行程，也就减小了开关电器的尺寸。

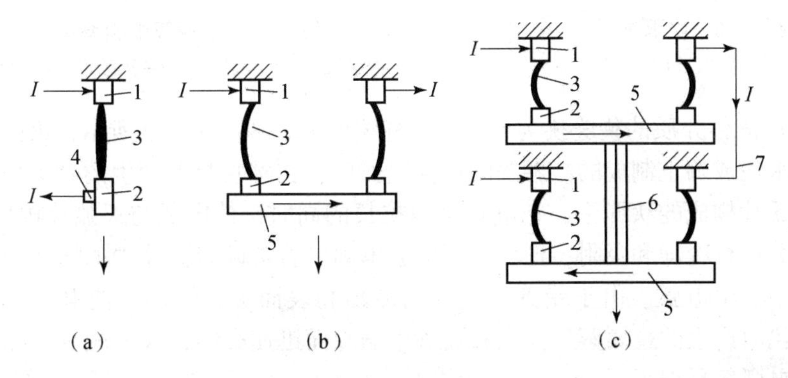

图3－7　一相有多个断口的触头示意图

（a）单断口；（b）双断口；（c）四断口

1—静触头；2—动触头；3—电弧；4—可动触头；

5—导电横担；6—绝缘杆；7—连线

（3）吹弧。利用灭弧介质在灭弧室中吹动电弧，该种灭弧方法广泛应用在开关电器中，特别是高压断路器中。用弧区外的灭弧介质吹弧，可对熄灭电弧起到多方面的作用：它使电弧温度迅速下降，阻止热电离继续进行；被吹走的离子与冷介质接触，加快了复合过程的进行；吹弧使电弧拉长变细，加快了电弧的扩散，使弧隙电导下降。吹弧按吹弧方向分为横吹、纵吹、纵横吹。

①横吹。吹弧方向与电弧轴线相垂直时，称为横吹，如图3－8（a）所示。横吹更易于把电弧吹弯拉长，增大电弧表面积，加强冷却和增强扩散。

②纵吹。吹弧方向与电弧轴线一致时，称为纵吹，如图3－8（b）所示。纵吹能促使弧柱内带电质点向外扩散，使新鲜介质更好地与炽热的电弧相接触，冷却作用加强，并把电弧吹成若干细条，易于熄灭。

③纵横吹。横吹灭弧室在开断小电流时，因灭弧室内压力太小，开断性能差。为了改善开断小电流时的灭弧性能，可将纵吹和横吹结合起来。在开断大电流时主要靠横吹，开断小电流时主要靠纵吹。

（4）利用灭弧栅。灭弧装置是一个金属栅灭弧罩，其利用将电弧分为多个串联的短弧的方法来灭弧，如图3－9所示。由于受到电磁力的作用，电弧从金属栅片的缺口处被引入金属栅片内，一束长弧就被多个金属片分割成多个串联的短弧。如果所有串联短弧阴极区的起始介质强度或阴极区的电压降的总和永远大于触头间的外施电压，电弧就不再重燃而熄灭。采用缺口铁质栅片，是为了减少电弧进入栅片的阻力，缩短燃弧时间。

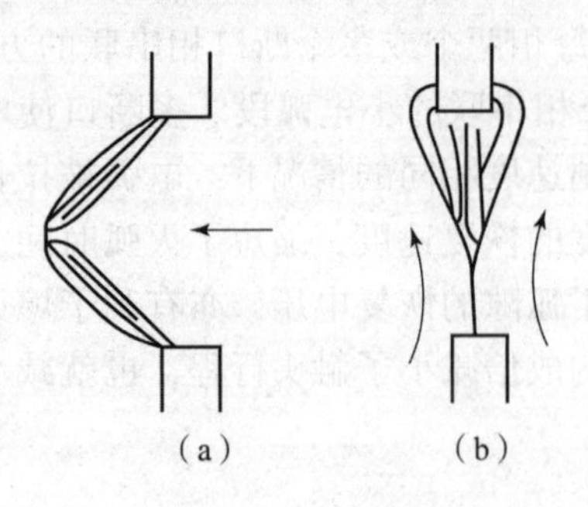

图3-8　吹弧过程

(a) 横吹；(b) 纵吹

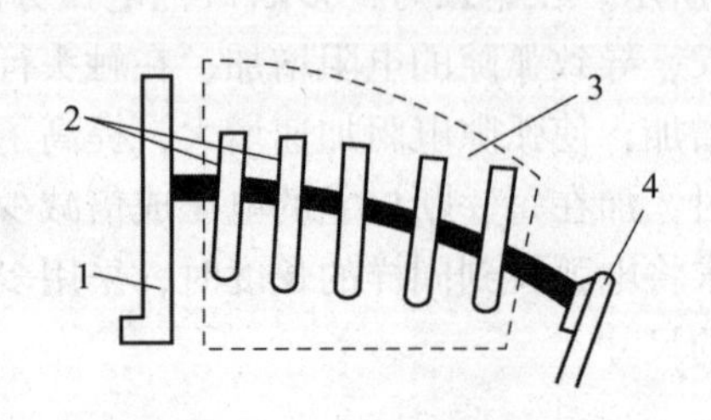

图3-9　金属灭弧栅熄弧

1—静触头；2—金属栅片；3—灭弧罩；4—动触头

（5）利用固体介质的狭缝狭沟灭弧。狭缝狭沟灭弧如图3-10所示，灭弧装置的灭弧片是由石棉水泥或陶土制成的。触头间产生电弧后，在磁吹装置产生的磁场作用下，将电弧吹入由灭弧片构成的狭缝中，把电弧迅速拉长的同时，使电弧与灭弧片内壁紧密接触，对电弧的表面进行冷却和吸附，产生强烈的去电离。石英砂熔断器中的熔丝熔断时，在石英砂的狭沟中产生电弧。由于受到石英砂的冷却和表面吸附作用，使电弧迅速熄灭。同时，熔丝气化时产生的金属蒸气渗入石英砂中遇冷而迅速凝结，大大减少了弧隙中的金属蒸气，使得电弧容易熄灭。

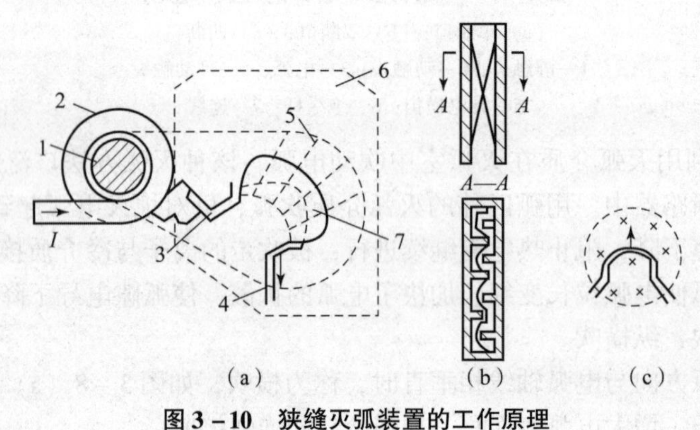

图3-10　狭缝灭弧装置的工作原理

(a) 灭弧装置；(b) 灭弧片；(c) 磁吹弧原理

1—磁吹铁芯；2—磁吹线圈；3—静触头；4—动触头；

5—灭弧片；6—灭弧罩；7—电弧移动

（6）利用耐高温金属材料触头、优质灭弧介质。触头材料对电弧中的去电离也有一定影响，用熔点高、导热系数和热容量大的耐高温金属制作触头，可以减少热电子发射和电弧中的金属蒸气，从而减弱了电离过程，有利于熄灭电弧。灭弧介质的特性，如导热系数、电强度、热电离温度、热容量等，对电弧的电离程度具有很大影响，这些参数值越大，去电离作用就越强。在高压开关中，广泛采用压缩空气、SF_6气体、真空等作为灭弧介质。

如何灭弧（视频文件）

【习题】

电弧的熄灭（交互习题）

任务二　高压断路器的运行与控制

【任务描述】 高压断路器是电力系统中最重要的控制和保护设备，设有灭弧装置和高速传动机构，能关合和开断各种状态下高压电路中的电流。本任务需了解高压断路器的基本参数及类型作用、掌握各类高压断路器的工作原理，熟悉各类高压断路器的各部分结构。以此为基础具备对高压断路器故障进行判断及运行维护的能力。

【教学目标】

知识目标：掌握断路器的符号、功能、型号、结构、操作注意事项。

技能目标：能对断路器进行运行与控制。

【任务实施】 ①阅读资料，了解高压断路器的基本参数及作用；②掌握高压断路器的工作原理；③熟知高压断路器的结构；④完成高压断路器分合闸操作。

【知识链接】 高压断路器的作用及参数、高压断路器各类型结构、高压断路器的控制运行及检修。

一、认识高压断路器

高压断路器是发电厂变电所及电力系统中最重要的控制和保护设备，电气符号为“ ”通常用 QF 来表示，其作用表现在以下三方面。一是控制，即在正常时根据电网的运行需要，接通或断开电路的工作电流；二是保护，当系统中发生故障时，高压断路器与继电保护装置及自动装置配合，迅速、自动地切除故障电流，将故障部分从电网中断开，保证电网无故障部分的安全运行，以减少停电范围，防止事故扩大。三是安全隔离，断开高压断路器，可将电气设备与高压电源隔离，保证设备和工作人员的安全。

1. 高压断路器的定义

额定电压为 3 kV 及以上，能够关合、承载和开断运行状态的正常电流，并能在规定时间内关合、承载和开断规定的异常电流（如短路电流、过负荷电流）的开关电器称为高压断路器。

2. 高压断路器的工作特点

高压断路器要求瞬时地从导电状态变为绝缘状态，或者瞬时地从绝缘状态变为导电状态。因此要求断路器具有以下功能。

（1）导电。在正常的闭合状态时应为良好的导体，不仅对正常的电流，而且对规定的短路电流也应能承受其发热和电动力的作用，保持可靠地接通状态。

（2）绝缘。相与相之间、相对地之间及断口之间具有良好的绝缘性能，能长期耐受最高工作电压，短时耐受大气过电压及操作过电压。

（3）开断。在闭合状态的任何时刻，应能在不发生危险过电压的条件下，在尽可能短的时间内安全地开断规定的短路电流。

（4）关合。在开断状态的任何时刻，应能在断路器触头不发生熔焊的条件下，在短时间内安全地闭合规定的短路电流。

3. 高压断路器的基本要求

电力系统的运行状态、负荷性质是多种多样的，作为起控制和保护作用的高压断路器，必须满足以下基本要求。

（1）工作可靠。断路器应能在规定的运行条件下长期可靠地工作，并能正确地执行分、合闸命令，完成接通或断开电路的任务。

（2）具有足够的开断能力。断路器在断开短路电流时，触头间会产生很大的电弧，此时断路器应具有足够强的灭弧能力，安全可靠地断开电路，还要有足够的热稳定性。

（3）具有尽可能短的开断时间。分断时间要短，灭弧速度要快，这样，当电网发生短路故障时可以缩短切除故障的时间，以减轻短路电流对电气设备和电力系统的危害，有利于系统的稳定。

（4）具有自动重合闸功能。由于输电线路的故障多数是暂时性的，采用自动重合闸可以提高供电可靠性和电力系统的稳定性。发生短路故障时，继电保护动作使断路器跳闸，切除故障电流，经无电流间隔时间后自动重合闸、恢复供电。当然，如果故障仍然存在，断路器则再次跳闸，切断故障电流。

（5）具有足够的机械强度和良好的稳定性能。正常运行时，断路器应能承受自身重量和各种操作力的作用。在系统发生短路故障、断路器通过短路电流时，应有足够的动稳定性和热稳定性，以保证断路器的安全运行。

认识高压断路器（视频文件）

（6）结构简单，价格低廉。在满足安全、可靠要求的前提下，还应考虑经济性，因此要求断路器结构简单、体积小、质量轻、价格合理。

4. 高压断路器的基本类型

高压断路器有许多种类，其结构和动作原理各不相同。按灭弧介质和灭弧原理的不同进行分类，高压断路器主要有以下几种。

（1）油断路器：以绝缘油作为灭弧介质的断路器，有多油和少油两种类型。

（2）压缩空气断路器：以压缩空气作为灭弧介质及操动机构能源的断路器。

（3）真空断路器：在真空中开断电流，利用真空的高绝缘强度来实现灭弧的断路器。

（4）六氟化硫（SF_6）断路器：采用具有优良灭弧性能的 SF_6 气体作为灭弧介质的断路器。

5. 高压断路器的技术参数

1）额定电压 U_N

它是表征断路器绝缘强度的参数，是断路器长期工作能承受系统最高的工作电压。额定电压的等级有：3 kV、6 kV、10(12) kV、35（40.5、72.5）kV、110(126) kV、220

（252）kV、330 kV、500（550）kV 等。

2）额定电流 I_N

它是表征断路器在额定电压和规定的使用性能条件下，允许连续长期通过的最大电流的有效值。常见的额定电流级别有：1 kA、1.25 kA、1.6 kA、2 kA、2.5 kA、3.15 kA、4 kA、5 kA、6.3 kA、8 kA、10 kA、12.5 kA、16 kA、20 kA 等。

3）动稳定电流 I_{es}

动稳定电流是表征断路器通过短时电流能力的参数，反映断路器承受短路电流电动力效应的能力。断路器在合闸状态下或关合瞬间，允许通过的电流最大峰值，称为额定动稳定电流。

4）开断电流 I_{Nbr}

开断电流是表征断路器开断能力的参数。在额定电压下，断路器能保证可靠开断的最大电流，称为额定开断电流。

5）关合电流 I_{Ncl}

关合电流是表征断路器关合电流能力的参数。断路器能够可靠关合的电流最大峰值，称为额定关合电流。

6）热稳定电流 I_t

热稳定电流也是表征断路器通过短时电流能力的参数，但它反映断路器承受短路电流热效应的能力。断路器处于合闸状态下，在一定的持续时间内，所允许通过电流的最大周期分量有效值，称为额定热稳定电流。

7）热稳定电流持续时间

额定热稳定电流的持续时间为 2 s，需要大于 2 s 时，推荐 4 s。

8）合闸时间

合闸时间是表征断路器操作性能的参数。它是指从断路器操动机构合闸线圈接通到主触头接触这段时间。

高压断路器的选择（视频文件）

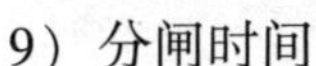

9）分闸时间

分闸时间包括分闸时间和熄弧时间。分闸时间是指从操动机构分闸线圈接通到触头分离这段时间。熄弧时间是指从触头分离到各相电弧熄灭为止这段时间。

高压断路器的类型（视频文件）

6. 高压断路器的型号含义

目前我国高压断路器型号根据国家技术标准的规定，一般由文字符号和数字按如图 3－11 所示方式组成。

1 2 3—4 5 6/7 8

产品名称

安装场所

设计序号

额定电压（kV）

特殊环境代号

额定短路开断电流（kA）

额定电流（A）

其他补充工作特性标志

图 3－11　高压断路器型号含义

产品名称代号：S—少油断路器；D—多油断路器；K—空气断路器；L—六氟化硫断路器；Z—真空断路器。

安装场所代号：N—户内；W—户外。

设计序号：以数字 1、2、3、…表示。

其他补充工作特性标志：G—改进型，F—分相操作。

例如，LW10—252/3150—40 型号的含义是设计序号为 10，额定电压为 252 kV，额定电流为 3 150 A，额定短路开断电流为 40 kA，安装在户外的六氟化硫断路器。

二、 真空断路器

真空断路器因其灭弧介质和灭弧后触头间隙的绝缘介质都是高真空而得名，如图 3－12 所示。它具有体积小、质量轻、适用于频繁操作、灭弧不用检修的优点，在配电网中应用较为普遍。真空断路器是 3～10 kV、50 Hz 三相交流系统中的户内配电装置，可供工矿企业、发电厂、变电站中作为电气设备的保护和控制之用，特别适用于要求无油化、少检修及频繁操作的使用场所，断路器可配置在中置柜、双层柜、固定柜中用于控制和保护高压电气设备。

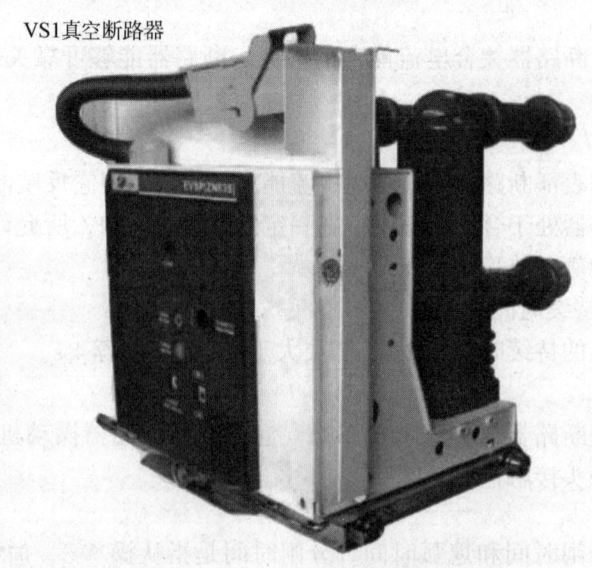

图 3－12　VS1 真空断路器

真空断路器简介（视频）

真空断路器灭弧原理（视频文件）

1. 真空断路器的工作原理

真空中的气体十分稀薄，不可能维持电弧的燃烧，所以真空间隙被击穿而产生电弧不是气体碰撞电离的结果。实际上，电弧是在触头电极蒸发出来的金属蒸气中形成的。在开断电流时，随着触头的分离，触头接触面积迅速减少，最后只有留下一个或几个微小的接触点，其电流密度非常大，温度急剧升高，使接触点的金属熔化并蒸发出大量的金属蒸气。由于金属蒸气温度很高，同时又存在很强的电场，导致强电场发射和金属蒸气的电离，从而发展成真空电弧。

真空断路器是利用在真空电弧中生成的带电粒子和金属蒸气具有很高扩散速度的特性，在电弧电流过零电弧暂时熄灭时，使触头间隙的介质强度能很快恢复而实现灭弧的。真空断路器触头间隙高绝缘强度的恢复，取决于带电粒子的扩散速度、开断电流的大小以及触头的面积、形状和材料等因素。在燃弧区域施加横向磁场和纵向磁场，驱动电弧高速扩散运动，可以提高介质强度的恢复速度，还能减轻触头的烧损程度，提高使用寿命。

2. 真空断路器的特点

1）真空断路器具有的优点

（1）真空介质的绝缘强度高，灭弧室内触头间隙小（10 kV 的触头间隙一般在 10 mm 左右），因而灭弧室的体积小。由于分合时触头行程很短，故分、合闸动作快，且对操动机构功率要求较小，机构的结构可以比较简单，使整机体积小、质量轻。

（2）灭弧过程在密封的真空容器中完成，电弧和炽热的金属蒸气不会向外界喷溅，且操作时噪声小，不会污染周围环境。

（3）开断能力强，开断电流大，熄弧时间短，电弧电压低，电弧能量小，触头损耗小，开断次数多，使用寿命长，一般可达 20 年。

（4）电弧开断后，介质强度恢复速度快，动导电杆的惯性小，适合于频繁操作，具有多次重合闸功能。

（5）介质不会老化，也不需要更换。在使用年限内，触头部分不需要检修，维护工作量小、维护成本低，仅为少油断路器的 1/20 左右。

（6）使用安全。由于不使用油，而且开断过程不会产生很高的压力，无火灾和爆炸的危险，能适用于各种不同的场合，特别是危险场所。

（7）触头部分为完全密封结构，不受潮气、灰尘、有害气体的影响，工作可靠，通断性能稳定。

（8）灭弧室作为独立的元件，安装调试简单、方便。

2）真空断路器存在的缺点

（1）开断感性负载或容性负载时，由于截流、振荡、重燃等原因，容易引起过电压。

（2）由于真空断路器的触头结构是采用对接式，操动机构使用了弹簧，容易产生合闸弹跳与分闸反弹。合闸弹跳不仅会产生较高的过电压影响电网的稳定运行，还会使触头烧损甚至熔焊，特别是在投入电容器组产生涌流时及短路关合的情况下更加严重。分闸反弹会减小弧后触头间距，导致弧后的重击穿，后果十分严重。

（3）对密封工艺、制造工艺要求很高，价格较高。

3. 真空断路器的基本结构

真空断路器的基本组成元件及作用为：①支架——安装各功能组件的架体。②真空灭弧室——实现电路的关合与开断功能的熄弧元件。③导电回路——与灭弧室的动端及静端连接构成电流通道。④传动机构——把操动机构的运动传输至灭弧室，实现灭弧室的合、分闸操作。⑤绝缘支撑——绝缘支持件将各功能元件架接起来满足断路器的绝缘要求。⑥操动机构——断路器合、分闸的动力驱动装置。

1）真空灭弧室

真空灭弧室是真空断路器中最重要的部件，如图 3－13 所示。真空灭弧室是由绝缘外壳、动静触头、两端的金属盖板和波纹管所组成的密封容器。灭弧室内有一对触头，静触头焊接在静导电杆上，动触头焊接在动导电杆上，动导电杆在中部与波纹管的一个断口焊在一起，波纹管的另一端口与动端盖的中孔焊接，动导电杆从中孔穿出外壳。由于波纹管可以在轴向上自由伸缩，故这种结构既能实现在灭弧室外带动动触头做分合运动，又能保证真空外壳的密封性。

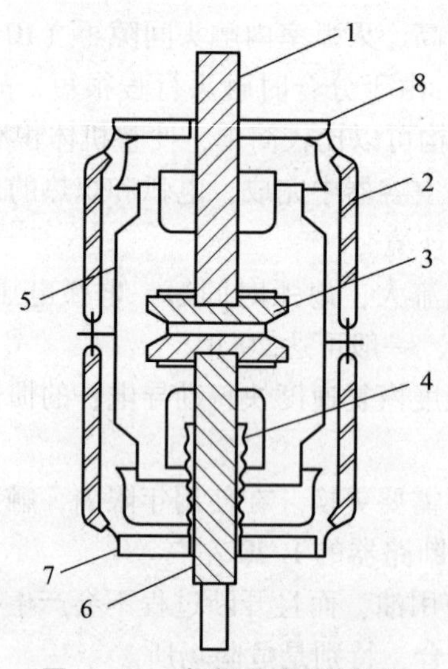

图 3－13　真空灭弧室的结构

1—静导电杆；2—绝缘外壳；3—触头；4—波纹管；5—屏蔽罩；6—动导电杆；
7—动端盖板；8—静端盖板

（1）绝缘外壳：整个外壳通常由绝缘材料和金属组成。对外壳的要求首先是气密封性要好；其次是要有一定的机械强度；而且还有良好的绝缘性能。

（2）触头：触头结构对灭弧室的开断能力有很大影响。采用不同结构触头产生的灭弧效果有所不同，早期采用简单的圆柱形触头，结构虽简单，但开断能力不能满足断路器的要求，仅能开断 10 kA 以下电流。目前，常采用的有螺旋槽形结构触头、带斜槽杯状结构触头和纵磁场杯状结构触头三种，其中以采用纵磁场杯状结构触头为主。触头结构形式如图 3－14 所示。

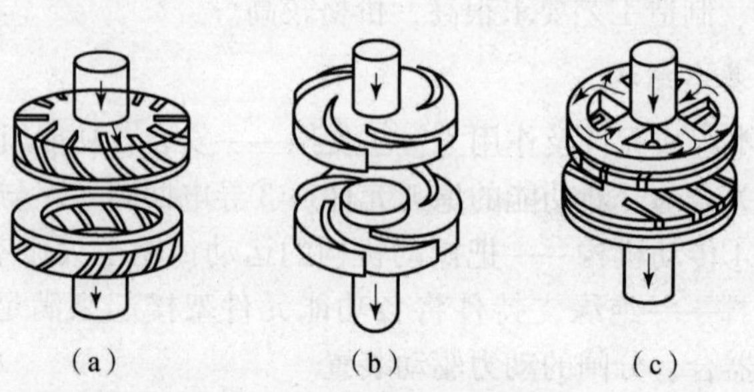

图 3－14　各种触头结构形状

（a）带斜槽杯状结构触头；（b）螺旋槽形结构触头；（c）纵磁场杯状结构触头

（3）波纹管：波纹管既要保证灭弧室完全密封，又要在灭弧室外部操动时使触头做分合运动，允许伸缩量决定了灭弧室所能获得的触头最大开距。

（4）屏蔽罩：触头周围的屏蔽罩主要是用来吸附燃弧时触头上蒸发的金属蒸气，防止绝缘外壳因金属蒸气的污染而引起绝缘强度降低和绝缘破坏，同时，也有利于熄弧后弧隙介质强度的迅速恢复。在波纹管外面用屏蔽罩，可使波纹管免遭金属蒸气的烧损。

2）操动机构

操动机构是指独立于断路器本体以外的对断路器进行操作的机械操动装置。一种型号的操动机构可以配用不同型号的断路器，而同一型号的断路器也可配装不同型号的操动机构。操动机构的主要任务是将其他形式的能量转换成机械能，使断路器准确地进行分、合闸操作。

根据高压断路器能量形式的不同，可将其常用的操动机构分为手动操动机构、电磁操动机构、弹簧操动机构、气动操动机构和液压操动机构。

（1）手动操动机构。手动操动机构是指直接用人力关合断路器的机构，其分闸则有手动和电动两种。这种机构结构简单，不需要专门的操作能源；但关合速度受操作人的影响较大，不能遥控和自动合闸，所以安全性较低，只能用于 12 kV 及以下系统容量很小的地方。随着系统容量的不断增大，手动操动机构大都已经淘汰。

（2）电磁操动机构。电磁操动机构是靠电磁铁产生的电磁力进行合闸，以储能弹簧进行分闸的机构。电磁操动机构结构较简单，运行安全可靠，制造成本较低，可实现遥控和自动重合闸，该类机构可配用于 110 kV 及以下的断路器。但由于其合闸时间较长，功率消耗大，需配备大功率直流电源，有逐步被其他较先进机构取代的趋势。

（3）弹簧操动机构。弹簧操动机构是以储能弹簧为动力对断路器进行分、合闸操作的机构。弹簧操动机构动作快，可快速自动重合闸，一般采用电机储能，消耗功率较小，可用交、直流电源，且失去储能电源后还能进行一次操作。但其结构复杂、冲击力大、对部件强度及加工精度要求高、价格较贵。弹簧操动机构适用于 220 kV 及以下电压等级的断路器。

（4）气动操动机构。气动操动机构是以压缩空气推动活塞进行分、合闸操作的机构，或者仅以压缩空气进行单一的分、合操作，而以储能弹簧进行对应的合、分闸操作的机构。气动操动机构功率大、动作快，可快速自动重合闸。气动操动机构适用于 220 kV 及以下电压等级的断路器，特别适宜于压缩空气断路器或有空压设备的地方。

（5）液压操动机构。液压操动机构是以气体储能，以高压油推动活塞进行分、合闸操作的机构。液压操动机构功率大、动作快、冲击力小、动作平稳、能快速自动重合闸，可采用交流或直流电动机，暂时失去电动机电源仍可操作，直至低压闭锁；但其结构复杂、密封及工艺要求高、价格较贵。液压操动机构适用于 110 kV 及以上电压等级的断路器，特别是超高压断路器。

手动和电磁操动机构属于直动机构，由做功元件、连板系统、维持和脱扣部件等几个主要部分组成。弹簧、气动和液压机构属储能机构，由储能元件、控制系统、执行元件几大部分组成。

真空断路器本体结构（视频文件）

真空断路器传动与操动机构（视频文件）

真空断路器五连杆原理（视频文件）

真空断路器分合闸过程（视频文件）

4. 断路器控制回路

电力系统中发电机、变压器、线路等各类电气设备的投入和切除，都要通过断路器进行操作控制。主设备都是在主控制室或单元控制室内控制。运行人员在几十米或几百米以外，用控制开关、按钮或DCS系统通过控制回路对断路器进行操作，操作完成后，立即由灯光信号反映出断路器的位置状态。

1）对断路器控制回路的一般要求

断路器控制回路必须完整、可靠，因此，应满足下面要求。

（1）断路器合闸和跳闸回路是按短时通电来设计的。操作完成后，应迅速自动断开合闸或跳闸回路，以免烧坏线圈。在合、跳闸回路中，若接入断路器的辅助触点，便可将回路切断，同时，还为下一步操作做好准备。

（2）断路器既能由控制开关进行手动合闸和分闸，又能在自动装置和继电保护作用下自动合闸或跳闸。

断路器合闸操作中的非全相运行（视频文件）

（3）控制回路应具有反映断路器位置状态的信号。例如，手动合闸或手动分闸时，可用红、绿灯发平光表示断路器为合闸或分闸状态。红、绿灯发闪光便表示出现自动合闸或自动跳闸。

（4）具有防止断路器多次合、跳闸的“防跳”装置。因断路器合闸时，如遇永久性故障，继电保护将其跳闸，此时，如果控制开关未复归或自动装置触点被卡住，将引起断路器再次合闸又跳闸，即出现“跳跃”现象，“跳跃”容易损坏断路器。因此，断路器应装设“电气防跳”或“机械防跳”装置。

（5）对控制回路及其电源是否完好，应能进行监视。

2）断路器的控制方式

断路器的控制方式，按其操作电源可分为强电控制与弱电控制，前者一般为110 V或220 V电压，后者为48 V及以下电压；按操作方式可分为一对一控制和选线控制两种。

大型火力发电厂高压断路器多采用弱电一对一控制方式，断路器跳、合闸线圈仍为强电，两者之间增加转换环节。这样，控制屏能采用小型化弱电控制设备，操动机构强电化，控制距离与单纯的强电控制一样。

5. 真空断路器的安装要求

真空断路器大修条件（视频文件）

（1）安装前应对真空断路器进行外观及内部检查，真空灭弧室、各零部件、组件要完整、合格、无损、无异物。

（2）严格执行安装工艺规程要求，各元件安装的紧固件规格必须按照设计规定选用。

（3）检查极间距离，上下出线的位置距离必须符合相关的专业技术规程要求。

（4）所使用的工器具必须清洁，并满足装配的要求，在灭弧室附近紧固螺丝，不得使用活扳手。

（5）各转动、滑动件应运动自如，运动摩擦处应涂抹润滑油脂。

（6）整体安装调试合格后，应清洁抹净，各零部件的可调连接部位均应用红漆打点标记，出线端接线处应涂抹防腐油脂。

6. 真空断路器的运行维护

对真空断路器应每年进行一次停电检查维护，以保证正常运行。正常的年检做好如下工作。

（1）灭弧室应进行断口工频耐压试验，并予记录。对耐压不好或真空度较低的管子应及时更换。

（2）抹净绝缘件，对绝缘件应做工频耐压试验，绝缘不好的绝缘件应立即更换。

（3）对真空断路器的开距、接触行程应测量记录在册，如有变化应找出原因处理（如可能是连接件松动或机械磨损等原因），有条件的应对断路器测试机械特性并记录。对机械特性参数变化较大的应找出原因并及时调整处理。

（4）对各连接件可调整处的连接螺栓、螺母等应检查有否松动，特别是辅助开关拐臂处的连接小螺钉、灭弧室动导电杆连接的锁紧螺母等应检查有否松动。

（5）对各转动关节处应检查各种卡簧、销子等有否松脱，并对各转动、滑动部分加润滑油脂。

（6）对使用在电流大于 1 600 A 以上的真空断路器，应对每极做直流电阻测量，记录在册，发现电阻值变大的应检查原因并排除。

（7）如需更换灭弧室应按产品说明书的要求进行，更换后应进行机械特性的测试和耐压试验。

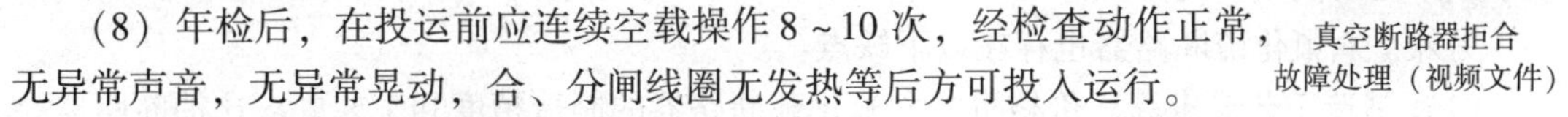

（8）年检后，在投运前应连续空载操作 8～10 次，经检查动作正常，无异常声音，无异常晃动，合、分闸线圈无发热等后方可投入运行。

真空断路器拒合故障处理（视频文件）

三、 六氟化硫断路器

六氟化硫断路器是利用 SF_6 气体作为灭弧和绝缘介质的一种断路器。目前在使用电压等级、开断性能等方面都已赶上或超过其他类型的断路器，尤其在高压、超高压及特高压系统中居主导地位。

1. 六氟化硫断路器的特点

六氟化硫断路器简介（视频）

六氟化硫断路器的优良性能得益于 SF_6 气体。由于 SF_6 气体优良的灭弧性能和绝缘性能，使六氟化硫断路器具有显著的特点。其优点表现在以下几方面。

（1）开断短路电流大。SF_6气体的良好灭弧特性，使六氟化硫断路器触头间燃弧时间短、开断电流能力大，一般能达到40～50 kA以上，最高可以达到80 kA，并且对于近距离故障开断、失步开断、接地短路开断也能充分发挥其性能。

（2）载流量大，寿命长。由于SF_6气体的分子量大、比热大、对触头和导体的冷却效果好，因此在允许的温升限度内，可通过的电流也比较大，额定电流可达12 000 A。其触头可以在较高的温度下运行而不损坏。在大电流电弧的情况下，触头的烧损非常小、电气寿命长。

（3）操作过电压低。SF_6气体在低压下使用时，能够保证电流在过零附近切断，电流截断趋势减至最小，避免因截流而产生操作过电压。SF_6气体介质强度恢复速度特别快，因此开断近区故障的性能特别好，并且在开断电容电流时不产生重燃，通常不加并联电阻就能够可靠地切断各种故障而不产生过电压，降低了设备绝缘水平的要求。

（4）运行可靠性高。六氟化硫断路器的导电和绝缘部件均被密封在金属容器内，不受大气条件的影响，也能防止外部物体侵入设备内部，减少了设备事故的可能性。金属容器外部接地，可防止意外接触带电部位，设备使用安全。SF_6气体密封条件好，能够保持六氟化硫断路器内部干燥，不受外部潮气的影响，从而保证了长期较高的运行可靠性。

（5）安全性高。SF_6气体是不可燃的惰性气体，六氟化硫断路器没有爆炸和火灾的危险。SF_6气体工作气压较低，在吹弧过程中，气体不排向大气，可在密封系统中循环使用，而且噪声低、无污染、无公害、安全性较高。

（6）体积和占地面积小。SF_6气体的良好绝缘特性，使六氟化硫断路器各元件之间的电气距离缩小，单断口的电压可以做得很高，与少油断路器和空气断路器比较，在相同额定电压等级下，六氟化硫断路器所用的串联单元数较少，断路器结构设计更为紧凑，体积减小。使用SF_6气体的高压开关设备，能大幅度地减小占地面积，空气绝缘与SF_6气体绝缘开关设备的占地面积之比为30∶1。

（7）安装调试方便。通常制造厂以大组装件形式进行运输，到现场主要是单元吊装，安装和调试简单、方便，施工周期较短，220 kV的六氟化硫断路器只需2～3 h就可装好。

（8）检修维护量小。SF_6气体分子中不存在碳元素，六氟化硫断路器内没有碳的沉淀物，其允许开断的次数多，无须进行定期的全面解体检修，检修周期长，日常维护工作量极小，年运行费用大为降低。

另外，六氟化硫断路器也存在以下缺点：

（1）制造工艺要求高、价格贵。六氟化硫断路器的制造精度和工艺要求比油断路器要高得多，其制造成本高、价格昂贵，为油断路器的2～3倍。

（2）气体管理技术要求高。SF_6气体在环境温度较低，气压提高到某个程度时，难以在气态下使用。SF_6可分解有毒气体，即使较纯的SF_6气体也可能混有一些杂质，对人体无益，现场特别是室内要考虑窒息的危险。

SF_6气体的处理和管理工艺复杂，要有一套完备的气体回收、分析测试设备，工艺要求高。

LW10B-252型六氟化硫断路器的整体结构（视频文件）

六氟化硫断路器拆解（AR）

2. 六氟化硫断路器的结构

由于六氟化硫断路器是利用 SF_6 气体灭弧的，需要对气体进行监测，因此，在结构上相比其他断路器多了压力及密度监测器。

六氟化硫断路器主要由操动机构、支柱瓷瓶和灭弧室几部分组成。按照断路器总体布置的不同，六氟化硫断路器按外形结构的不同可分为瓷柱式和落地罐式两种。

瓷柱式六氟化硫断路器的外形结构与少油断路器和压缩空气断路器相似，属积木式结构。灭弧室多用电工陶瓷布置成 I 形、T 形或 Y 形，如图 3－15 所示。110～220 kV 断路器为单断口，整体呈 I 形布置；330～500 kV 断路器一般为双断口，整体呈 T 形或 Y 形布置。瓷柱式六氟化硫断路器的灭弧室置于高强度的瓷套中，用空心瓷柱支撑并实现对地绝缘。穿过瓷柱的动触头与操动机构的传动杆相连。灭弧室内腔和瓷柱内腔相通，充有相同压力的 SF_6 气体。瓷柱式六氟化硫断路器耐压水平高，结构简单，运动部件少，产品系列性好，但其重心高，抗震能力差，使用场合受到一定限制。

图 3－15　瓷柱式 SF_6 断路器

落地罐式六氟化硫断路器也称为金属接地箱型，沿用了多油断路器的总体结构方案，将断路器装入一个外壳接地的金属罐中，如图 3－16 所示。落地罐式六氟化硫断路器每相由接地的金属罐、充气套管、电流互感器、操动机构和基座组成。触头和灭弧室置于接地的金属罐中，高压带电部分由绝缘子支持，对箱体的绝缘主要依靠 SF_6 气体。绝缘操作杆穿过支持绝缘子，将动触头与机构传动轴相连接，在两根出线套管的下部可安装电流互感器。落地罐式六氟化硫断路器的重心低，抗震性能好，灭弧断口间电场较均匀，开断能力强，可以加装电流互感器，还能与隔离开关、接地开关、避雷器等融为一体，组成复合式开关设备，可用于多震和高原及污秽地区。但是落地罐式六氟化硫断路器罐体耗材量大，用气量大，成本较高。

图 3-16　落地罐式六氟化硫断路器

1）六氟化硫断路器的灭弧室

六氟化硫断路器的灭弧室一般由动触头、喷口和压气活塞连在一起，通过绝缘连杆由操动机构带动。静触头制成管形，动触头是插座式的，动、静触头的端部镶有铜钨合金。喷口用耐高温、耐腐蚀的聚四氟乙烯制成。六氟化硫断路器根据灭弧原理的不同可分为双压式、单压式、自能式等几种。

LW9-72.5断路器灭弧室结构（视频文件）

LW10-252型六氟化硫断路器灭弧室结构（视频文件）

LW9-72.5断路器灭弧装置工作原理（视频文件）

（1）双压式灭弧室。双压式灭弧室内部具有两种不同的压力区，即低压区和高压区。低压区的压力一般为 0.3～0.5 MPa，主要用于内部绝缘；高压区的压力一般为 1.6 MPa，仅作为吹弧用。在断路器分闸过程中，排气阀自动打开，从高压区排向低压区的 SF_6 气体途经喷口吹灭电弧。低压区的 SF_6 气体通过气泵再送入高压室，为下一次分闸做准备。双压式的六氟化硫断路器结构比较复杂，早期应用较多，目前已被淘汰。

（2）单压式灭弧室。单压式灭弧室内 SF_6 气体只有一种压力，工作压力一般为

0.6 MPa左右。在分闸过程中，动触杆带动压气缸，使 SF_6气体自然形成一定压力。当动触杆运动至喷口打开时，气缸内的高压力 SF_6气体经喷口吹灭电弧，完成灭弧过程。

（3）自能式六氟化硫断路器。压气式六氟化硫断路器要利用操动机构带动气缸与活塞相对运动来压气熄弧，因而操动机构负担很重，要求操动机构的操作功率大。

断路器灭弧室（动画）

利用电弧自身的能量来熄灭电弧的自能式六氟化硫断路器，可以减轻操动机构的负担，减少对操动机构操作功率的要求，从而可以提高断路器的可靠性。自能式六氟化硫断路器代表了六氟化硫断路器发展的主流。

2）压力表和压力继电器

SF_6气体压力是断路器开断与关合能力的标志，运行中必须始终保持在规定的范围内。为监视 SF_6气体压力的变化情况，应装设压力表和压力继电器。

（1）压力表。SF_6气体压力表起监视作用，按结构原理可分为弹簧管式、活塞式、数字式等。六氟化硫断路器一般采用弹簧管式压力表。

（2）压力继电器。压力继电器主要配置在断路器的操动机构上，带有多对电触点，用于控制操动机构电动机的启动、停止和输出闭锁断路器分闸、合闸、重合闸的指令以及发出相应的信号等。当气体压力升高或降低时，压力继电器使相应的行程开关电触点动作，以实现利用压力来控制有关指令和信号的输出。压力继电器起控制和保护作用。

3）密度表和密度继电器

气体密度表和密度继电器都是用来测量 SF_6气体的专用表计，带指针及有刻度的称为密度表，不带指针及刻度的称为密度继电器。有的 SF_6气体密度表也带有电触点，即兼作密度继电器使用。SF_6气体密度表起监视作用，密度继电器起控制和保护作用。

4）操动机构

开关电器的触头分合必须靠机械操动系统才能完成。操动机构作为高压六氟化硫断路器的重要组成部分，形式多样，有弹簧操动机构、气动机构、液压机构、液压弹簧机构等。分别由储能单元、控制单元和力传递单元组成。

六氟化硫断路器操动机构的操作分为分闸操作和合闸操作。

LW10B-252型六氟化硫断路器液压操作系统结构（视频文件）

六氟化硫断路器液压系统工作原理（视频文件）

六氟化硫断路器分合闸工作原理（视频文件）

（1）分闸操作。六氟化硫断路器的分闸操作是通过弹簧操动机构控制支座的内拐臂拉动绝缘拉杆使喷口向下，再通过主触头与静触头的分离产生一定的电弧，这些电弧通过燃烧会产生比较高的温度，随后就会产生高压气体，当高压气体流入压气缸之后会提升压气缸内的压力，压气缸内的高压气体可以从动弧触头喉部喷出，从而熄灭电弧，达到短路的目的。

（2）合闸操作。六氟化硫断路器的合闸操作是通过弹簧操动机构控制支座的内拐臂拉动绝缘拉杆使喷口向上运动，这样就达到了合闸的状态，然后 SF_6 气体进入压气缸内，等待下一次六氟化硫断路器的分闸操作。

5）净化装置

净化装置主要由过滤罐和吸附剂组成。吸附剂的作用是吸附 SF_6 气体中的水分和 SF_6 气体经电弧的高温作用后产生的某些分解物。常用的吸附剂有以下几种。

（1）活性炭：是以果壳、煤、木材等为原料，经过炭化、高温活化等制成的吸附剂。

（2）分子筛：是一种人工合成的沸石，是具有四面骨架结构的铝硅酸盐。

（3）氧化铝：是一种由天然氧化铝或铝土矿经特殊处理而制成的多孔结构物质。

（4）硅胶：是一种坚硬多孔固体颗粒，以水玻璃为原料制成。

除了上述四种吸附剂外，还有漂白土、活性白土、吸附树脂、活性炭素纤维、炭分子筛、矾土、铝土、氧化镁、硫酸锶等数种吸附剂。目前，国内外六氟化硫断路器等开关设备上使用得最多的吸附剂主要是分子筛和氧化铝。

6）压力释放装置

压力释放装置可分为以下两类：

（1）以开启压力和闭合压力表示其特征的，称为压力释放阀，一般装设在罐式六氟化硫断路器上。

（2）一旦开启后不能够再闭合的，称为防爆膜，一般装设在支柱式六氟化硫断路器上。

当外壳和气源采用固定连接时，所采用的压力调节装置不能可靠地防止过压力时，应装设适当尺寸的压力释放阀，以防止万一压力调节措施失效而使外壳内部的压力过高。防爆膜的作用主要是当六氟化硫断路器在性能极度下降的情况下开断短路电流时或其他意外原因引起的 SF_6 气体压力过高时，防爆膜破裂将 SF_6 气体排向大气，防止断路器本体发生爆炸事故。

3. 六氟化硫断路器的安装要求

（1）六氟化硫管路安装之前，必须用干燥氮气彻底吹净管子，所有管道法兰处的密封应良好。

（2）空气管道安装前，必须用干燥空气彻底吹净管子，安装过程中，要严防灰尘和杂物掉入管内。

SF_6压力低报警（视频文件）

（3）充加 SF_6 气体时，应采取措施，防止 SF_6 气体受潮。

（4）充完 SF_6 气体后，用检漏仪检查管接头和法兰处，不得有漏气现象。

（5）压缩空气系统（氮气），应在规定压力下检查各接头和法兰，不准漏气。

4. 六氟化硫断路器的检修

（1）六氟化硫断路器在检修前，应先将断路器分闸，切断操作电源，释放操作机构的能量，将断路器内的 SF_6 气体回收，残存气体必须用真空泵抽出，使断路器内真空度低于 133.33 Pa。

（2）断路器内充入合适压力的高纯度氮气（纯度在 99.99% 以上），然后放空，反复两次，以尽量减少内部残留的 SF_6 气体。

（3）解体检修时，环境的空气相对湿度不得大于 80%，工作场所应干燥、清洁，并应加强通风；检修人员应穿尼龙工作衣帽，戴防毒口罩、风镜，使用乳胶薄膜手套；工作场所严禁吸烟，工作间隙应清洗手和面部，重视个人卫生。

（4）断路器解体过程中发现容器内有白色粉末状的分解物时，应用吸尘或柔软卫生纸拭净，并收集在密封的容器中深埋，以防扩散。切不可用压缩空气吹或用其他使粉末飞扬的方法清除。

（5）断路器的金属部件可用清洗剂或汽油清洗。绝缘件应用无水酒精或丙酮清洗。密封件不能用汽油或氯仿清洗。一般应全部换用新的。

（6）断路器容器内的吸附剂应在解体检修时更换，换下的吸附剂应妥善处理，防止污染扩散。新换上的吸附剂应先在200～300℃的烘箱中烘燥处理12 h以上，待自然冷却后立即装入断路器，要尽量减少在空气中的暴露时间。吸附剂的装入量为充入断路器的SF_6气体质量的1/10。

高压断路器的操作（视频文件）

六氟化硫断路器巡视（视频文件）

断路器检修流程（视频文件）

你会选择断路器吗（微课）

【习题】

初识断路器（交互习题）

六氟化硫断路器结构（交互习题）

六氟化硫断路器工作原理（交互习题）

真空断路器结构及工作原理（交互动画）

断路器运行（交互习题）

断路器检修（交互习题）

任务三　高压隔离开关的运行与控制

【任务描述】 隔离开关是电力系统广泛使用的开关电器，因为没有专门的灭弧装置，所以不能用来接通和切断负荷电流及短路电流，但在分位置时有明显的断开标志，在合位置时能承载正常回路条件下的电流及在规定时间内异常条件（如短路）下的电流。隔离开关可以有效地隔离电源以保证工作人员的人身安全和检修的设备安全。本任务需了解高压隔离开关的基本参数及类型作用、掌握各类高压隔离开关的工作原理，熟悉各类型高压隔离开关的各部分结构。以此为基础具备对高压隔离开关故障判断及运行维护的能力。

【教学目标】

知识目标：掌握隔离开关的符号、功能、型号、结构、操作注意事项。

技能目标：能对隔离开关进行运行与控制。

【任务实施】 ①阅读资料，了解高压隔离开关的基本参数及作用；②掌握高压隔离开关的工作原理；③熟知高压隔离开关的结构。

【知识链接】 高压隔离开关的作用及参数、高压隔离开关各类型结构、高压隔离开关的控制运行及检修。

一、 认识高压隔离开关

高压隔离开关是发电厂和变电站中重要的开关电器，电气符号为“ ”，通常用 QS 来表示。目前它是我国电力系统中用量最大、使用范围最广的高压开关设备。高压隔离开关可以保证高压电器及装置在检修工作时的安全，但由于隔离开关没有专门的灭弧装置，所以不能用来开断负荷电流和短路电流，通常与断路器配合使用。

认识高压隔离开关（视频文件）

1. 隔离开关的作用

（1）隔离电源。将电气设备与电网隔离，以保证被隔离设备有明显断开点，能安全地进行检修。

（2）倒换母线。在双母线的电路中，利用隔离开关将设备或线路从一组母线切换到另一组母线上。

（3）接通开断电流电路。可接通或断开小电流电路，如：①接通和断开电压互感器及避雷器；②接通和断开电压为 10 kV、距离为 10 km 的架空线路；③接通和断开电压为 10 kV以下容量为 315 kVA 以下的变压器。

2. 隔离开关的基本要求

根据隔离开关在电力系统担负的工作任务，要求隔离开关应能满足以下条件：

（1）分开后应具有明显的断开点，易于鉴别设备是否与电网隔开。

（2）断开点之间应有足够的绝缘距离，以保证在过电压及相间闪络的情况下，不致引起击穿而危及工作人员的安全。

（3）有足够的动热稳定、机械强度、绝缘强度。

（4）跳、合闸时的同期要好，要有最佳的跳合闸速度，以尽可能降低操作过电压。

（5）结构简单、动作可靠。

（6）带有接地刀闸的隔离开关必须装设联锁机构，以保证隔离开关的正确操作。

3. 隔离开关的种类

高压隔离开关的类型（视频文件）

隔离开关种类很多，可根据装设地点、电压等级、极数和构造进行分类，主要有以下几种分类方式：

（1）按装设地点可分为户内式和户外式两种。

（2）按极数可分为单极和三极两种。

（3）按支柱绝缘子数目可分为单柱式、双柱式和三柱式。

（4）按隔离开关的动作方式可分为闸刀式、旋转式、插入式。

（5）按有无接地开关（刀闸）可分为带接地开关和不带接地开关。

（6）按所配操动机构可分为手动式、电动式、气动式、液压式。

（7）按使用性质不同可分为一般用、快分用和变压器中性点接地用三种。

4. 隔离开关的技术参数

（1）额定电压 U_N（kV）：额定电压是隔离开关绝缘强度的参数，是隔离开关长期工作能承受的最高工作电压。按照标准，额定电压分为以下几级：3.6、7.2、12、24、31.5、40.5、63、72.5、126、252 以及 368、550、800、1 100 等。

（2）额定电流 I_N（A）：隔离开关在额定电压和规定的使用性能条件下，允许连续长期通过的最大电流的有效值。

（3）动稳定电流 I_{es}（kA）：动稳定电流是隔离开关通过短时电流能力的参数，反映隔离开关承受短路电流电动力效应的能力。它是隔离开关在合闸状态下或关合瞬间，允许通过的电流最大峰值。

（4）热稳定电流 I_t（kA）：热稳定电流指隔离开关在某一规定的时间内，允许通过的最大电流，表明隔离开关承受短路电流热稳定的能力。

（5）极限通过电流峰值（kA）：极限通过电流峰值指隔离开关所能承受的瞬时冲击短路电流，与隔离开关各部分的机械强度有关。

5. 隔离开关的型号含义

目前我国隔离开关型号根据国家技术标准的规定，一般由文字符号和数字按如图 3－17 所示方式组成。

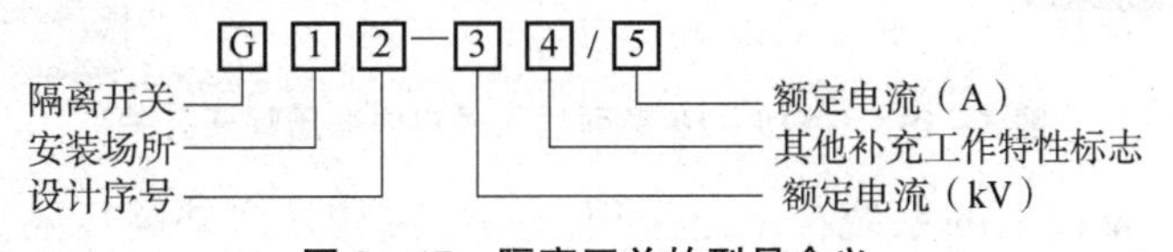

图 3－17　隔离开关的型号含义

安装场所：N—户内；W—户外。

设计序号：以数字 1、2、3、…表示。

其他补充工作特性标志：G—改进型；T—统一设计；K—快分型；D—带接地闸刀；W—防污型；C—穿墙型。

例如 GW16—252D/3150 型号表示这是一台设计序号为 16，额定电压为 252 kV，额定电流为 3 150 A，安装在户外带有接地闸刀的隔离开关。

二、 高压隔离开关的基本结构

高压隔离开关的基本结构原理如图 3－18 所示，包括导电部分、绝缘部分、传动机构、操动机构和支持底座五大部分。

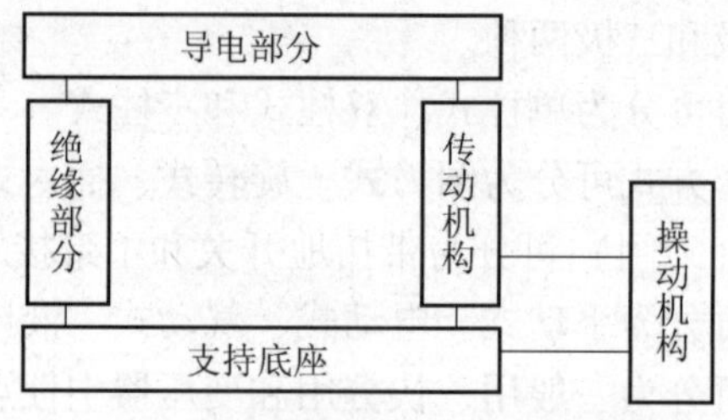

图 3－18　高压隔离开关的基本结构原理

（1）导电部分包括触头、刀闸、接线座，主要起传导电路中的电流，关合和开断电路的作用。可加强触头的接触压力，从而提高了隔离开关的动、热稳定性。

（2）绝缘部分包括支柱绝缘子和操作绝缘子，实现带电部分和接地部分的绝缘。

（3）传动部分由拐臂、联杆、轴齿或操作绝缘子组成，接收操动机构的力矩，将运动传动给触头，以完成隔离开关的分、合闸动作。

（4）操动机构通过手动、电动、气动、液压向隔离开关的动作提供能源。

（5）支持底座使导电部分、绝缘子、传动机构、操动机构等固定为一体，并使其固定在基础上。

插入式户内高压隔离开关如图 3－19 所示。

图 3－19　GN19－10 系列插入式户内高压隔离开关

而对于 35 kV 及以上的系统，广泛采用户外式结构。户外高压隔离开关需承受风、雨、雪、污秽、凝露、冰及浓霜等作用，故要求具有较高的绝缘强度和机械强度。

GW7—220 型高压隔离开关为三柱双断口水平旋转开启式结构，如图 3－20 所示，GW10—252 型高压隔离开关为单柱垂直户外伸缩式结构，如图 3－21 所示。其中 GW10—252 型高压隔离开关在合闸位置时，其动触头系统是单臂折叠式，传动部件密封在主刀闸导电管内部，不受外界环境的影响。主刀闸导电管内的平衡弹簧用来平衡主刀闸的重力矩，使分合闸动作十分轻便平稳，动触头采用钳夹式结构夹紧静触头导向杆，夹紧力由导电管内的夹紧弹簧来保证。采用顶压脱扣装置来保障隔离开关的可靠合闸，在风力、地震力、电动力等外力的作用下，隔离开关将始终保持在良好的工作状态。

三柱双断口水平旋转开启式结构

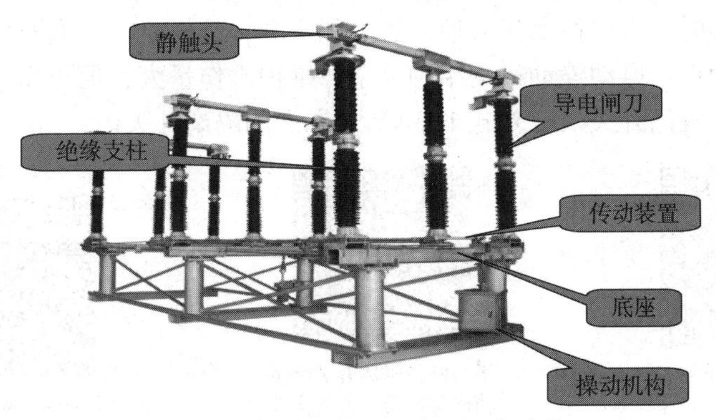

图 3－20　GWF220 型高压隔离开关

单柱垂直户外伸缩式结构

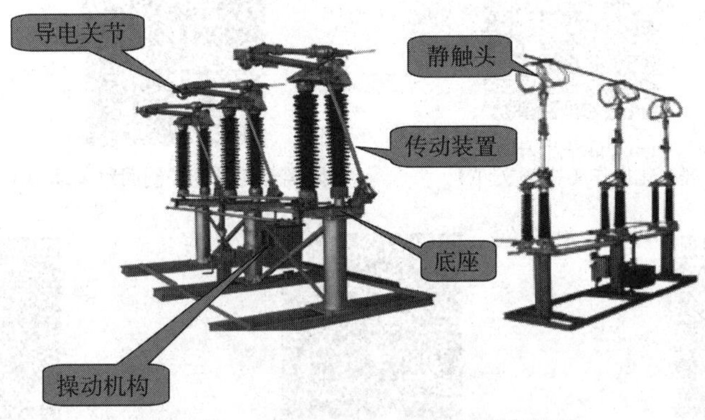

图 3－21　GW10—252 型高压隔离开关

垂直断口隔离开关（视频文件）

水平断口隔离开关（视频文件）

垂直断口隔离开关接地刀闸合闸工作原理（视频文件）

水平断口隔离开关主刀闸工作原理（视频文件）

垂直断口隔离开关主刀闸分闸过程原理（视频文件）

垂直断口隔离开关主刀闸合闸过程原理（视频文件）

水平断口隔离开关接地刀闸工作原理（视频文件）

三、　隔离开关操动机构

隔离开关的操动机构可分为手动和电动两类。采用手动操动机构时，必须在隔离开关安装地点就地操作。手动操动机构结构简单、价格低廉、维护工作量少，合闸操作后能及时检查触头的接触情况。手动操动机构有杠杆式和蜗轮式两种，前者一般适用于额定电流小于 3 000 A 的隔离开关，后者一般适用于额定电流大于 3 000 A 的隔离开关。电动操动机构操作隔离开关时，可以使操作方便、省力和安全，且便于在隔离开关和断路器间实现闭锁，以防止误操作。电动操动机构结构复杂、维护工作量大，但可以实现远方操作，主要用于户内式重型隔离开关及户外式 110 kV 及以上的隔离开关。

垂直断口隔离开关CJ7A
电动操动机构（视频文件）

垂直断口隔离开关CSA
手动操动机构（视频文件）

如何手动操作隔离开关（微课）

高压隔离开关的
规范化操作（视频文件）

隔离开关分闸控制回路（动画）

隔离开关合闸控制回路（动画）

隔离开关主闸刀闭锁条件（动画）

接地闸刀操作闭锁条件（动画）

四、 隔离开关的运行维护

1. 巡视检查

（1）绝缘子应清洁、无裂痕、不破损、无放电痕迹，绝缘子与法兰黏合处无松散及起层现象。

（2）应接触良好、不偏斜、不振动、不打火，触头不污脏、不发热、不锈蚀、无烧痕，弹簧和软线不疲劳、不锈蚀、不断裂。

（3）隔离开关拉开断口的空间距离应符合规程，触头罩无异物如鸟窝等堵塞。

（4）机构联锁、闭锁装置应良好，联动切换辅助触头位置应正确，接触良好。传动机构外露的金属部件无明显锈蚀痕迹。

（5）转轴、齿轮、框架、连杆、拐臂、十字头、销子等零部件应无开焊、变形、锈蚀、位置不正确、歪斜、卡涩等不正常现象。

（6）基础应良好，无损伤、下沉和倾斜。

（7）载流回路及引线端子无过热。

（8）接地良好。

2. 检修

隔离开关的小修一般每年进行一次，污秽严重的地区适当缩短周期。小修的项目包括：

（1）清除隔离开关绝缘表面的灰尘、污垢，检查有无机械损伤，以及更换损伤严重的部件。

（2）清除传动和操动机构裸露部分的灰尘和污垢，对主要活动环节加润滑油。

（3）检查接线端、接地端的连接情况，拧紧松动的螺栓。

（4）进行 3 ~5 次分、合闸试验，观察其动作是否灵活、准确。

（5）检查触头有无烧伤，清理触点的接触面，涂凡士林油等。

隔离开关每 3 ~5 年或操作达 1 000 次以上时应进行一次大修。大修项目包括：

（1）对导电系统：用砂布清擦掉接触表面的氧化膜，用锉刀修整烧斑；检查所有的弹簧、螺丝、垫圈、屏蔽罩、轴承等应完整无缺陷；修整或更换损坏的元件，最后分别加凡士林或润滑油后装好。

（2）对传动机构与操动机构：清扫掉其外露部分的灰尘与油垢；拉杆、拐臂轴、传动轴等部分应无机械变形或损伤，动作灵活；各活动部分要用汽油或煤油清洗掉油泥后注入适量的润滑油；动作部分对带电部分的绝缘距离应符合要求；限位器、制动装置应安装牢固，动作准确。

（3）检查并旋紧支持底座或构架的固定螺丝。

（4）根据厂家说明书或有关工艺标准的要求，调整刀闸的张开角度或开距。

（5）机械联锁与电磁联锁装置应正确可靠。

（6）清除辅助开关上的灰尘与油泥，活动关节处点涂润滑油，以使其正确动作，接触良好。

（7）按规定进行绝缘子（或绝缘拉杆）的绝缘试验；对工作电流接近于额定电流的刀闸或因过热而更换的新触点、导电系统拆动较大的刀闸，还应进行接触电阻试验。

（8）对隔离开关的支持底座、传动机构、操动机构的金属外露部分除锈刷漆；对导电系统的法兰盘、屏蔽罩等部分根据需要涂上色漆等。

如何选择高压隔离开关（微课）

【习题】

初识隔离开关（交互习题）

隔离开关结构（交互习题）

隔离开关运行维护（交互习题）

任务四　高压负荷开关认识及操作

【任务描述】 高压负荷开关是一种功能介于高压断路器和高压隔离开关之间的电器，高压负荷开关常与高压熔断器串联配合使用，还用于控制电力变压器。高压负荷开关具有简单的灭弧装置，因此能通断一定的负荷电流和过负荷电流。但是它不能断开短路电流，所以它一般与高压熔断器串联使用，借助熔断器来进行短路保护。本任务需了解高压负荷开关的作用、结构要求及实际使用时的注意事项。

【教学目标】

知识目标：掌握高压负荷开关的符号、功能、型号及结构类型。

技能目标：能对高压负荷开关进行巡视。

【任务实施】①阅读资料，了解高压负荷开关的基本参数及作用；②掌握高压负荷开关操作注意事项。

【知识链接】高压负荷开关的作用及参数、高压负荷开关运行注意事项。

一、高压负荷开关的作用

认识负荷开关（视频文件）

高压负荷开关如图 3－22 所示，是一种带有简单灭弧装置、能开断和关合额定负荷电流的开关。高压负荷开关的电气符号为“”，通常用 QL 来表示。其作用如下。

图 3－22　FN12－12 系列户内高压负荷开关

1. 隔离作用

高压负荷开关在断开位置时，像隔离开关一样有明显的断开点，因此可起电气隔离作用。对于停电的设备或线路提供可靠停电的必要条件。

2. 开断和关合作用

高压负荷开关具有简易的灭弧装置，因而可分、合负荷开关本身额定电流之内的负荷电流。它可用来分合一定容量的变压器、电容器组，以及一定容量的配电线路。

3. 替代作用

配有高压熔断器的负荷开关，可作为断流能力有限的断路器使用。这时负荷开关本身用于分、合正常情况下的负荷电流，高压熔断器则用来切断短路故障电流。

二、 高压负荷开关的结构类型

高压负荷开关根据结构形式以及安装方式等不同可分为以下不同类型。

（1）按安装地点划分，可分为户内式和户外式。

（2）按灭弧形式和灭弧介质划分，可分为压气式、产气式、真空式、SF_6 式等。

（3）按用途划分，可分为通用负荷开关、专用负荷开关、特殊用途负荷开关。目前有隔离负荷开关、电动机负荷开关、单个电容器组负荷开关等。

（4）按操作方式划分，可分为三相同时操作和逐相操作。

（5）按操动机构划分，可分为动力储能和人力储能。

以压气式负荷开关为例，图 3－23 所示为 FN3－IORT 型室内压气式高压负荷开关。它利用活塞和气缸在开断过程中的相对运动压缩空气而灭弧，增大活塞和气缸容积，加大压气量，以提高开断能力，但由此也带来结构复杂和操作功率大等缺点。

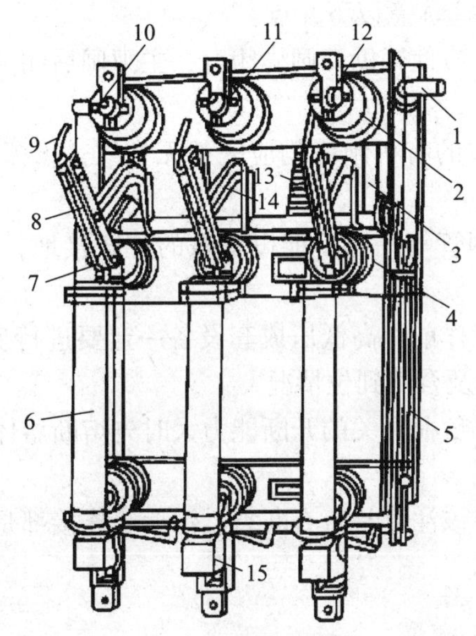

图 3－23　FN3－IORT 型高压负荷开关

1—主轴；2—上绝缘兼气缸；3—连杆；4—下绝缘子；5—框架；6—RN1 型高压熔断器；7—下触座；8—刀闸；9—弧动触头；10—绝缘喷嘴；11—主静触头；12—上触座；13—断路弹簧；14—绝缘栏杆；15—热脱扣器

由图 3－22 可知，该负荷开关是在隔离开关的基础上，加上一个简单的灭弧装置。负荷开关上端的绝缘子就是一个简单的灭弧室，它不仅起支柱绝缘子的作用，且内部是一个气缸，装有操动机构主轴传动的活塞。当负荷开关分闸时，主轴转动而带动活塞，压缩气缸内的空气从喷嘴喷出，对电弧形成纵吹，使之迅速灭弧。当然分闸时的电弧迅速拉长及本身电流回路的电磁吹弧作用也有助于电弧熄灭。

三、 高压负荷开关的型号含义

目前我国高压负荷开关型号根据国家技术标准的规定，一般由文字符号和数字按如图 3－24所示方式组成。

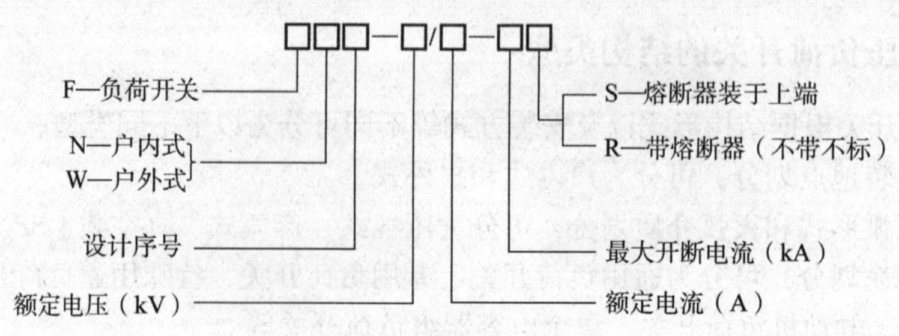

图 3－24　负荷开关型号含义

例如，FN12—12/630—20 型号的含义是设计序号为 12，额定电压为 12 kV，额定电流为 630 A，最大开断电流为 20 kA，安装在户内不带熔断器的负荷开关。

四、 高压负荷开关的运行

高压负荷开关在运行时应注意以下几点：

（1）负荷开关合闸时，应使辅助刀闸先闭合，主刀闸后闭合；分闸时，应使主刀闸先断开，辅助刀闸后断开。

（2）灭弧筒内产生气体的有机绝缘物应完整无裂纹，灭弧触头与灭弧筒的间隙应符合要求。

（3）开关框架、保护钢管等一定不能以串联的方式接地，还应该垂直安装。

（4）在高压负荷开关工作前，高低压成套设备一定要进行反复试验，以确保转动没有卡死现象以及合闸到位情况。

负荷开关的类型及巡视（视频文件）

（5）为了使故障电流比负荷开关的开断能力大时先熔断熔体，应该选择合适的熔断器熔体与其串联。

（6）在巡检的时候，应该注意是否有断裂、污垢、连接部是否过热等现象，不能用水冲洗开关。

【习题】

认识高压负荷开关（交互习题）

任务五　高压熔断器的运行

【任务描述】 熔断器是一种开断电器，或称作开断器，由单个或多个专门设计的协调的零部件组成。熔断器广泛应用于高低压配电系统和控制系统以及用电设备中，作为短路和过电流的保护器，是应用最普遍的保护器件之一。本任务需了解熔断器的作用、高压熔断器的型号含义及实际使用时的注意事项。

【教学目标】

知识目标：掌握熔断器的符号、功能、型号、结构、类型。

技能目标：能对熔断器进行维护。

【任务实施】 ①阅读资料，了解高压熔断器的基本参数及作用；②掌握高压熔断器的运行维护。

【知识链接】 熔断器的作用、工作原理；高压熔断器型号含义；高压熔断器运行注意事项。

一、 熔断器的作用

认识熔断器（视频文件）

熔断器是最早使用的一种结构最简单的保护电器，俗称保险，电气符号为“▯”，常用 FU 来表示。熔断器主要用于线路及电力变压器等电气设备的短路及过载保护。当电力系统由于过载引起电流超过某一数值、电气设备或线路发生短路事故时，熔断器应能在规定的时间内迅速动作，切断电源以起到保护设备、保证正常电路部分免遭短路事故的破坏。

熔断器因具有结构简单、体积小、质量轻、价格低廉、维护方便、使用灵活等特点而广泛使用在 60 kV 及以下电压等级的小容量电气装置中，主要作为小功率辐射型电网和小容量变电站等电路的保护，也常用来保护电压互感器。在 3 ~ 60 kV 系统中，除上述作用外，还与负荷开关、重合器及断路器等其他开关电器配合使用，用来保护输电线路、变压器以及电容器组。熔断器在配电系统和用电设备中主要起短路保护作用。

二、 熔断器的工作原理

熔断器是串联在电路中的一个最薄弱的导电环节，其金属熔体是一个易于熔断的导体。在正常工作情况下，由于通过熔体的电流较小，熔体的温度虽然上升，但不致达到熔点，熔体不会熔化，电路能可靠接通。一旦电路发生过负荷或短路故障时，电流增大，过负荷电流或短路电流对熔体加热，熔体由于自身温度超过熔点，在被保护设备的温度未达到破坏其绝缘之前熔化，将电路切断，从而使线路中的电气设备得到保护。

熔断器的工作过程大致可分为以下 4 个阶段：

（1）熔断器的熔体因过载或短路而加热到熔化温度。

（2）熔体的熔化和气化。

（3）触点之间的间隙击穿和产生电弧。

（4）电弧熄灭、电路被断开。

显然，熔断器的动作时间为上述 4 个过程所经过时间的总和。熔断器的开断能力决定于熄灭电弧能力的大小。熔体熔化时间的长短，取决于通过电流的大小和熔体熔点的高低。当电路中通过很大的短路电流时，熔体将爆炸性地熔化并气化，迅速熔断；当通过不是很大的过电流时，熔体的温度上升得较慢，熔体熔化的时间也就较长。熔体材料的熔点高，则熔体熔化慢、熔断时间长；反之，熔断时间短。

三、 熔断器的主要技术参数

表征熔断器技术特性的主要参数如下：

（1）额定电压 U_N（kV）：指熔断器长期工作时和熔断后所能承受的电压。

（2）额定电流 I_N（A）：熔体额定电流不能大于熔断器额定电流。

熔断器额定电流：指保证熔断器能长期正常工作的电流，是由熔断器各部分长期工作时的允许温升所决定的。

熔体额定电流：指在规定条件下，长时间通过熔体而熔体不熔断的最大电流值。其等级有 2 A、4 A、6 A、8 A、10 A 等。

（3）极限分断电流：指熔断器在规定的使用条件下，能可靠分断的最大短路电流值。

（4）截断电流：指在规定的条件下，熔断器分断期间电流到达的最大瞬时值。

四、 高压熔断器的型号含义

目前我国高压熔断器型号根据国家技术标准的规定，一般由文字符号和数字按以下方式组成。高压熔断器的型号含义如下：

①②③—④⑤/⑥

①代表产品名称：R—熔断器；
BR—自爆式跌落熔断器。

②代表安装场所：N—户内式；W—户外式。

③代表设计序号：用数字表示。

④代表额定电压（kV）。

⑤代表补充工作特性：G—改进型；Z—直流专用；GY—高原型。

⑥代表额定电流（A）。

例如：RW4—10/50 型号的含义是指额定电流为 50 A、额定电压为 10 kV 的户外 4 型高压熔断器。

五、 高压熔断器的结构

熔断器的类型及更换（视频文件）

高压熔断器按照使用环境，可以分为户内式和户外式；按结构特点，可以分为支柱式和跌落式；按工作特性，可以分为限流型和非限流型。

1. 户内式高压熔断器

户内式高压熔断器全部是限流型熔断器，结构如图 3－25 所示的 RN1 和 RN2 型熔断器。其熔体装在充满石英砂的密封瓷管内，当短路电流通过熔件使其熔断时，电弧产生在石英砂的填料中，受到石英砂颗粒间狭沟的限制，弧柱直径很小，同时电弧还受到很多的气体压力作用和石英砂对它的强烈冷却，所以限流型熔断器灭弧能力强，在短路电流未达到最大值时就将电弧很快熄灭，因而可限制短路电流的发展，大大减轻了电气设备所受危害的程度，降低了对被保护设备动、热稳定性的要求。因它在开断电路时无电离气体排出，所以在户内配电装置中广泛采用。

2. 户外式高压熔断器

户外式高压熔断器主要用于输电线路和电力变压器的过负荷与短路保护。户外式高压熔断器型号较多，按其结构和工作原理可分为跌落式熔断器和支柱式熔断器。

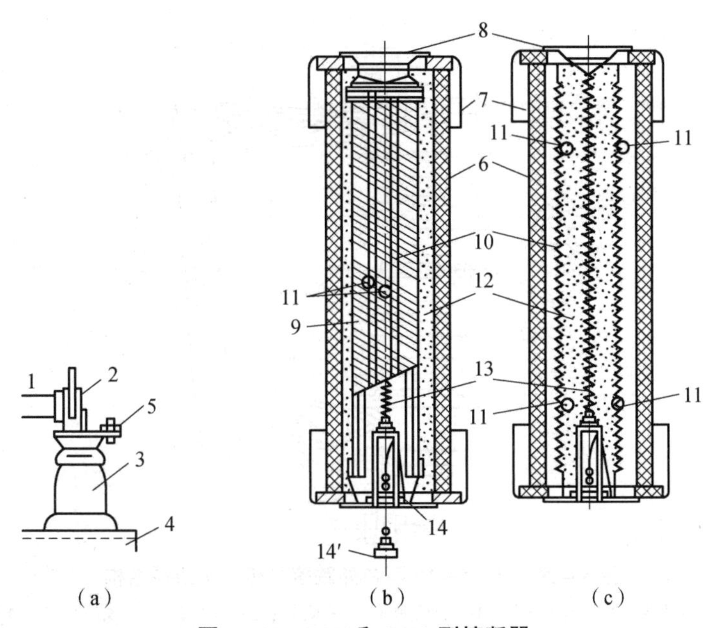

图 3－25 RN1 和 RN2 型熔断器

(a) RN1 和 RN2 型熔断器的外形图；(b)、(c) RN 型熔断器熔管的内部结构

1—熔断体；2—静触头座；3—支柱绝缘子；4—底座；5—接线座；6—瓷质熔管；7—黄铜端盖；8—顶盖；9—陶瓷芯；10—熔体；11—小锡球；12—石英砂；13—细钢丝；14，14′—熔断指示器

1）户外跌落式高压熔断器

户外跌落式高压熔断器主要由绝缘支座、动静触头和熔管三部分构成。熔管两端的上动触头和下动触头依靠熔体系紧，上静触头顶着上动触头，将熔管牢固卡紧。当短路电流通过电路使熔体熔断时，将产生电弧，管内衬的钢纸管在电弧作用下产生大量气体，在电流过零时将电弧熄灭。由于熔体熔断，在熔管的上下动触头弹簧片的作用下，熔管迅速跌落，使电路断开，切除故障段线路或者故障设备。

RW4—10 型户外跌落式高压熔断器基本结构如图 3－26 所示。图示为正常工作状态，上、下接线端（1、10）与上、下静触头（2、9）固定于绝缘子 11 上，下动触头 8 套在下静触头 9 中，可转动。熔管 6 的动触头借助熔体张力拉紧后，推入上静触头 2 内锁紧，成闭合状态，熔断器处于合闸位置。当线路发生故障时，大电流使熔体熔断，熔管下端触头失去张力而转动下翻，使锁紧机构释放熔管，在触头弹力及熔管自重力作用下跌落，形成明显的可见断口。

户外跌落式高压熔断器具有经济实惠、操作方便、适应户外环境性强等特点，广泛应用于 10 kV 架空配电线路的支线及用户进线处。它安装在 10 kV 配电线路分支线上，可缩小停电范围，因其熔断时有一个明显的断开点，为检修线路和设备创造了一个安全作业环境，增加了检修人员的安全感。

2）户外支柱式高压熔断器

如图 3－27 所示为 RXW—35 型户外支柱式高压熔断器，主要用于保护电压互感器。熔断器由瓷套、熔管及棒形支柱绝缘子和接线端帽等组成。熔管装于瓷套中，熔体放在充满石英砂填粒的熔管内。熔断器的灭弧原理与 RN 系列限流型有填料高压熔断器的灭弧原理基本相同，均有限流作用。

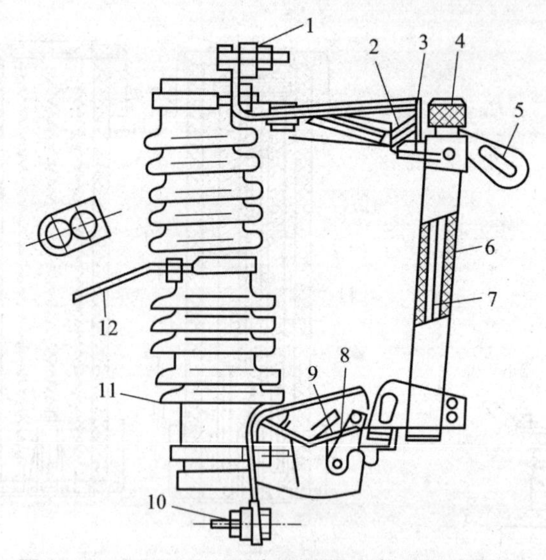

图 3-26　RW4—10 型户外跌落式高压熔断器结构

1—上接线端；2—上静触头；3—上动触头；4—管帽；5—操作环；6—熔管；7—熔体；8—下动触头；9—下静触头；10—下接线端；11—绝缘子；12—固定安装板

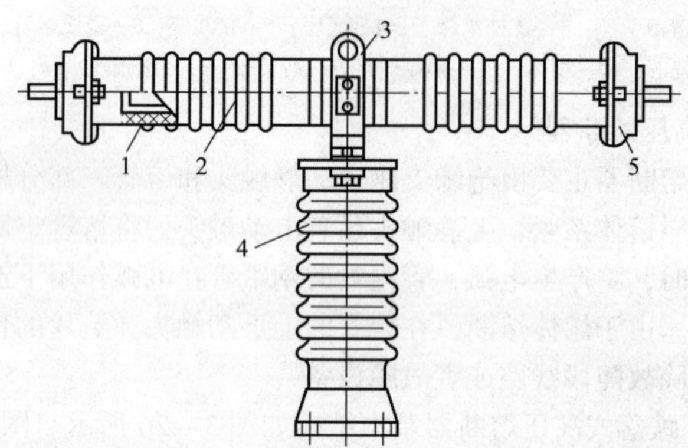

图 3-27　RXW—35 型户外支柱式高压熔断器结构

1—熔管；2—瓷套；3—紧固件；4—支柱绝缘子；5—接线端帽

六、　高压熔断器的运行维护

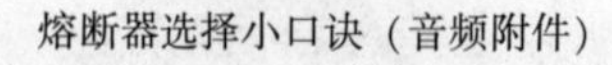
熔断器选择小口诀（音频附件）

熔丝熔断判断故障（音频附件）

（1）为使熔断器能更可靠、安全地运行，除按规程要求严格地选择正规厂家生产的合格产品及配件（包括熔件等）外，对运行中的高压熔断器应经常检查接触是否良好，应加强接触点的温升检查，检查有无绝缘子破损及熔体熔断现象，若发现熔体熔断时，则要查明原因，不可随意加大熔体容量。

（2）熔体熔断后应更换新的同规格熔体，不可将熔断后的熔体连接起来再装入熔管继续使用。熔管内必须使用标准熔体，禁止用铜丝、铝丝代替熔体，更不准用铜丝、铝丝及铁丝将触点绑扎住使用。限流型熔断器不能降低电压等级使用。

（3）更换熔断器的熔管（体）时，一般应在不带电情况下进行，若需带电更换，则应使用绝缘工具，并按照有关防护要求进行。

（4）熔断器的每次操作须仔细认真，不可粗心大意，拉、合熔断器时不要用力过猛，特别是合闸操作，必须使动、静触头接触良好。

（5）在拉闸操作时，一般规定为先拉断中相，再拉背风的边相，最后拉断迎风的边相。合闸的时候先合迎风边相，再合背风边相，最后合上中相。

（6）应定期对熔断器进行巡视，每月不少于一次夜间巡视，查看有无放电火花和接触不良现象。

【习题】

认识熔断器（交互习题）

项目四

互感器运行

项目场景

互感器是一种重要的静止电气设备，没有转动部分，因此故障少。但互感器在运行中，由于运行人员操作不当、检修质量不良、设备缺陷没有及时消除、运行方式不合理等，也可能引起故障。当互感器处于异常运行状态或发生故障时，将直接影响电力系统及厂用电系统的安全运行以及对用户的供电。所以运行中的互感器如果出现不正常或故障现象，应迅速、准确地查明原因，排除故障，以保证互感器的安全可靠运行。

相关知识和技能

互感器的类型、作用、结构特点、准确度等级、接线方式；使用互感器的注意事项；互感器的工作原理；互感器的运行维护；分析互感器接线。

任务一　初识互感器

【任务描述】 互感器是电流互感器和电压互感器的统称。本任务需初步了解两类互感器的作用，能简要分析单相电压互感器和电流互感器的工作原理，为后续课程的学习打下基础。

【教学目标】

知识目标：掌握互感器的种类和作用。

技能目标：分析单相互感器的工作原理。

【任务实施】 ①阅读资料，查找各类互感器的实际应用场景；②分析互感器在电路中的作用；③掌握单相互感器的工作原理；④完成测试习题。

【知识链接】 互感器的作用。

作为电力系统中一次系统和二次系统之间的联络元件，电压互感器（TV）和电流互感器（TA）分别用来变换电压和电流。它们广泛存在于交流电路多种测量中，以及各种控制和保护电路中，为测量仪表、保护装置和控制装置提供电压或电流信号，从而反映电气设备的正常运行和故障情况。图 4－1 所示为单相电压互感器和电流互感器的工作原理图。

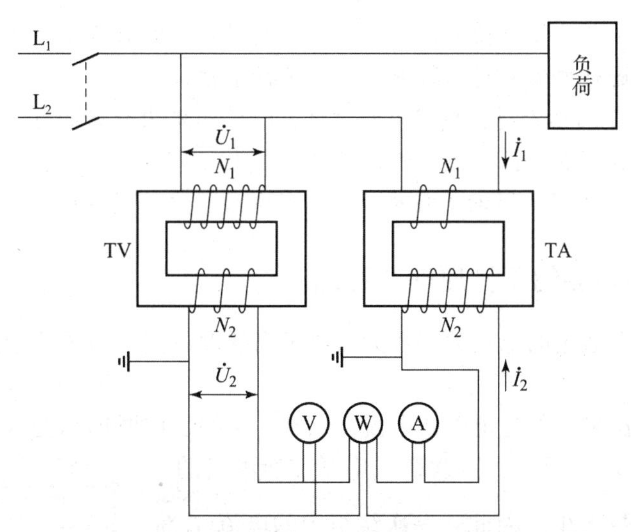

图 4－1　单相电压互感器和电流互感器的工作原理图

电压互感器 TV 的一次绕组并接于电力系统一次回路中，其二次绕组则与测量仪表、继电保护装置或自动装置的电压线圈并接（负载为多个元件时，负载并联后接入二次绕组，且额定电压为 100 V)，将高电压变成低电压，所以，一次绕组匝数 N_1 大于二次绕组匝数 N_2。电流互感器 TA 的一次绕组串联在一次侧电路内，二次绕组与测量仪表或继电器的电流线圈串联，将大电流变成小电流，二次额定电流为 5 A 或 1 A，所以一次绕组匝数 N_1 小于二次绕组匝数 N_2。因此，互感器性能的好坏直接影响电力系统测量、计量的准确性和继电保护、自动装置动作的可靠性。因此，互感器的作用可以总结为：

将一次系统的电压、电流信息准确地传递到二次侧相关设备；将一次系统的高电压、大电流变换为二次侧的低电压（标准值）、小电流（标准值），使测量、计量仪表和继电器等装置标准化、小型化，并降低了对二次设备的绝缘要求；将二次侧设备以及二次系统与一次系统高压设备在电气方面很好地隔离，从而保证了二次设备和人身的安全。

【习题】

认识互感器
（视频文件）

任务二　电流互感器运行维护

【任务描述】　电流互感器是一种专门用于变换电流的特种变压器，其工作原理与普通变压器相似，本任务需在熟悉电流互感器的工作原理、技术参数、结构类型基础上分析电流互感器的接线，并能掌握电流互感器运行维护的注意事项。

【教学目标】

知识目标：掌握电流互感器的工作原理、种类型号、技术参数、结构类型。

技能目标：能进行电流互感器接线分析、运行维护。

【任务实施】 ①阅读资料，制定实施方案；②绘出本次分析的电流互感器的接线电路图；③各组互评、教师点评；④完成测试习题。

【知识链接】 电流互感器的工作原理、额定电压、准确度等级。

一、 电流互感器的工作原理及特点

由于电力设备上通过的电流大多数为数值很高的大电流，为了便于测量，采用电流互感器进行变换。

电力系统中广泛采用的是电磁式电流互感器，它的工作原理和变压器相似，电流互感器的原理接线如图4－2所示，一次绕组串联在所测量的一次回路中，并且匝数很少。因此，一次绕组中的电流 $\dot{I}_1$ 完全取决于被测回路的负荷电流，而与二次绕组电流大小无关。二次绕组中的匝数 N_2 很多，是一次绕组匝数的若干倍。二次绕组的电流完全取决于一次绕组电流。电流互感器的二次回路中所串接的负载，是测量仪表和继电器的电流线圈。它们的阻抗都小，因此电流互感器在正常工作时，二次侧接近于短路状态，这是与普通电力变压器的主要区别。

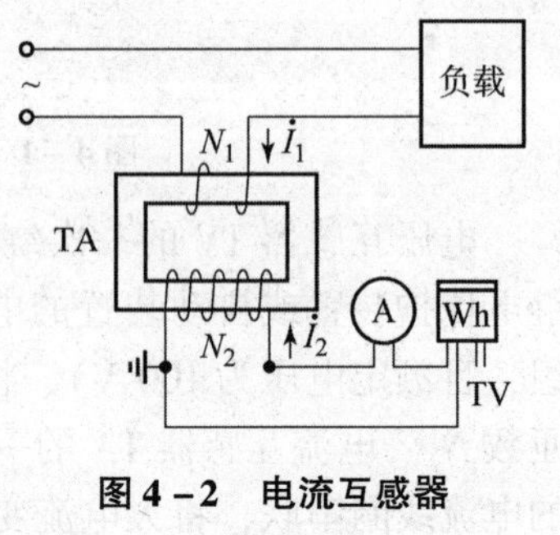

图4－2 电流互感器工作原理图

1. 电流互感器的工作原理

在图4－2中，当电流 $\dot{I}_1$ 流过互感器匝数为 N_1 的一次绕组时，将建立一次磁势 $\dot{I}_1N_1$，一次磁势也称一次安匝。同理。二次电流 $\dot{I}_2$ 与二次绕组匝数 N_2 的乘积构成二次磁势 $\dot{I}_2N_2$，又称二次安匝。

一次磁势与二次磁势的相量和即为励磁磁势 $\dot{I}_0N_1$，有

$$\dot{I}_1N_1+\dot{I}_2N_2=\dot{I}_0N_1 \tag{4-1}$$

式中 $\dot{I}_1$——一次电流；

N_1——一次绕组匝数；

$\dot{I}_2$——二次电流；

N_2——二次绕组匝数；

$\dot{I}_0$——励磁电流。

式（4－1）称为电流互感器的磁势平衡方程式。由此可见，一次磁势 $\dot{I}_1N_1$ 包括两部分，其中很小一部分用来励磁（$\dot{I}_0N_1$），使铁芯中产生磁通；另外大部分用来平衡二次磁势 $\dot{I}_2N_2$，这一部分磁势与二次磁势大小相等、方向相反。

当忽略励磁电流时，式（4－1）可简化为

$$\dot{I}_1N_1=-\dot{I}_2N_2 \tag{4-2}$$

若以额定值表示，则可写成 $\dot{I}_{1N}N_1=-\dot{I}_{2N}N_2$，即

$$K_{Ni}=\frac{I_{1N}}{I_{2N}}\approx\frac{N_2}{N_1}=K_N \tag{4-3}$$

式中　K_{Ni}——额定电流比；

K_N——匝数比；

$\dot{I}_{1N}$——一次侧额定电流；

$\dot{I}_{2N}$——二次侧额定电流。

2. 电流互感器的特点

电流互感器用在各种电压的交流装置中。电流互感器和普通变压器相似，都是按电磁感应原理工作的。与变压器相比电流互感器的特点如下：

（1）电流互感器的一次绕组匝数少，截面积大，串联于被测量电路内；电流互感器的二次绕组匝数多，截面积小，与二次侧的测量仪表和继电器的电流线圈串联。

（2）由于电流互感器的一次绕组匝数很少（一匝或几匝）、阻抗很小，因此，串联在被测电路中对一次绕组的电流没有影响。一次绕组的电流完全取决于被测电路的负载电流，即流过一次绕组的电流就是被测电路的负载电流，而不是由二次电流的大小决定的，这点与变压器不同。

（3）电流互感器二次绕组中所串接的测量仪表和保护装置的电流线圈（即二次负载）阻抗很小，所以在正常运行中，电流互感器是在接近于短路的状态下工作的，这是它与变压器的主要区别。

（4）电流互感器运行时二次绕组不允许开路。这是因为在正常运行时，二次侧负荷产生的二次侧磁势 $\dot{I}_2N_2$，对一次侧磁势 $\dot{I}_1N_1$ 有去磁作用，因此励磁磁势 $\dot{I}_0N_1$ 及铁芯中的合成磁通 ϕ_0 很小，在二次绕组中感应的电动势不超过几十伏。当二次侧开路时，二次电流 $\dot{I}_2=0$，二次侧的去磁磁势也为零，而一次侧磁势不变，全部用于励磁，励磁磁势 $\dot{I}_0N_1=\dot{I}_1N_1$，合成磁通很大，使铁芯出现高度饱和，此时磁通 ϕ 的波形接近平顶波，磁通曲线过零时，$\frac{d\phi}{dt}$很大，因此二次绕组将感应出几千伏的电动势 e_2，如图 4－3 所示，危及人身和设备安全。

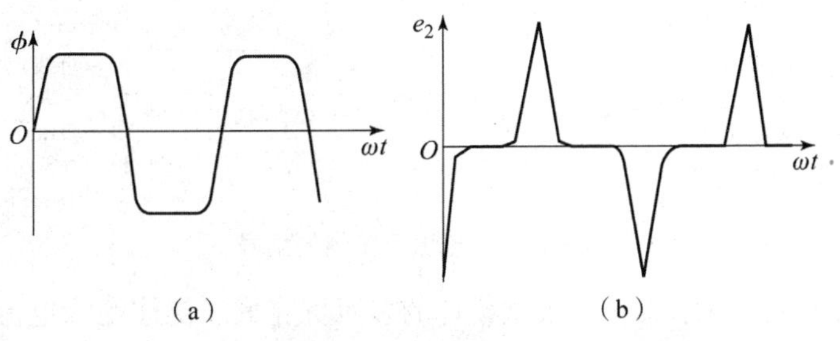

图 4－3　电流互感器二次侧开路时的参量波形

（a）磁通波形；（b）电动势波形

为了防止二次绕组开路，规定在二次回路中不准装熔断器。如果在运行中必须拆除测量仪表或继电器，应在断开处将二次绕组短路，再拆下仪表。

二、 电流互感器的种类和型号

1. 电流互感器的种类

（1）按照安装地点可以分为户内式和户外式两种，35 kV 电压等级以下一般为户内式，35 kV 及以上电压等级一般制成户外式。

（2）按照安装方式可以分为穿墙式、支持式和装入式等。穿墙式安装在墙壁或金属结构的孔洞中，可以省去穿墙套管；支持式安装在平面或支柱上；装入式也称套管式，安装在 35 kV 及以上的变压器或断路器的套管上。

（3）按照绝缘介质可以分为干式、浇注式、油浸式、瓷绝缘和气体绝缘以及电容式等几种。干式使用绝缘胶浸渍，多用于户内低压电流互感器；浇注式以环氧树脂作绝缘，一般用于 35 kV 及以下的户内电流互感器；油浸式多用在户外；瓷绝缘，即主绝缘由瓷件构成，这种绝缘结构已被浇注绝缘所取代；气体绝缘的产品内部充有特殊气体，如以 SF_6 气体作为绝缘的互感器，多用于高压产品；电容式多用于 110 kV 及以上户外。

（4）按照一次绕组匝数可分为单匝式和多匝式两种。单匝式又分为贯穿型和母线型两种。

（5）按用途可分为测量用和保护用两种。

（6）按电流变换原理可以分为电磁式和光电式。电磁式根据电磁感应原理实现电流变换，光电式则通过光电变换原理实现电流变换，目前还在研制中。

2. 电流互感器的型号

电流互感器的型号由产品型号、设计序号、电压等级（kV）和特殊使用环境代号等组成。产品型号均以汉语拼音字母表示，部分字母代表的含义如图 4－4 所示。

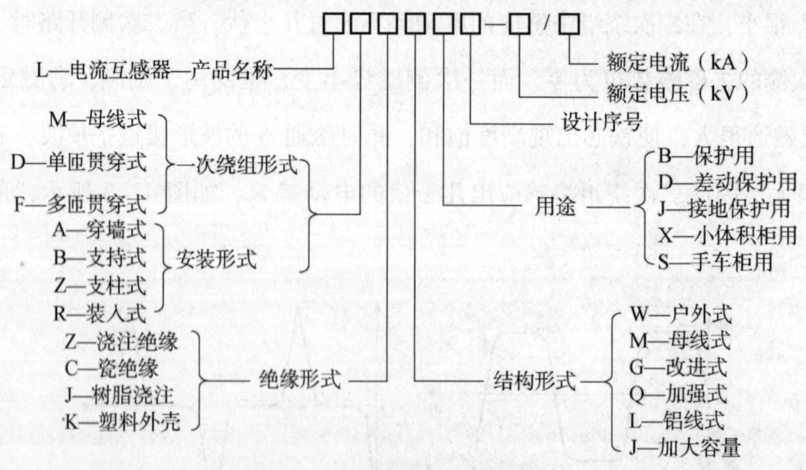

图 4－4　电流互感器的型号

例如，LFZB6—10 表示第 6 次改型设计的多匝贯穿式、浇注绝缘电流互感器，电压等级为 10 kV。

三、电流互感器的技术参数

正确地选择和配置电流互感器型号、参数，将继电保护、自动装置和测量仪表等接入合适的次级，严格按技术规程与保护原理连接电流互感器二次回路，对继电保护等设备的正常运行，确保电网安全意义重大。

（1）一次参数。电流互感器的一次参数主要有一次额定电压与一次额定电流。一次额定电压的选择主要是满足相应电网电压的要求，其绝缘水平能够承受电网电压长期运行，并承受可能出现的雷电过电压、操作过电压及异常运行方式下的电压，如小接地电流方式下的单相接地。一次额定电流的考虑较为复杂，一般应满足以下要求：①应大于所在回路可能出现的最大负荷电流，并考虑适当的负荷增长，当最大负荷无法确定时，可以取与断路器、隔离开关等设备的额定电流一致。②应能满足短时热稳定、动稳定电流的要求。一般情况下，电流互感器的一次额定电流越大，所能承受的短时热稳定和动稳定电流值也越大。③由于电流互感器的二次额定电流一般为标准的5 A与1 A，电流互感器的变比基本由一次电流额定电流的大小决定，所以在选择一次电流额定电流时，要核算正常运行的测量仪表要运行在误差最小范围，继电保护用次级又要满足10%误差要求。④考虑到母差保护等使用电流互感器的需要，由同一母线引出的各回路，电流互感器的变比尽量一致。

（2）二次额定电流。二次绕组额定电流有5 A、1 A。变电所电流互感器的二次额定电流采用5 A还是1 A，主要取决于经济技术比较。在相同一次额定电流、相同额定输出容量的情况下，电流互感器二次电流采用5 A时，其体积小，价格便宜，但电缆及接入同样阻抗的二次设备时，二次负载将是1 A额定电流时的25倍。所以一般在220 kV及以下电压等级变电所中，220 kV回路数不多，而10～110 kV回路数较多，电缆长度较短时，电流互感器二次额定电流采用5 A的。在330 kV及以上电压等级变电所，220 kV及以上回路数较多，电流回路电缆较长时，电流互感器二次额定电流采用1 A的。

（3）额定电流比。电流互感器一、二次侧额定电流之比值称为电流互感器的额定电流比，也称额定互感比，用K_{Ni}表示，即$K_{Ni}=\frac{I_{1N}}{I_{2N}}$。

（4）准确度等级。电流互感器应能准确地将一次电流变换为二次电流，这样才能保证测量精确或保护装置正确动作，因此，电流互感器必须保证一定的准确度。电流互感器的准确度是以标称准确度等级来表征的，对应于不同的准确度等级有不同的误差要求，在规定的使用条件下，误差均应在规定的限值以内。测量用电流互感器的标准准确度等级有0.1、0.2、0.5、1、3、5级，对特殊要求的还有0.2S和0.5S级。保护用电流互感器的标准准确度等级有5P和10P级，电流互感器的误差限值如表4－1和表4－2所示。

从表4－1和表4－2可以看出，对于测量用电流互感器的准确度等级是在规定的二次侧负荷变化范围内，一次电流为额定值时的最大电流误差百分数来标称的，而保护用电流互感器的准确度等级是以额定准确限值一次电流下的最大允许复合误差百分数来标称的（字母P表示保护用）。所谓额定准确限值一次电流是指保护用电流互感器复合误差不超过限值的最大一次电流。保护用电流互感器主要在系统短路时工作，因此，在额定一次电流范围内的准确度等级不如测量级高，但为保证保护装置正确动作，要求保护用电流互感器在可能出现的短路电流范围内，最大误差限值不超过10%。

表 4-1　电流互感器的误差限值

准确度等级	一次电流为额定电流的百分数/%	误差限值		保证误差的二次侧负荷范围
		电流误差(±)/%	相位差(±)/(′)	$\cos\varphi=0.8$（滞后）
0.1	5	0.4	15	$(0.25\sim1.0)S_{2N}$
	20	0.2	8	
	100~120	0.1	5	
0.2	5	0.75	30	
	20	0.35	15	
	100~120	0.2	10	
0.5	5	1.5	90	
	20	0.75	45	
	100~120	0.5	30	
1	5	3.0	180	
	20	1.5	90	
	100~120	1.0	60	
3	50	3	—	$(0.5\sim1.0)S_{2N}$
	120	3	—	
5	50	5	—	
	120	5	—	
0.2S	1	0.75	30	$(0.25\sim1.0)S_{2N}$ 注：本栏仅用于额定二次电流为 5 A 的电流互感器
	5	0.35	15	
	20	0.2	10	
	100~120	0.2	10	
0.5S	1	1.5	90	
	5	0.75	45	
	20	0.5	30	
	100~120	0.5	30	

表 4-2　保护用电流互感器的误差限值

准确度等级	额定一次电流下的误差		额定准确限值一次电流下的复合误差/%	保证误差的二次侧负荷范围 $\cos\varphi=0.8$（滞后）
	电流误差（±）/%	相位差(±)/(′)		
5P	1	60	5	S_{2N}
10P	3	—	10	S_{2N}

（5）额定容量。电流互感器的额定容量 S_{2N} 是指电流互感器在二次额定电流 I_{2N} 和额定阻抗 Z_{2N} 下运行时二次绕组输出的容量，即 $S_{2N}=I_{2N}^2Z_{2N}$。

由于 I_{2N} 为 5 A 或 1 A，S_{2N} 与 Z_{2N} 仅相差一个系数，因此，二次额定容量 S_{2N} 可以用二次额定阻抗 Z_{2N} 代替，称为二次侧额定负荷，单位为 Ω。

（6）由于电流互感器的误差与二次阻抗有关，因此，同一台电流互感器使用在不同的准确度等级时二次侧就有不同的额定负荷。例如，某一台电流互感器工作在 0.5 级时，其二次侧额定负荷为0.4 Ω，但当它工作在1级时，其二次侧额定负荷为0.6 Ω。换言之，准确度等级为0.5级、二次侧负荷为0.4 Ω的电流互感器，当其所接的二次侧负荷大于0.4 Ω而小于0.6 Ω时，其准确度等级即自0.5级下降为1级。

四、 电流互感器的接线方式

电流互感器在电力系统中根据要测量的电流不同有不同的接线方式，最常见的有以下4种接线方式，如图4－5所示。

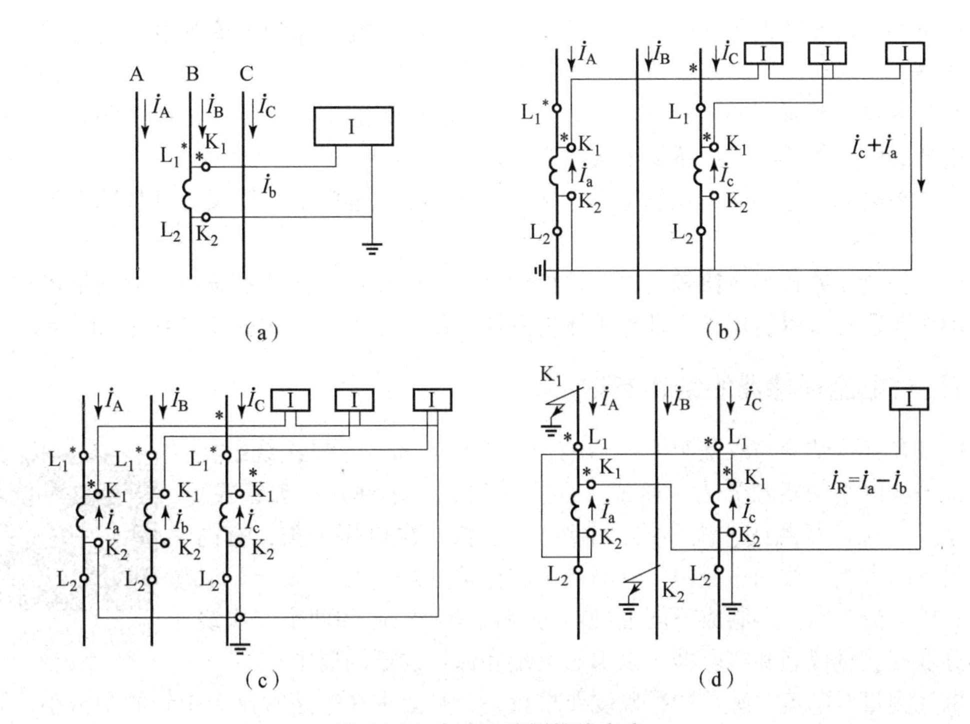

图4－5 电流互感器接线方式

(a) 单相接线；(b) 两相不完全星形接线；

(c) 三相式完全星形接线；(d) 两相电流差式接线

(1) 单相接线：如图4－5 (a) 所示，这种接线主要用来测量单相负载电流或三相系统中平衡负载的某一相电流。

(2) 两相不完全星形接线：两相不完全星形接线如图4－5 (b) 所示，在正常运行及三相短路时，中性线通过电流为 $\dot{I}_0 = \dot{I}_a + \dot{I}_c = -\dot{I}_b$，反映的是未接电流互感器那一相的相电流。如两个电流互感器接于A相和C相，AC相短路时，两个电流继电器均动作；当AB相或BC相短路时，只有一个继电器动作。而在中性点直接接地系统中，当B相发生接地故障时，保护装置不动作。所以这种接线保护不了所有单相接地故障和某些两相短路，但刚好满足中性点不直接接地系统允许一相接地继续运行一段时间的要求。因此，这种接线广泛应用在中性点不接地系统。

(3) 三相式完全星形接线：三相式完全星形接线方式如图4－5 (c) 所示，这种方式对各种故障都起作用。当故障电流相同时，对所有故障都同样灵敏，对相同短路动作可靠，至少有两个电流继电器动作，因此主要用于高压大电流接地系统以及大型变压器、电动机的差动保护、相间短路保护和单相接地短路保护和负荷一般不平衡的三相四线制系统，也用在负荷可能不平衡的三相三线制系统中，作三相电流、电能测量。

(4) 两相电流差式接线：两相电流差式接线如图4－5（d）所示，这种接线方式的特点是流过电流继电器的电流是两只电流互感器的二次电流的相量差 $\dot{I}_{\mathrm{R}}=\dot{I}_{\mathrm{a}}-\dot{I}_{\mathrm{b}}$，因此对于不同形式的故障，流过电流继电器的电流不同。

在正常运行及三相短路时，流经电流继电器的电流是电流互感器二次绕组电流的$\sqrt{3}$倍。

当装有电流互感器的A、C两相短路时，流经电流继电器的电流为电流互感器二次绕组的2倍。

当装有电流互感器的一相（A相和C相）与未装电流互感器的B相短路时，流经电流继电器的电流等于电流互感器二次绕组的电流。

当未装电流互感器的一相发生单相接地短路，电流继电器不能反应其故障电流，因此不动作。

因两相电流差式接线比较简单，价格便宜，在中性点不接地系统中，能满足可靠和灵敏度动作要求，所以适用于中性点不接地系统中的变压器、电动机及线路的相间保护。

五、电流互感器的结构类型

电流互感器结构与双绕组变压器相似，由铁芯和一、二次绕组构成，按一次绕组的匝数分为单匝式（包括母线式、芯柱式、套管式）和多匝式（包括线圈式、线环式、串级式）。按一次电压分类，有高压和低压两大类。按用途分类，有测量用和保护用两大类。

电流互感器接线及类型（视频文件）

高压电流互感器多制成不同准确度等级的两个铁芯和两个二次绕组，分别接测量仪表和继电器，以满足测量和保护的不同要求。

电气测量对电流互感器的准确度要求较高，且要求在短路时仪表受到的冲击小，因此测量用电流互感器的铁芯在一次电路短路时应易于饱和，以限制二次电流的增长倍数。而继电保护用电流互感器的铁芯则在一次电流短路时不应饱和，使二次电流能与一次短路电流成比例地增长，以适应保护灵敏度的要求。

1. 干式互感器和浇注绝缘互感器

干式互感器是适用于户内、低电压的互感器。单匝母线式采用环形铁芯，经浸漆后装在支架上，或装在塑料壳内，也有采用环氧混合胶浇注的。多匝式的一次绕组和二次绕组为矩形筒式，绕在骨架上，绕组间用纸板绝缘，经浸漆处理后套在叠积式铁芯上。

浇注绝缘互感器广泛用于10～20 kV级电流互感器。一次绕组为单匝式或母线式时，铁芯为圆环形，二次绕组均匀绕在铁芯上，一次导杆和二次均浇注成一整体。一次绕组为多匝时，铁芯多为叠积式，先将一、二次绕组浇注成一体，然后再叠装铁芯。图4－6所示为浇注绝缘电流互感器结构（多匝贯穿式）。

(1) LDZ1—10、LDZJ1—10型环氧树脂浇注绝缘单匝式电流互感器。该型互感器的外形如图4－7所示。若一次电流为800 A及以下，其一次导电杆为铜棒；1 000 A及以上，考虑散热和集肤效应，一次导电杆做成管状，互感器铁芯采用硅钢片卷成，两个铁芯组合对称地分布在金属支持件上，二次绕组绕在环形铁芯上。

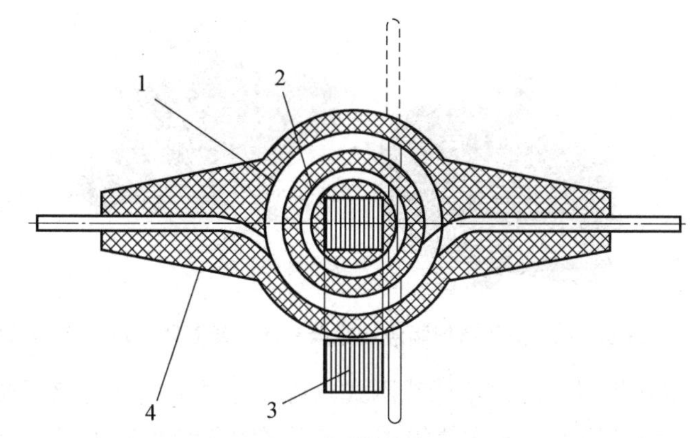

图 4－6 浇注绝缘电流互感器结构（多匝贯穿式）

1——一次绕组；2—二次绕组；3—铁芯；4—树脂混合料

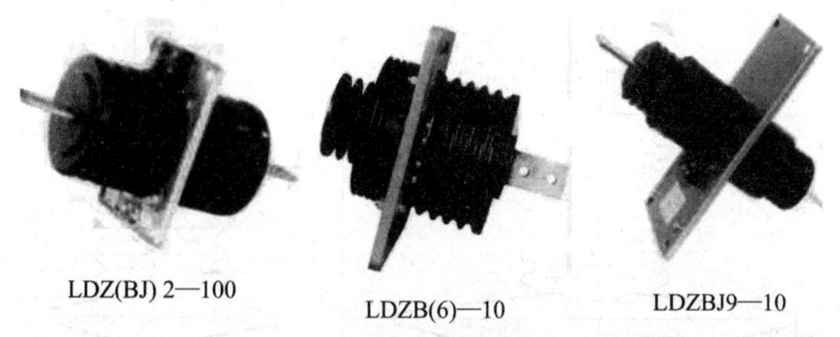

图 4－7 LDZ1—10、LDZJ1—10 型环氧树脂浇注绝缘单匝式电流互感器外形

（2）LMZ1—10、MZD1—10 型环氧树脂浇注绝缘单匝母线式电流互感器。该互感器外形如图 4－8 所示。这种互感器也具有两个铁芯，一次绕组可配额定电流大（2 000～5 000 A）的母线，两个二次绕组出线端为 $1K_1$、$1K_2$ 和 $2K_1$、$2K_2$。这种互感器的绝缘、防潮、防霉性能良好，机械强度高，维护方便，多用于发电机、变压器主回路。

图 4－8 LMZ1—10、LMZD1—10 型环氧树脂浇注绝缘单匝母线式电流互感器外形

（3）LFZB—10 型环氧树脂浇注绝缘有保护级复匝式电流互感器。由于单匝式电流互感器准确度等级较低，所以，在很多情况下需要采用复匝式电流互感器。复匝式可用于额定电流为各种数值的电路。LFZB—10 型环氧树脂浇注绝缘有保护级复匝式电流互感器外形如图 4－9 所示。该型互感器为半封闭浇注绝缘结构，铁芯采用硅钢叠片呈二芯式，在铁芯柱上套有二次绕组，一、二次绕组用环氧树脂浇注整体，铁芯外露。

图 4-9　LFZB—10 型环氧树脂浇注绝缘有保护级复匝式电流互感器外形

（4）LQZ—35 型环氧树脂浇注绝缘线圈式电流互感器。这种互感器铁芯也采用硅钢片叠装，二次绕组在塑料骨架上，一次绕组用扁铜带绕制并经真空干燥后浇注成型，其外形结构如图 4-10 所示。

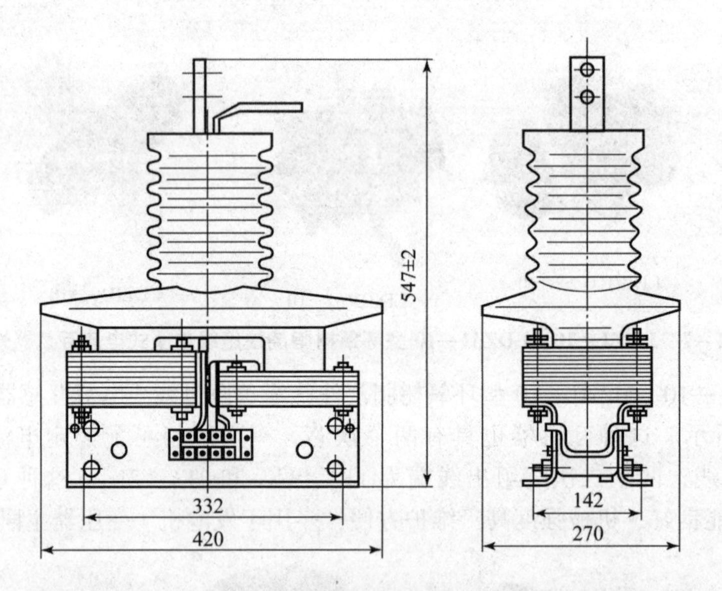

图 4-10　LQZ—35 型环氧树脂浇注绝缘线圈式电流互感器外形

2. 油浸式电流互感器

35 kV 及以上户外式电流互感器多为油浸式结构，主要由底座（或下油箱）、器身、储油柜（包括膨胀器）和瓷套四大件组成。瓷套是互感器的外绝缘，并兼作油的容器。63 kV 及以上的互感器的储油柜上装有串并联接线装置，全密封结构的产品采用外换接结构。全密封互感器采用金属膨胀器后，避免了油与外界空气直接接触，油不易受潮、氧化，减少了用户的维修工作量。

为了减少一次绕组出头部分漏磁所造成的结构损耗，储油柜多用铝合金铸成，当额定电流较小时，也可用铸铁储油柜或薄钢板制成。

油浸式电流互感器的绝缘结构可分为链型绝缘和电容型绝缘两种。链型绝缘用于 63 kV 及以下互感器，电容型绝缘多用于 220 kV 及以上互感器。110 kV 的互感器有采用链型绝缘的，也有采用电容型绝缘的。链型绝缘结构如图 4-11 所示，U 形电容型绝缘的原理结构如图 4-12 所示。

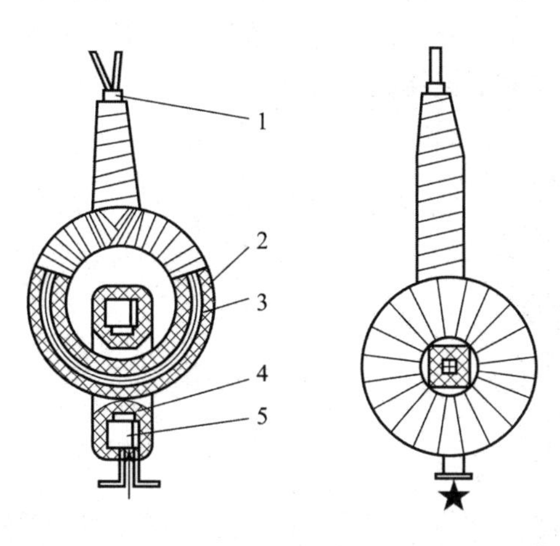

图4－11　链型绝缘结构

1—一次引线支架；2—主绝缘Ⅰ；3—一次绕组；
4—主绝缘Ⅱ；5—二次绕组

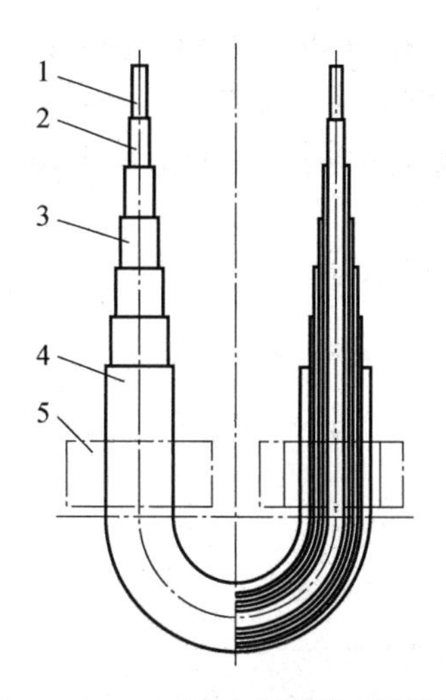

图4－12　U形电容型绝缘原理结构

1—一次导体；2—高压电屏；3—中间
电屏；4—地电屏；5—二次绕组

（1）LCW—110型户外油浸式瓷绝缘电流互感器。此互感器结构如图4－13所示。互感器的瓷外壳内充满变压器油，并固定在金属小车上；带有二次绕组的环形铁芯固定在小车架上，一次绕组为圆形并套住二次绕组，构成两个互相套着的形如“8”字的环。换接器用于在需要时改变各段一次绕组的连接方式，方便一次绕组串联或并联。互感器上部由铸铁制成的油膨胀器，用于补偿油体积随温度的变化，其上装有玻璃油面指示器。放电间隙用于保护瓷外壳，使外壳在铸铁头与小车架之间发生闪络时不致受到电弧损坏。由于绕组电场分布不均匀，故只用于35～110 kV电压级，一般有2～3个铁芯。

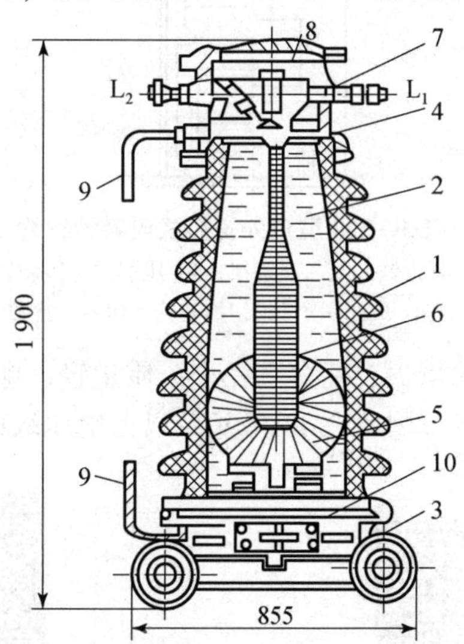

图4－13　LCW—110型户外油浸式瓷绝缘电流互感器结构

1—瓷外壳；2—变压器油；3—小车；4—膨胀器；5—环形铁芯及二次绕组；6—一次绕组；
7—瓷套管；8—一次绕组换接器；9—放电间隙；10—二次绕组引出端

（2）LCLWD3—220型户外瓷箱式电流互感器。LCLWD3—220型户外瓷箱式电容型绝缘电流互感器结构如图4－14所示。其一次绕组呈U形，一次绕组绝缘采用电容均压结构，用高压电缆纸包扎而成；绝缘共分 10 层，层间有电容屏（金属箔），外屏接地，形成圆筒式电容串联结构；有 4 个环形铁芯及二次绕组，分布在 U 形一次绕组下部的两侧，二次绕组为漆包圆铜线，铁芯由优质冷轧晶粒取向硅钢板卷成。

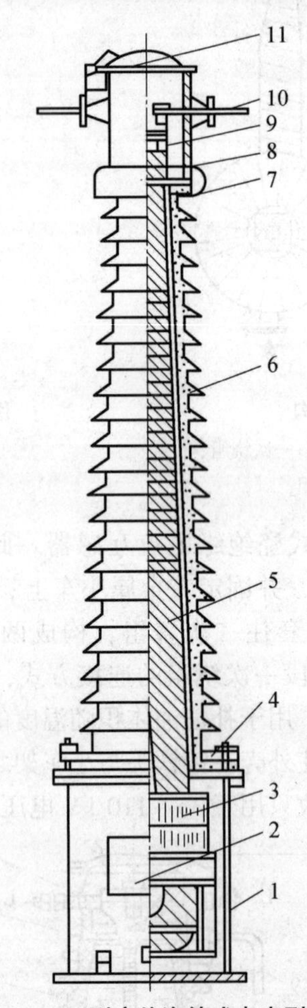

图 4-14　LCLWD3—220 型户外瓷箱式电容型绝缘电流互感器结构

1—油箱；2—二次接线盒；3—环形铁芯及二次绕组；4—压圈式卡接装置；5—一次绕组；6—瓷套管；7—均压护罩；8—储油箱；9—一次绕组切换装置；10—二次接线端子；11—呼吸器

这种电流互感器具有用油量少、瓷套直径小、质量轻、电场分布均匀、绝缘利用率高和便于实现机械化包扎等优点，因此在 110 kV 及以上电压级中得到广泛应用。

电流互感器整体结构（视频文件）

电流互感器二次接线端子（视频文件）

（3）L—110 型串级式电流互感器。此互感器外形及原理接线图如图 4-15 所示。该互感器由两个电流互感器串联组成。Ⅰ级属高压部分，置于充油的瓷套内，它的铁芯对地绝缘，铁芯为矩形叠片式，一、二次绕组分别绕在上、下两个芯柱上，其二次电流为20 A；为了减少漏磁，增强一、二次绕组间的耦合，在上、下两个铁芯柱上设置了两个匝数相等、互相连接的平衡绕组，该绕组与铁芯有电气连接。Ⅱ级属低压部分，有三个环形铁芯及一个一次绕组、三个二次绕组，装在底座内；Ⅰ级的二次绕组接在Ⅱ级的一次绕组上，作为Ⅱ级的电源，Ⅱ级的互感比为20/5 A。由于这种两级串级式电流互感器，每一级绝缘只承受装置对地电压的一半，因而可节省绝缘材料。

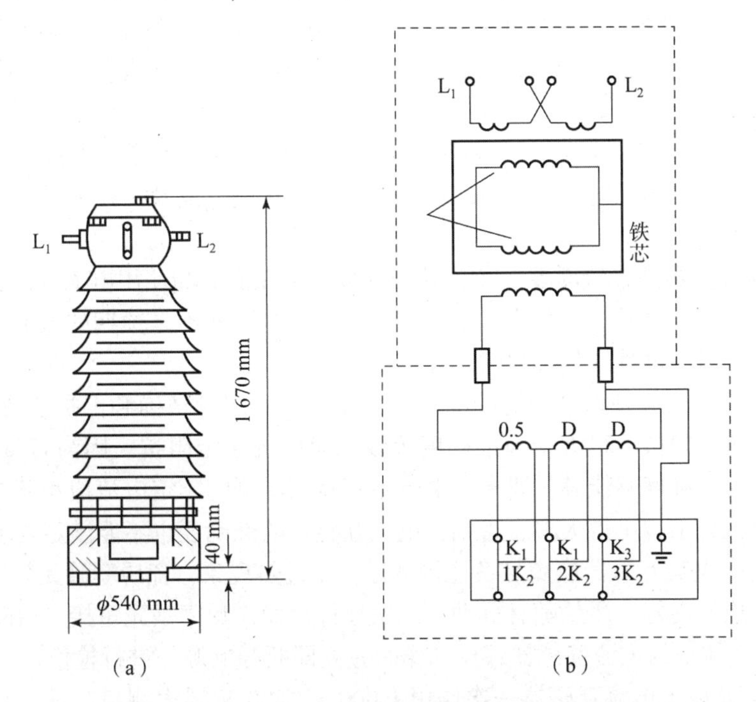

图 4-15 L—110 型串级式电流互感器外形及原理接线图

(a) 外形图；(b) 原理接线图

3. SF_6 气体绝缘电流互感器

SF_6 气体绝缘电流互感器有两种结构形式，一种是与 SF_6 组合电器（GIS）配套用的，一种是可单独使用的，通常称为独立式 SF_6 互感器，这种互感器多做成倒立式结构，如图4-16所示。它由躯壳、器身（一、二次绕组）、瓷套和底座组成。器身固定在躯壳内，置于顶部；二次绕组用绝缘件固定在躯壳上，一、二次绕组间用 SF_6 气体绝缘；躯壳上方有压力释放装置，底座有压力表、密度继电器和充气阀、二次接线盒等。SF_6 气体绝缘电流互感器主要用在110 kV 及以上电力系统中。

图 4-16 SF_6 气体绝缘电流互感器

4. 新型电流互感器简介

新型电流互感器的耦合方式可分为无线电电磁波耦合、电容耦合和光电耦合。其中光电式电流互感器性能最好，其基本原理是利用材料的磁光效应或光电效应，将电流的变化转换成激光或光波，通过光通道传送，接收装置将收到的光波转变成电信号，并经过放大后供仪表和继电器使用。非电磁式电流互感器的共同缺点是输出容量较小，需要较大功率的放大器或采用小功率的半导体继电保护装置来减小互感器负载。

六、电流互感器的运行与维护

1. 电流互感器的运行

（1）电流互感器在工作中二次侧不得开路。为防止电流互感器二次侧在运行和试验中开路，规定电流互感器二次侧不允许装设熔断器，如需拆除二次设备时，必须先用导线或短路压板将二次回路短接。

（2）电流互感器二次侧有一点必须接地。电流互感器二次侧一点接地，是为了防止一、二次绕组间绝缘击穿时，一次侧的高电压窜入二次侧，危及工作人员人身和二次设备的安全。

（3）电流互感器在接线时要注意其端子的极性。在安装和使用电流互感器时，一定要注意端子的极性，否则其二次仪表、继电器中流过的电流就不是预期的电流，可能引起保护的误动作、测量不准确或烧坏仪表。

（4）电流互感器必须保证一定的准确度，才能保证测量精确和保护装置正确地动作。电流互感器的负载阻抗不得大于与准确度等级相对应的额定阻抗。因为若负载阻抗过大，则电流互感器的准确度不能满足要求。电流互感器一次侧的额定电流应小于或等于一次回路的负载电流，且不宜小得太多，否则，电流互感器的准确度也不能满足要求。

（5）运行中电流互感器应满足各连接良好，无过热现象，瓷质套管无闪络，端子箱内的二次连接片连接良好，严禁随意拆动，二次连接片操作顺序是先短接，后断开。

（6）SF_6 气体绝缘电流互感器释压动作时应立即断开电源，进行检修。

（7）6 kV 及以上电流互感器一次侧用 1 000 ~ 2 500 V 摇表测量，其绝缘电阻值不低于 500 MΩ；二次侧用 1 kV 摇表测量，其绝缘电阻值不低于 1 MΩ；0.4 kV 电压等级，电流互感器用 500 V 摇表测量，其值不低于 0.5 MΩ。

电流互感器的运行维护（视频文件）

电流互感器的巡视（视频文件）

2. 电流互感器的检修

（1）所有瓷瓶、套管应清洁无裂纹。

（2）互感器的母线、二次线路及接地线应联络牢固、完好不松动。

电流互感器（微课）（视频文件）

（3）测定绝缘电阻：一次侧每一千伏不低于兆欧级，二次侧应接地良好。

（4）电流互感器二次回路无断线，放电间隙完好。

【习题】

电流互感器的类型及结构（交互习题）

电流互感器接线（交互习题）

电流互感器的运行（交互习题）

任务三　电压互感器运行维护

【任务描述】 电压互感器是一种专门用作变换电压的特种变压器，分为电磁式和电容式两大类。本任务需在熟悉电压互感器的工作原理、技术参数、结构类型基础上分析电压互感器的接线，并能掌握电压互感器的运行维护。

【教学目标】

知识目标：掌握电压互感器的工作原理、种类型号、技术参数、结构类型。

技能目标：能进行电压互感器接线分析、运行维护。

【任务实施】 ①阅读资料，制定实施方案；②绘出本次分析的电压互感器的接线电路图；③各组互评、教师点评；④完成测试习题。

【知识链接】 电压互感器的工作原理、准确度等级；电容式电压互感器。

一、 电压互感器的工作原理及特点

1. 电压互感器的工作原理

电磁式电压互感器的工作原理和结构与电力变压器相似，原理电路如图 4－17 所示，只是容量较小，通常只有几十伏安或几百伏安，接近于变压器空载运行情况。电压互感器的一次绕组并联在电网上，二次绕组外部并接测量仪表和继电保护装置等负荷。仪表和继电器的阻抗很大，二次侧负荷电流很小，且负荷一般都比较恒定。所以，运行中电压互感器一次电压不会受二次侧负荷的影响，电压互感器二次电压的大小可以反映一次侧电网电压的大小。电压互感器一、二次绕组的额定电压 U_{1N}、U_{2N}之比，称为电压互感器的额定电压比，用 K_u 表示，接近于匝数之比，即

$$K_u=\frac{U_{1N}}{U_{2N}}\approx\frac{N_1}{N_2}=K_N$$

2. 电压互感器的特点

电磁式电压互感器用于电压为 380 V 及以上的交流装置中。其特点如下：

（1）电压互感器一次绕组并联接在电路中，其匝数较多，阻抗很大，因而它的接入对被测电路没有影响；

（2）二次侧并接的仪表和继电器线圈具有很大阻抗，在正常运行时，电压互感器相当于一个空载运行的降压变压器，其二次电压基本上等于二次电动势值，且取决于一次侧的电压值，所以电压互感器在准确度所允许的负载范围内，能够精确地测量一次电压。

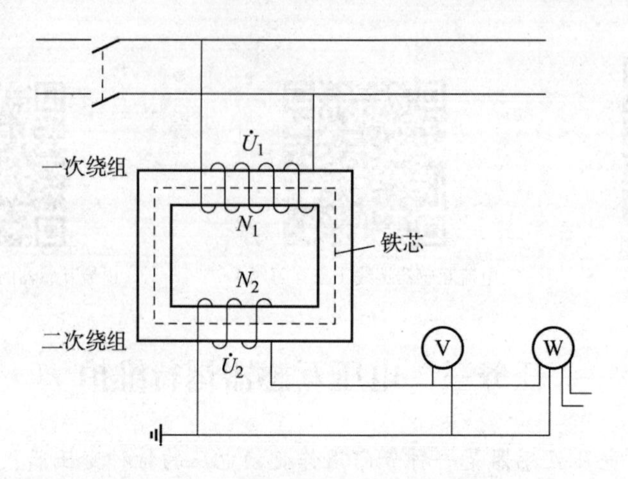

图 4－17 电磁式电压互感器原理电路

（3）其一次回路电压大小与互感器二次负荷无关，因此电压互感器对二次系统相当于恒压源。

二、 电压互感器的分类和型号

1. 电压互感器的分类

（1）按用途可以分为测量用电压互感器和保护用电压互感器。

（2）按相数可以分为单相式电压互感器和三相式电压互感器两种。一般 20 kV 以下制成三相式电压互感器，35 kV 及以上均制成单相式电压互感器。

（3）按变换原理可以分为电磁式电压互感器和电容式电压互感器。电磁式电压互感器又可分为单级式和串级式。在我国，电压 35 kV 以下时均用单级式电压互感器；电压63 kV 以上时用串级式电压互感器；在电压为 110～220 kV 范围内，采用串级式或电容式电压互感器；电压 330 kV 以上时只生产电容式电压互感器。

（4）按绕组数可以分为双绕组式、三绕组式和四绕组式电压互感器三种。三绕组式电压互感器有两个二次绕组，一个为基本二次绕组，另一个为辅助二次绕组。辅助二次绕组供绝缘监察或单相接地保护用。

（5）按安装地点可以分为户内式和户外式两种电压互感器。35 kV 电压等级以下一般制成户内式电压互感器；35 kV 及以上电压等级一般制成户外式电压互感器。

（6）按绝缘方式可以分为干式、浇注式、油浸式和气体绝缘式等几种电压互感器。干式电压互感器多用于低压；浇注式电压互感器用于 3～35 kV；油浸式电压互感器多用于 35 kV 及以上电压等级。

（7）按绝缘水平可以分为全绝缘（互感器高压绕组的两个出线端对地具有相同的绝缘水平）与半绝缘（互感器高压绕组的两个出线端具有不同的绝缘水平，其中一个的绝缘水平是降低的）。

2. 电压互感器的型号

电压互感器的型号以汉语拼音字母表示，如图 4－18 所示。

（1）产品类型，符号为 J，表示电压互感器。

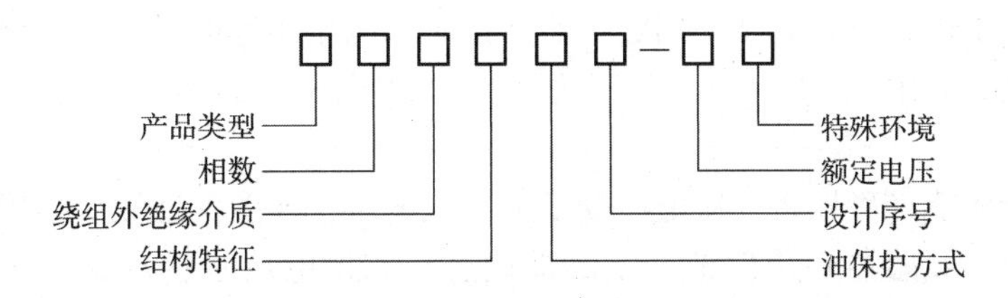

图 4－18　电压互感器的型号含义

（2）相数，S—三相；D—单相。

（3）绕组外绝缘介质，G—干式；Q—气体绝缘；Z—浇注绝缘；油浸式不表示。

（4）结构特征，X—带零序电压绕组；B—三柱带补偿绕组；W—五相三绕组；C—串级式带零序电压绕组；F—测量和保护分开的二次绕组。

（5）油保护方式，N—不带金属膨胀器；带金属膨胀器的不表示。

（6）设计序号，用数字表示。

（7）额定电压，单位为 kV。

（8）特殊环境，GY—高原地区用；W—污秽地区用；TA—干热带地区用；TH—潮热带地区用。

例如，JDX—110 型表示单相、油浸式、带零序电压绕组的 110 kV 电压互感器。

三、 电压互感器的技术参数

（1）额定一次电压：作为电压互感器性能基准的一次电压值。供三相系统相间连接的单相电压互感器，其额定一次电压应为国家标准额定线电压；对于接在三相系统相与地间的单相电压互感器，其额定一次电压应为上述值的 $1/\sqrt{3}$，即相电压。

（2）额定二次电压：额定二次电压按电压互感器使用场合的实际情况来选择，标准值为 100 V；供三相系统中相与地之间用的单相电压互感器，当其额定一次电压为某一数值除以$\sqrt{3}$时，额定二次电压必须除以$\sqrt{3}$，以保持额定电压比不变。

接成开口三角形的辅助二次绕组额定电压：用于中性点有效接地系统的电压互感器，其辅助二次绕组额定电压为 100 V；用于中性点非有效接地系统的电压互感器，其辅助二次绕组额定电压为 100 V 或 100/3 V。

（3）额定变比：电压互感器的额定变比是指一、二次绕组额定电压之比，也称额定电压比或额定互感比。

（4）额定容量：电压互感器的额定容量是指对应于最高准确度等级时的容量。电压互感器在此负载容量下工作时，所产生的误差不会超过这一准确度等级所规定的允许值。

额定容量通常以视在功率的伏安值表示。标准值最小为 10 VA，最大为 500 VA，共有 13 个标准值，负荷的功率因数为 0.8（滞后）。

（5）额定二次负载：保证准确度等级为最高时，电压互感器二次回路所允许接带的阻抗值。

（6）额定电压因数：电压互感器在规定时间内仍能满足热性能和准确度等级要求的最高一次电压与额定一次电压的比值。

（7）电压互感器的准确度等级：电压互感器的准确度等级就是指在规定的一次电压和

二次负载变化范围内，负载的功率因数为额定值时，电压误差的最大值。测量用电压互感器的准确度等级有 0.1、0.2、0.5、1、3 级，保护用电压互感器的准确度等级规定有 3P 和 6P 两种。

电压互感器应能准确地将一次电压变换为二次电压，才能保证测量精确和保护装置正确动作，因此电压互感器必须保证一定的准确度。如果电压互感器的二次负载超过规定值，则二次电压就会降低，其结果是不能保证准确的值，使得测量误差增大。

电压互感器（微课）

四、 电压互感器的接线形式

电压互感器在电力系统中测量和保护常常需要相电压、线电压、相对地电压和单相接地时出现的零序电压，为了测取这些电压，电压互感器就有了不同的接线方式，最常见的有以下几种，如图 4－19 所示。

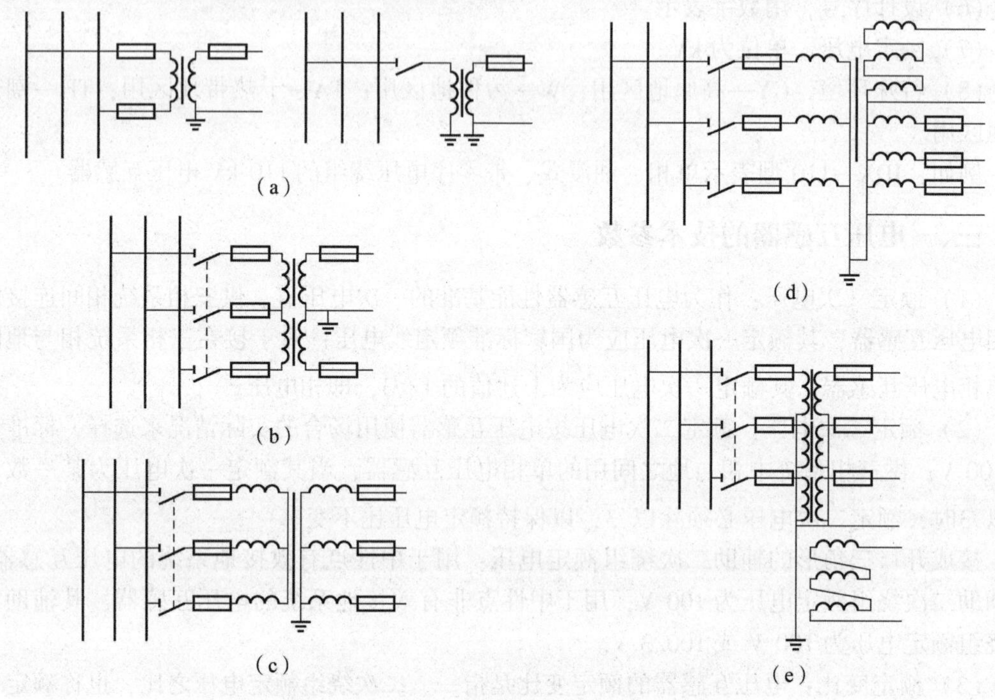

图 4－19　电压互感器的几种常见接线方式

(a) 单相接线；(b) Vv 接线；(c) Yyn 接线；(d) YNynV 接线；(e) YNynd 接线

(1) 单相电压互感器的接线：如图 4－19 (a) 所示，这种接线可以测量 35 kV 及以下中性点不直接接地系统的线电压或 110 kV 以上中性点直接接地系统的相对地电压。

(2) Vv 接线：Vv 接线又称不完全星形接线，如图 4－19 (b) 所示。它可以用来测量三个线电压，供仪表、继电器接于三相三线制电路的各个线电压，主要应用于 20 kV 及以下中性点不接地或经消弧线圈接地的电网中。

(3) 一台三相三柱式电压互感器的 Yyn 接线：如图 4－19 (c) 所示，用于测量线电压。由于其一次绕组不能引出，所以不能用来检测电网对地绝缘，也不允许用来测量相对地电压。其原因是当中性点非直接接地电网发生单相接地故障时，非故障相对地电压升高，造成三相对地电压不平衡，在铁芯柱中产生零序磁通，由于零序磁通通过空气间隙和互感器外壳构成通路，所以磁阻大，零序励磁电流很大，造成电压互感器铁芯过热甚至烧坏。

（4）一台三相五柱式电压互感器的 YNynV 接线：如图 4－19（d）所示。这种接线方式中互感器的一次绕组、基本二次绕组均接成星形，且中性点接地，辅助二次绕组接成开口三角形。它既能测量线电压和相电压，又可以用作绝缘检查装置，广泛应用于小接地电流电网中。当系统发生单相接地故障时，三相五柱式电压互感器内产生的零序磁通可以通过两边的辅助铁芯柱构成回路，由于辅助铁芯柱的磁阻小，因此零序励磁电流也很小，不会烧毁互感器。

（5）三个单相三绕组电压互感器的 YNynd 接线：如图 4－19（e）所示，这种接线方式主要应用于 3 kV 及以上电网中，用于测量线电压、相电压和零序电压。当系统发生单相接地故障时，各相零序磁通以各自的互感器铁芯构成回路，对互感器本身不构成威胁。这种接线方式的辅助二次绕组也接成开口三角形：对于 3～60 kV 中性点非直接接地电网，其相电压为 100/3 V；对中性点直接接地电网，其相电压为 100 V。

五、 电压互感器的结构类型

电压互感器接线（视频文件）

电压互感器主要由一次绕组、二次绕组、铁芯、绝缘等几部分组成，其形式有很多。

1. 浇注式电压互感器

浇注式电压互感器结构紧凑、维护简单。

一次绕组和各低压绕组以及一次绕组出线端的两个套管均浇注成一个整体，然后再装配铁芯，这种结构称为半浇注式（铁芯外露式）结构。其优点是浇注体比较简单，容易制造；缺点是结构不够紧凑，铁芯外露会产生锈蚀，需要定期维护。绕组和铁芯均浇注成一体的叫全浇注式，其特点是结构紧凑，几乎不需维修，但是浇注体比较复杂，铁芯缓冲层设置比较麻烦。

JDZ—10 型浇注式单相电压互感器外形如图 4－20 所示。该型电压互感器为半封闭式结构，一、二次绕组同心绕在一起（二次绕组在内侧），连同一、二次侧引出线，用环氧树脂混合胶浇注成浇注体。铁芯采用优质硅钢片卷成 C 形或叠装成日字形，露在空气中。浇注体下面涂有半导体漆，并与金属底板及铁芯相连以改善电场的不均匀性。

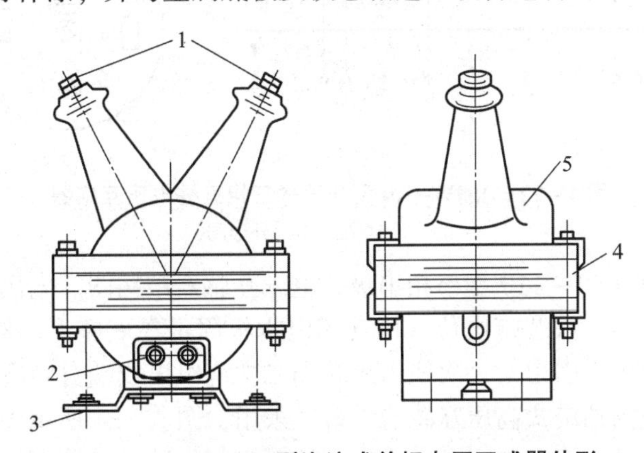

图 4－20　JDZ—10 型浇注式单相电压互感器外形

1—一次绕组引出端；2—二次绕组引出端；3—接地螺栓；4—铁芯；5—浇注体

2. 油浸式电压互感器

油浸式电压互感器，分为普通式和串级式。普通式电压互感器就是二次绕组与一次绕组完全耦合，3~35 kV 电压互感器多采用普通式。串级式电压互感器就是一次绕组分成匝数接近相等的几个绕组，然后串联起来。110 kV 及以上电压互感器普遍制成串级式结构，其特点是铁芯和绕组采用分级绝缘，可简化绝缘结构，减小重量和体积。

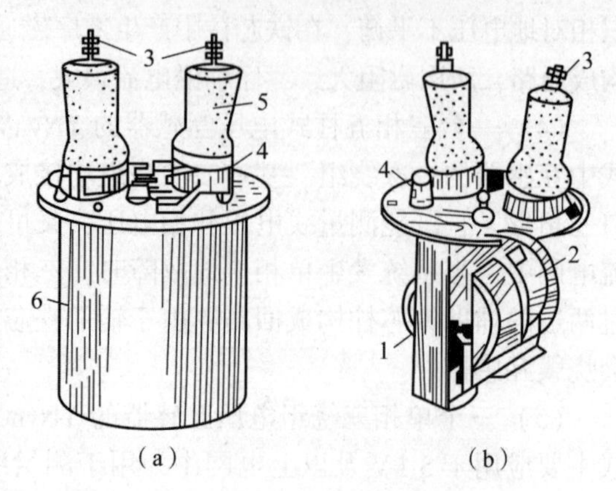

图 4-21　JDJ—10 型单相户内油浸式电压互感器的结构图

（a）外形；（b）器身与箱盖组装

1—铁芯；2——次绕组；3——次绕组引出端；4—二次绕组引出端及低压套管；5—高压套管；6—油箱

图 4-21 所示为 JDJ—10 型单相户内油浸式电压互感器的结构图。电压互感器的器身固定在油箱盖上并浸在油箱内。一、二次绕组的引出线分别经固定在箱盖上的高、低压瓷套管引出。

图 4-22 所示为 JSJW—10 型油浸式三相五柱电压互感器的原理图和外形图。铁芯的中间三柱分别套入三相绕组，两边柱作为单相接地时零序磁通的通路。一、二次绕组均为 YN 接线，辅助二次绕组为开口三角形接线。

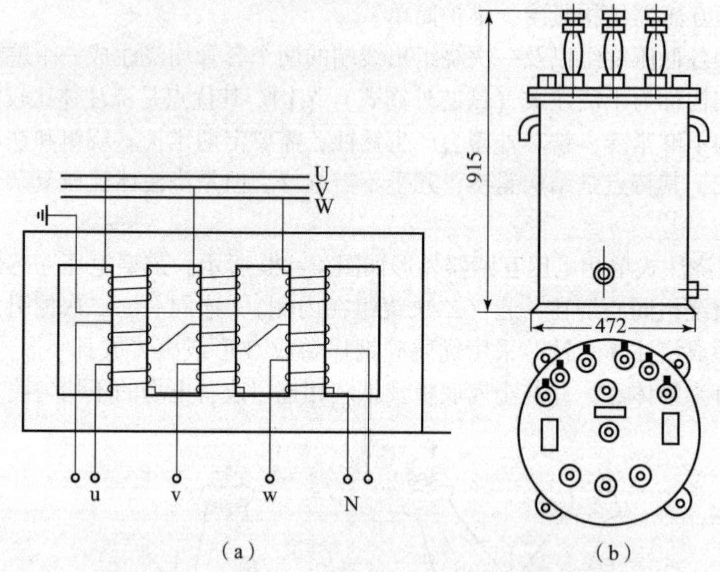

图 4-22　JSJW—10 型油浸式三相五柱电压互感器

（a）原理图；（b）外形图

图 4-23 所示为 JCC1—110 型单相串级式电压互感器结构图。电压互感器的铁芯和绕组装在充油的瓷外壳内，铁芯带电位，用支撑电木板固定在底座上。储油柜工作时带电，一次绕组首端自储油柜上引出。一次绕组末端和二次绕组出线端自底座引出。

串级式结构在我国油浸式高压互感器中普遍采用，图 4-24 所示为 110~220 kV 串级式电压互感器的器身结构图，其对应的绕组连接原理图如图 4-25 所示。从结构图和原理图可以看出，串级式电压互感器的铁芯采用双柱式，110 kV 互感器为一个铁芯，一次绕组分成两级（有两个一次绕组）；220 kV 互感器为两个铁芯，一次绕组分成四级（有 4 个一次绕组）。不论 110 kV 或 220 kV 电压互感器，只有最下面一个绕组带有二次绕组。

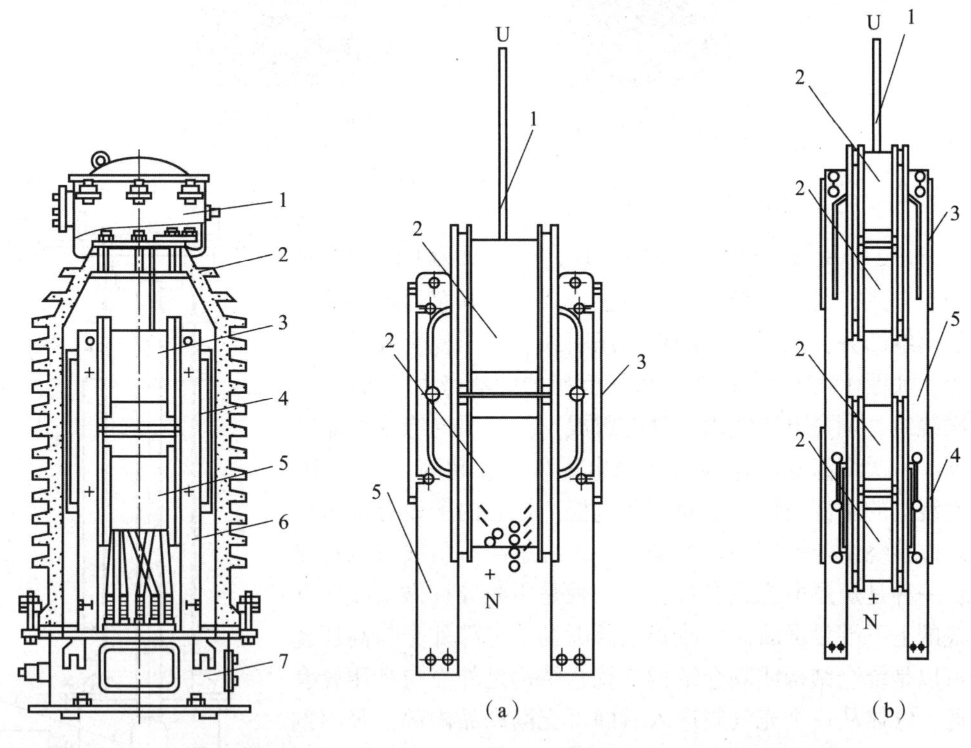

图 4－23　JCC1—110 型单相串级式电压互感器结构图

1—储油柜；2—瓷外套；3—上柱绕组；4—铁芯；5—下柱绕组；6—支撑电木板；7—底座

图 4－24　110～220 kV 串级式电压互感器的器身结构图

(a) 110 kV 电压互感器；(b) 220 kV 电压互感器

1—引线；2—绕组；3—上铁芯；4—下铁芯；5—绝缘支架

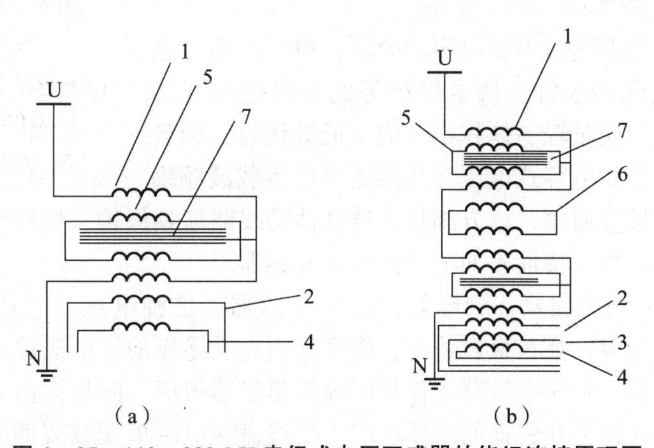

图 4－25　110～220 kV 串级式电压互感器的绕组连接原理图

(a) 110 kV 电压互感器；(b) 220 kV 电压互感器

1—一次绕组；2，3—二次绕组；4—辅助二次绕组；5—平衡绕组；6—连耦绕组；7—铁芯

串级式电压互感器比普通结构的电压互感器体积小、质量轻、成本低，但准确度较低，广泛应用在 110 kV 及以上系统中。

串级式电压互感器
整体结构（视频文件）

串级式电压互感器
内部结构（视频文件）

3. SF_6 气体绝缘电压互感器

SF_6 电压互感器有两种结构形式，一种是为 GIS 配套使用的组合式，另一种是独立式。独立式电压互感器增加了高压引出线部分，包括一次绕组高压引线、高压瓷套及其夹持件等，如图 4－26 所示。SF_6 电压互感器的器身由一次绕组、二次绕组、剩余电压绕组和铁芯组成，绕组层绝缘采用聚酯薄膜。一次绕组除在出线端有静电屏外，在超高压产品中，一次绕组的中部还设有中间屏蔽电极。铁芯内侧设有屏蔽电极以改善绕组与铁芯间的电场。一次绕组高压引线有两种结构：一种是短尾电容式套管；另一种是用光导杆做引线，在引线的上下端设屏蔽筒以改善端部电场。下部外壳与高压瓷套可以是统仓结构或隔仓结构。统仓结构是外壳与高压瓷套相通，气体从一个充气阀进入后即可充满产品内部，吸附剂和防爆片只需一套。隔仓结构是在外壳顶部装有绝缘子，绝缘子把外壳和高压瓷套隔离开，使气体互不相通，所以需装设两套吸附剂及防爆片，以及其他附设装置，如充气阀、压力表、吸附剂等，以保证安全运行。

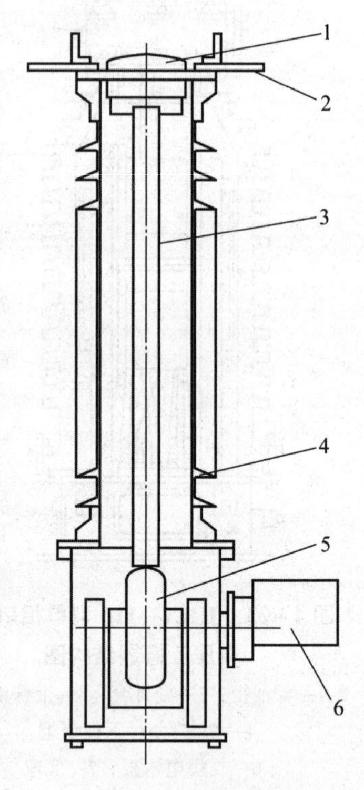

图 4－26　SF_6 独立式电压互感器

1—防爆片；2——次出线端子；3—高压引线；4 —瓷套；5—器身；6—二次出线

4. 电容式电压互感器

电容式电压互感器是由串联电容器分压，再经电磁式互感器降压和隔离，作为表针、继电保护等的一种电压互感器，具有结构简单、质量轻、体积小、成本低等优点，而且电压越高效果越显著。电容式电压互感器还可以将载波频率耦合到输电线用于长途通信、远方测量、选择性的线路高频保护、遥控等。其缺点是输出容量小，误差较大时暂态特性不如电磁式电压互感器。

（1）TYD220 系列单柱叠装型电容式电压互感器。这种电压互感器的电容分压器由上、下节串联组合而成，装在瓷套管中，瓷套管内充满绝缘油；电磁单元装置由装在同一油箱中的中压互感器、补偿电抗器、保护间隙和阻尼器组成，阻尼器由多只釉质线绕电阻并联而成，油箱同时作为互感器的底座；二次接线盒在电磁单元装置侧面，盒内有二次端子接线板及接线标牌。

（2）TYD220 系列分装型电容式电压互感器。这种互感器结构如图 4－27 所示，互感器的电容分压器、电磁装置及阻尼电阻器装置分开安装，其中电容分压器和电磁装置装于户外，阻尼电阻器装在散热良好的金属外壳内并装于户内。

（3）CCV系列叠装型电容式电压互感器。其结构如图4－28所示，电容器由高纯度纤维纸和铝膜卷制而成，经真空、加热、干燥后装入瓷套内，浸入绝缘油中。互感器最上部有一个由铝合金制成的帽盖，上有阻波器的安装孔，圆柱状（或扁板状）电压连接端也直接安置于帽盖的顶部；帽盖内含有一个腰鼓形膨胀膜盒，膜盒把内部绝缘油与外界隔绝开来，也可通过其来补偿随温度变化的油的容积；侧面设有油位指示器，可观察油面的变化。

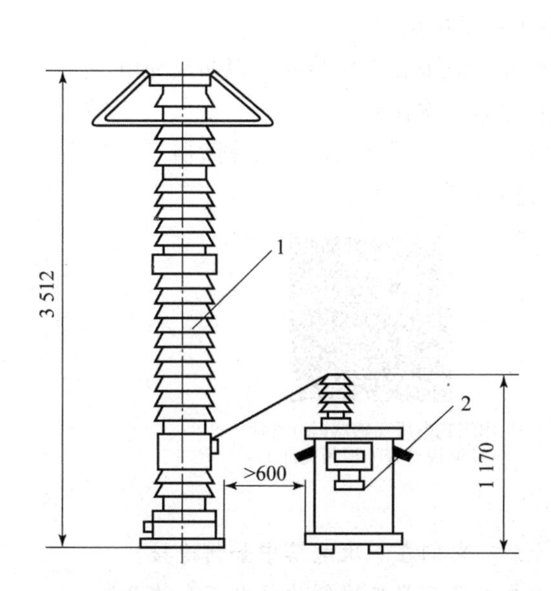

图4－27　TYD220系列分装型电容式电压互感器结构

1—瓷套管及电容分压器；
2—电压互感器及补偿电抗器

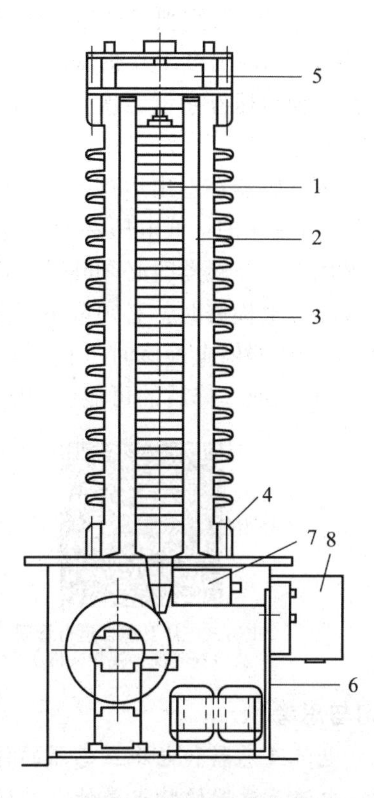

图4－28　CCV系列叠装型电容式电压互感器结构

1—电容器；2—瓷套管；3—绝缘油；
4—密封件；5—膜盒；6—密封金属箱；
7—阻尼电阻器；8—二次接线盒

六、　电压互感器的运行与维护

电容式电压互感器结构介绍（视频文件）

（1）电压互感器二次侧不得短路。因为电压互感器一次绕组是与被测电路并联接于高压电网中，二次绕组匝数少、阻抗小，如发生短路，将产生很大的短路电流，有可能烧坏电压互感器，甚至影响一次电路的安全运行，所以电压互感器的一、二次侧都应装设熔断器。

（2）电压互感器铁芯及二次绕组一端必须接地。电压互感器铁芯及二次绕组接地的目的是为了防止一、二次绕组绝缘被击穿时，一次侧的高电压窜入二次侧，从而危及工作人员人身和二次设备的安全。

(3) 电压互感器在接线时要注意端子极性的正确。所谓极性就是指一、二次绕组感应电动势之间的相位关系。接线时，应保证一、二次绕组的首尾标号及同名端的正确。

(4) 电压互感器的负载容量应不大于准确度等级相对应的额定容量。若负载过大，则将降低电压互感器的准确度。

(5) 在停用运行中的电压互感器之前，必须先将该组电压互感器所带的负荷全部切至另一组电压互感器。否则须经调度值班员批准，将该组电压互感器所带的保护及自动装置暂时退出，然后再退出电压互感器。

(6) 在切换电压互感器二次负荷的操作中，应注意先将电压互感器一次侧并列运行，再切换二次负荷。

(7) 电压互感器在退出运行前，下列保护应退出：距离保护；方向保护；低电压闭锁（复压闭锁）过流保护；低电压保护；过励磁保护；阻抗保护。

(8) 停用电压互感器时必须断开二次快分开关，取下二次保险器，以防反充电。

(9) 线路停电检修时，必须取下线路电压互感器二次保险器。

(10) 主变压器停电检修时，必须取下500 kV侧的电压互感器二次保险器。

(11) 新投入或大修后的可能变动的电压互感器必须定相。

电容式电压互感器运行管理及检查巡视（视频文件）

串级式电压互感器运行管理及巡视检查（视频文件）

【练习与思考】

4-1　电流互感器和电压互感器的作用是什么？它们在一次电路中如何连接？

4-2　电流互感器的特点是什么？运行中的电流互感器二次侧为什么不允许开路？

4-3　电压互感器的特点是什么？运行中的电压互感器二次侧为什么不允许短路？

4-4　试画出电流互感器常用的接线图。

4-5　电压互感器常见的接线方式有几种？各有何用途？

4-6　电流互感器和电压互感器有哪些结构类型？

4-7　什么是电流互感器的额定二次阻抗？什么是电压互感器的额定容量和最大容量？运行中需注意什么？

4-8　互感器的二次绕组在使用时为什么必须接地？

初识电压互感器（交互习题）

电压互感器类型及结构（交互习题）

电压互感器接线（交互习题）

电压互感器的运行（交互习题）

项目五

母线、电力电缆及绝缘子

项目场景

母线是电力系统的重要设备，起着汇集、分配和传送电能的作用。母线故障、事故往往会造成比较严重的停电事故，尤其是特大型发电厂或中枢交电站母线事故的后果更为严重。发电厂、变电站及工矿企业都大量使用电力电缆，一旦电缆起火爆炸，将会引起严重火灾和停电事故，而且电力电缆燃烧时产生大量浓烟和毒气，不仅污染环境，而且危及人的生命安全。因此对电力电缆运行维护必须严格执行电力电缆运行规程，运行人员应参与各种技术培训，持证上岗。在发电厂和变电站的配电装置中，绝缘子用来支持和固定载流导体，并使导体的相与相之间对地绝缘，并能在恶劣的环境（高温、潮湿、污垢等）下安全运行。绝缘子承受着导线的重量、拉力和过电压，并受到温度聚变和雷电的作用，较容易发生故障。本项目主要完成以下工作。

母线：

（1）运行维护前的准备。熟练掌握母线的性能和结构、操作注意事项和使用环境等；操作所需的专用工具、安全工具、常用备品及备件等。

（2）运行中的维护。

电力电缆：

（1）运行维护前的准备。熟练掌握电缆的性能和结构、操作注意事项和使用环境等；操作所需的专用工具、安全工具、常用备品及备件等。

（2）运行中的维护。

绝缘子：

（1）运行维护前的准备。熟练掌握绝缘子的性能和结构、操作注意事项和使用环境等；操作所需的专用工具、安全工具、常用备品及备件等。

（2）运行中的维护。

相关知识和技能

母线的作用、结构类型、安装维护；电力电缆的用途、型号、种类及安装维护；绝缘子的作用分类、结构类型、运行维护。

任务一　母线运行维护

【任务描述】 本任务需在学习母线的作用、结构类型和安装维护的基础上完成母线各项运行状况的检测，实现严格按照相关技术规范要求进行操作。

【教学目标】

知识目标：掌握母线的作用、结构类型；

技能目标：能够进行母线的安装维护。

【任务实施】 ①阅读资料，查找各类母线的实际应用场景；②分析母线在电力系统中的作用；③掌握不同类型母线的结构；④完成测试习题。

【知识链接】 母线的作用、结构类型、安装维护。

一、母线的作用

在发电厂和变电站的各级电压配电装置中，将发电机、变压器等大型电气设备与各种电气装置之间连接的导体称为母线。母线的作用是汇集、分配和传送电能。母线是构成电气主接线的主要设备，包括一次设备部分的主母线和设备连接线、站用电部分的交流母线、直流系统的直流母线、二次部分的小母线等。

二、母线的结构类型

（一）敞露母线

1. 按母线的使用材料分类

（1）铜母线：铜具有导电率高、机械强度高、耐腐蚀等优点，但在工业上有很多重要用途，而且产量少，价格贵，故主要用在易腐蚀的地区（如化工厂附近或沿海地区等）。

（2）铝母线（见图5－1）：铝的导电率仅次于铜，且质轻、价廉、产量高，在屋内和屋外配电装置中广泛采用。

图5－1　铝母线

（3）铝合金母线：有铝锰合金和铝镁合金两种。铝锰合金母线载流量大，但强度较差，采用一定的补强措施后可广泛使用；铝镁合金母线机械强度大，但载流量小，焊接困难，使用范围较小。

（4）钢母线：钢的机械强度大，但导电性差，仅用在高压小容量电路（如电压互感器回路以及小容量厂用、所用变压器的高压侧）、工作电流不大于200 A的低压电路、直流电路以及接地装置回路中。

2. 按母线的截面形状分类

（1）矩形截面母线：常用在35 kV及以下、持续工作电流在4 000 A及以下的屋内配电装置中，其优点是散热条件好，集肤效应小，安装简单，连接方便。矩形母线的边长比通常为1∶12～1∶5，单条母线的截面积不应大于10×120＝1 200 mm^2。在相同的截面积和允许的发热温度下，矩形母线要比圆形母线的允许工作电流大。当工作电流超过最大截面的单条母线之允许电流时，每相可用两条或三条矩形母线固定在支柱绝缘子上，每条间的距离应等于一条的厚度，以保证较好的散热。每相矩形母线的条数不宜超过三条。

（2）圆形截面母线：用在110 kV及以上的户外配电装置中以防止发生电晕。

（3）槽形截面母线：常用在35 kV及以下，持续工作电流在4 000～8 000 A的配电装置中，其优点是电流分布均匀，集肤效应小，冷却条件好，金属材料的利用率高，机械强度高。

（4）管形截面母线（见图5－2）：常用在110 kV及以上、持续工作电流在8 000 A以上的配电装置中，其优点是集肤效应小，电晕放电电压高，机械强度高，散热条件好。

图5－2　管形截面母线

管形母线结构（视频文件）

（5）绞线圆形软母线：钢芯铝绞线由多股铝线绕单股或多股钢线的外层构成，一般用于35 kV及以上屋外配电装置中。组合导线由多根铝绞线固定在套环上组合而成，用于发电机与屋内配电装置或屋外主变压器之间的连接。

（二）封闭母线

封闭母线是指用外壳将母线封闭起来，用于单机容量在200 MW以上的大型发电机组、发电机与变压器之间的连接线以及厂用电源和电压互感器等分支线。

1. 封闭母线的结构类型

（1）按外壳材料分，可分为塑料外壳母线和金属外壳母线。

（2）按外壳与母线间的结构形式分，可分为以下 3 种。

①不隔相式封闭母线：三相母线设在没有相间板的公共外壳内，只能防止绝缘子免受污染和外物所造成的母线短路，而不能消除发生相间短路的可能性，也不能减少相间电动力和钢构的发热。

②隔相式封闭母线：三相母线设在相间有金属（或绝缘）隔板的金属外壳之内，可较好地防止相间故障，在一定程度上减少母线电动力和周围钢构的发热，但是仍然可能发生因单相接地而烧穿相间隔板造成相间短路的故障。

③分相式封闭母线：每相导体分别用单独的铝制圆形外壳封闭。根据金属外壳各段的连接方法，又可分为分段绝缘式和全连式两种。

2. 全连式分相封闭母线的基本结构

全连式分相封闭母线由载流导体、支柱绝缘子、保护外壳、金具、密封隔断装置、伸缩补偿装置、短路板、外壳支持件构成。

载流导体：一般用铝制成，采用空心结构以减小集肤效应。当电流很大时可采用水内冷圆管母线。

支柱绝缘子：采用多棱边式结构以加长漏电距离，每个支持点可采用 1 ~ 4 个绝缘子支持。一般采用 3 个绝缘子支持的结构，具有受力好、安装检修方便、可采用轻型绝缘子等优点。

保护外壳：由 5 ~ 8 mm 的铝板制成圆管形，在外壳上设置检修与观察孔。

伸缩补偿装置（见图 5 - 3）：在一定长度范围内设置焊接的伸缩补偿装置，在与设备连接处适当部位设置螺接伸缩补偿装置。

图 5 - 3　伸缩补偿装置

密封隔断装置：封闭母线靠近发电机端及主变压器接线端和厂用高压变压器接线端，采用大口径绝缘板作为密封隔断装置，并用橡胶圈密封，以保证区内的密封维持微正压运行的需要。

3. 全连式分相封闭母线的特点

全连式分相封闭母线一般采用氩气弧焊把分段的外壳焊成连续导体，三相外壳在两端用足够截面的铝板焊接起来并接地。全连式分相封闭母线与敞露式相比有以下优点：

(1) 运行安全、可靠性高，各相的外壳相互分开，母线封闭于外壳中，不受自然环境和外物的影响，能防止相间短路，同时外壳多点接地，保证了人员接触外壳的安全。

(2) 母线附近钢构中的损耗和发热显著减小，三相外壳短接，铝壳电阻很小，外壳上感应产生与母线电流大小相近而方向相反的环流，环流的屏蔽作用使壳外磁场减小到敞露母线的10%以下，壳外钢构发热可忽略不计。

(3) 短路时母线之间的电动力大为减小，可加大绝缘子间的跨距。当母线通过三相短路电流时，由一相电流产生的磁场，经其外壳环流屏蔽减弱后所剩余的磁场再进入别相外壳时，还将受到该相外壳涡流的屏蔽作用，使进入壳内磁场明显减弱。作用于该相母线的电动力一般可减小到敞露母线电动力的1/4左右。同时，各壳间电动力也减小很多。

(4) 母线的载流量可做到很大，母线和外壳可兼作强迫冷却的管道。

全连式分相封闭母线的主要缺点是：

(1) 有色金属消耗量约增加1倍。

(2) 外壳产生损耗，母线功率损耗约增加1倍。

(3) 母线导体的散热条件较差时，相同截面母线载流量减小。

由于以上优点，全连式封闭母线被广泛地采用在大容量机组上。目前对于单机容量在200 MW以上的大型发电机组，发电机与变压器之间的连接线以及厂用电源和电压互感器等分支线，均采用全连式分相封闭母线。

（三） 绝缘母线

绝缘母线由导体、环氧树脂渍纸绝缘、地屏、端屏、端部法兰和接线端子构成，最适用于紧凑型变电站、地下变电站及地铁用变电站，可减少占地面积，运行可靠。

绝缘母线的主要优点是：

(1) 绝缘母线是全绝缘的，所以相间距不受电压等级的限制，只取决于安装尺寸，相间距大大减小，且运行可靠。

(2) 单根绝缘母线可根据通过的电流大小进行设计，可满足任何电流的要求，避免了电流较大时使用多根电缆并用所带来的电流不平衡问题。

(3) 绝缘母线绝缘层的无模具浇注能使得母线的形状尺寸可根据需要做随意调整，满足各种需要。

(4) 绝缘母线连接装置的使用使得绝缘母线的安装非常灵活，可根据不同的空间位置、安装尺寸做随意分段组合，同时还可弥补由于某种原因造成的安装尺寸上的一些偏差。

三、 母线的安装和维护

初识母线（视频文件）

1. 母线的加工和制作

(1) 硬母线的校直。硬母线使用前应检查母线表面是否光洁平整，不应有裂纹、变形和扭曲现象。母线若有一定程度的弯曲和扭曲，需进行校直。

(2) 母线的下料。硬母线的具体尺寸一般根据现场的情况来确定。手工下料采用钢锯，机械下料可用锯床、电动剪冲机等。下料时母线要留有适当的裕度。

软母线施工要求满足设计规定的弧垂值，并使三相母线的最低点在同一水平。当母线下方有剪刀式隔离开关时要求更加严格。所以软母线长度必须经过实际测量并精确计算。

软母线在切割导线时端头应加以绑扎，切断端面应整齐、无毛刺，并与线股垂直。使用砂轮切割机切割时，导线应在砂轮切割台夹具上夹紧。

铝股切割时一般采用手锯，切割时严禁锯伤钢芯。当铝股锯至最内层时只能锯其铝股的2/3处，然后用手将其折断。

(3) 硬母线的弯曲。在硬母线的接头和局部地方，常需要将硬母线制成各种形状，主要有平弯、立弯、扭弯和鸭脖弯。等差弯两侧平行度偏差最大不得超过3 mm。弯曲部分应无裂纹、无明显褶皱。

(4) 母线接触面的处理。母线接触面的处理方法有人工和机械两种。在施工现场一般采用手工锉削的处理办法。加工好的接触面用钢丝刷刷去表面的氧化层，再涂上一层电力复合脂。具有镀银层的母线搭接面，不得进行锉磨。母线接触面加工必须平整、无氧化膜。经加工后其截面允许的减小值：铝母线不应超过原来的5%，铜母线不应超过原来的3%。

2. 母线的布置

母线的散热条件和机械强度与母线的布置方式有关。最为常见的布置方式有水平布置和垂直布置两种。

(1) 水平布置。水平布置方式如图5-4 (a)、(b) 所示。三相母线固定在支柱绝缘子上，具有同一高度。各条母线之间既可以竖放，也可以平放。竖放式水平布置的母线散热条件好，母线的额定允许电流较其他放置方式要大，但机械强度不是很好。对于允许载流量要求不大但机械强度有较高要求的场合，可采用平放式水平布置的结构。

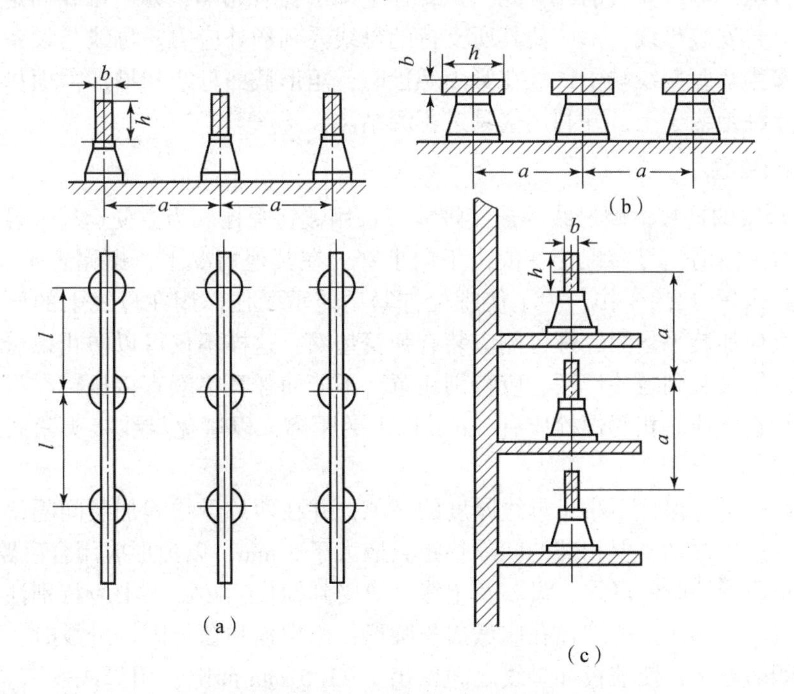

图5-4　母线的布置方式

(a)、(b) 水平布置；(c) 垂直布置

（2）垂直布置。垂直布置方式如图 5-4（c）所示。三相母线分层安装，图中母线采用竖放式垂直布置，散热性强，机械强度和绝缘能力都很高，克服了水平布置的不足之处。然而垂直布置增加了配电装置的高度，需要更大的投资。

（3）槽形截面母线布置。槽形截面母线均采用竖放式，两条相同母线之间每隔一段距离，用焊接片进行连接，构成一个整体。这种结构形式的母线其机械性能相当强，而且节约金属材料。

（4）软母线的布置。软母线一般为三相水平布置，用绝缘子悬挂。

母线的布置（微课）

3. 母线的相序排列要求

各回路的相序排列应一致，要特别注意多段母线的连接、母线与变压器的连接其相序应正确。当设计无规定时应符合下列规定：

（1）上、下布置的交流母线，由上到下排列为 U、V、W 相；直流母线正极在上，负极在下。

（2）水平布置的交流母线，由盘后向盘面排列 U、V、W 相；直流母线正极在后，负极在前。

（3）引下线的交流母线，由左到右排列为 U、V、W 相；直流母线正极在左，负极在前右。

4. 母线的固定

母线固定在支柱绝缘子的端帽或设备接线端子上的方法主要有三种：直接用螺栓固定、用螺栓和盖板固定、用母线固定金具固定。单片母线多采用前两种方法，多片母线应采用后一种方法。母线安装前，首先应把支柱绝缘子安装完毕，如用母线固定金具的，先安装好金具后再安装母线，不应使其所支持的母线受到额外应力。母线与设备接线端子的连接，通常多为套管接线端子，故在紧固螺栓时，矩形截面母线和槽形截面母线都是通过衬垫安置在支柱绝缘子上，并利用金具进行固结。

5. 母线的连接

（1）硬母线的连接。硬母线的连接螺栓应选用镀锌螺栓。为方便运行人员巡视检查和维护，在母线平放时，贯穿螺栓一般由下向上穿，在其他情况下，螺帽置于运行维护侧，螺栓长度宜露出螺母 2～3 扣。为了使螺栓拧紧后能承受住作用在母线上的压力，在靠近母线的表面上应加装平垫圈，螺母侧应装有弹簧垫圈，这样不仅可以防止螺母松动，而且在母线热胀冷缩时起到缓冲作用。应特别注意，不能使弹簧垫圈直接压接在母线上，以免拧动螺栓时划伤母线。相邻螺栓应有 3 mm 以上的距离，以避免母线接头紧固螺栓间形成闭合磁路。

多片母线间，应保持不小于母线厚度的间隙，并在两片母线间加装间隔垫，用以防止母线在运行中产生振动，但相邻的间隔垫距离应大于 5 mm，以免形成闭合磁路。

为防止热胀冷缩时使母线、设备及绝缘子等受到损伤，在施工中应特别注意：用螺栓直接固定母线时，母线上的螺栓孔应做成长圆形；用螺栓和盖板固定母线时，可采用在螺栓上增加垫圈的方法，使盖板和母线之间留出 1～1.5 mm 间隙；用母线固定金具固定时，也应通过加垫圈的方法使固定金具和母线之间留出 1～1.5 mm 间隙；根据设计的要求，在适当位置安装母线伸缩节，如设计无规定时，宜每隔以下长度设置一个，即铝母线 15～

20 m、铜母线 20 ~ 30 m、钢母线 30 ~ 50 m。母线伸缩节的截面不应小于母线截面的 1.2 倍。

当矩形铝母线长度大于 20 m、铜母线或钢母线长度大于 30 m 时，母线间应加装伸缩补偿器，如图 5 – 5 所示。在伸缩补偿器间的母线端开有长圆孔，供温度变化时自由伸缩，螺栓 8 并不拧紧。

补偿器由厚度为 0.2 ~ 0.5 mm 的薄片叠成，其数量应与母线的截面相适应，材料与母线相同。当母线厚度小于 8 mm 时，可直接利用母线本身弯曲的办法来解决，图 5 – 6 所示为母线硬性连接。

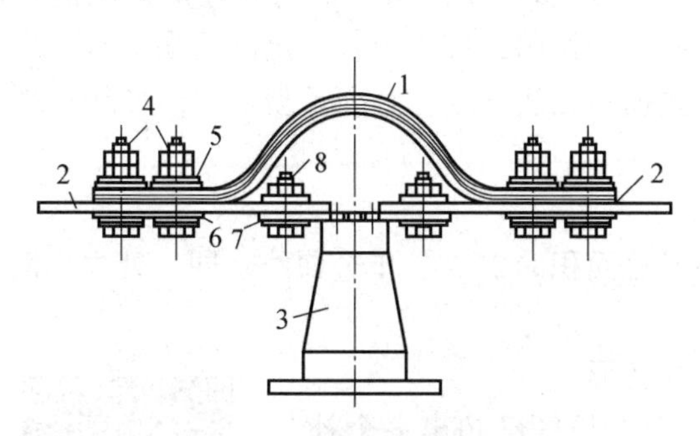

图 5 – 5 母线伸缩补偿器

1—补偿器；2—母线；3—支柱绝缘子；
4，8—螺栓；5—垫圈；6—补垫；7—盖板

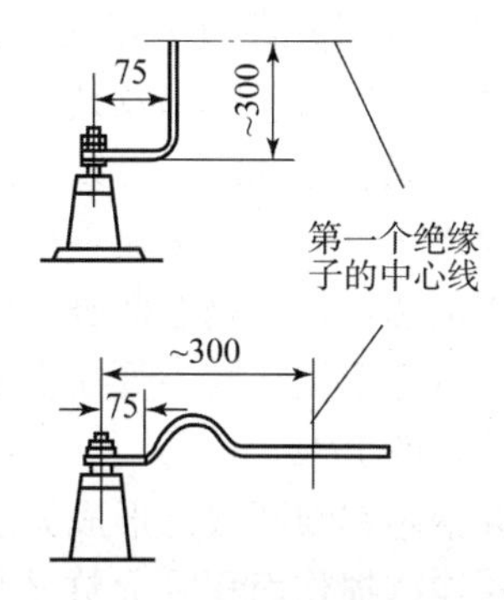

图 5 – 6 母线硬性连接

（2）软母线的连接。软母线采用的连接方式有液压压接、螺栓连接、爆破压接等。软母线在连接时，要使用各种金具，具体作用如下。

设备线夹：用于母线或引下线与电气设备的接线端子连接。

耐张线夹：用于高空主母线的挂设。

T 形线夹：用于主母线引至电气设备的引下线的连接。

母线连接用金具：包括压接管、并沟线夹。

间隔棒：用于双线的连接和平整。

6. 母线的着色

硬母线安装后，应进行油漆着色，主要是为了便于识别相序、防锈蚀和增加美观、散热能力。母线油漆颜色应符合以下规定：

（1）三相交流母线：U 相—黄色，V 相—绿色，W 相—红色。

（2）单相交流母线：从三相母线分支来的应与引出相颜色相同。

（3）直流母线：正极—赭色，负极—蓝色。

（4）直流均衡汇流母线及交流中性汇流母线：不接地者—紫色，接地者—紫色带黑色横条。

软母线因受温度影响而伸缩较大以及各股绞线常有相对扭动都会破坏着色层，故不需着色。

7. 母线维护的基本要求

（1）母线安装完毕后，应把现场清理干净，特别是开关柜主母线内部等隐蔽的地方一定要进行彻底的清理，将支柱绝缘子擦拭干净后，再检测绝缘电阻和进行耐压试验。

（2）母线在正常运行时，支柱绝缘子和悬式绝缘子应完好无损、无放电现象。软母线弧垂应符合要求，相间距离应符合规程规定，无断股、散股现象。硬母线应平直，不应弯曲，各种电气距离应满足规程要求，母排上的示温蜡片应无熔化；连接处应无发热，伸缩应正常。

（3）母线的检修工作内容包括：清扫母线，检查接头伸缩节及固定情况；检查、清扫绝缘子，测量悬式绝缘子串的零值绝缘子；检查软母线弧垂及电气距离；绝缘子交流耐压试验等。

（4）软母线经过一段时间的运行后，由于本身质量因素、长期通过负荷电流造成发热、气候条件的影响以及其他外部情况等原因的作用，母线会有一定的损伤。有些损伤经过处理后能满足规定，可以继续使用；有些损伤无法恢复，必须重新加工。导线损伤有下列情况之一者，必须锯断重接。

①钢芯铝线的钢芯断股。

②钢芯铝线在同一处损伤面积超过铝股总面积的25%，单金属线在同一处损伤面积超过总面积的17%。

③钢芯铝线断股已形成无法修复的永久变形。

④连续损伤面积在允许范围内，但其损伤长度已超出一个补修管所能补修的长度。

导线损伤可进行修补，处理方法一般有补修管压接法、缠绕法、加分流线法、铜绞线绑接法、铜绞线叉接法以及液压法等。

母线的维护（视频文件）

【习题】

初识母线（交互习题）

母线的结构（交互习题）

母线的运行维护（交互习题）

任务二　电力电缆运行维护

【任务描述】 本任务需在学习电力电缆在电力系统中的作用、结构类型和运行维护的基础上完成电力电缆的安装与维护，并严格按照相关技术规范要求进行操作。

【教学目标】

知识目标：掌握电力电缆的作用、种类特点；

技能目标：能够进行电力电缆的敷设维护。

【任务实施】 ①阅读资料，查找各类电力电缆的实际应用场景；②分析电力电缆在电力系统中的作用；③掌握不同类型电力电缆的结构特点；④完成测试习题。

【知识链接】 电力电缆的作用、种类特点、安装维护。

一、 电力电缆的用途

把发电厂发出的电能输送到变电所、配电所及各种用户，就需要用架空线或电缆。用于电力传输和分配的电缆，称为电力电缆。在建筑物或居民密集的地区，道路两侧空间有限，不允许架设灯杆和架空线，在这种情况下就需要用地下电缆代替；在发电厂或变电所中，要引出很多架空线路，往往也因空间不够而受到限制，也需用电缆代替架空线路输送电能。

与架空线路相比，电力电缆具有如下优点：

（1）占地小，做地下敷设不占地面空间，不受路面建筑物的影响，易于在城市供电，也不需在路面架设杆塔和导线，使市容整齐美观。

（2）供电可靠，不受外界的影响，不会产生如雷电、风害、挂冰、风筝和鸟害等造成架空线的短路和接地等故障。

（3）运行比较简单方便，维护工作量少，安全性高。

（4）可用于架空线难以通过的路段，如跨越海峡输电。

（5）电缆的电容较大，有利于提高电力系统的功率因数。

二、 电力电缆的基本结构

电力电缆的基本结构由线芯（导体）、绝缘层、屏蔽层和保护层四部分组成，如图5-7所示。

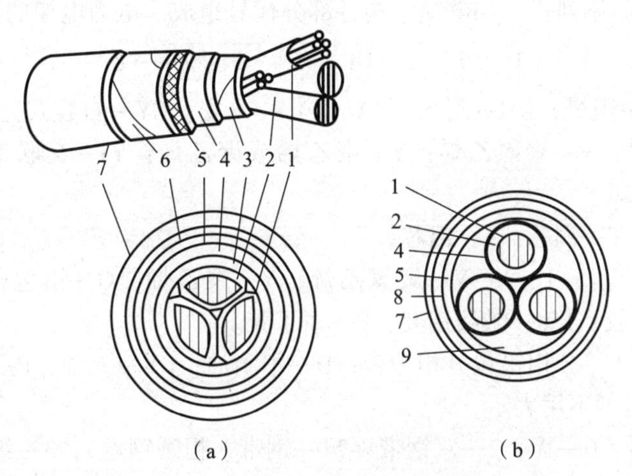

图5-7 电力电缆的基本结构

（a）三相统包层；（b）分相铅包层

1—导体；2—相绝缘；3—纸绝缘；4—铅包皮；5—麻衬；

6—钢带铠甲；7—麻被；8—钢丝铠甲；9—填充物

1. 线芯

线芯是电力电缆的导电部分，用来输送电能，是电力电缆的主要部分。通常由多股铜绞线或铝绞线制成。

2. 绝缘层

绝缘层是将线芯与大地以及不同相的线芯间在电气上彼此隔离，保证电能输送，是电力电缆结构中不可缺少的组成部分。使用的材料有橡胶、聚乙烯、聚氯乙烯、交联聚乙烯、聚丁烯、棉、麻丝、绸、纸、矿物油等。

3. 屏蔽层

屏蔽层是一种将电缆产品中的电磁场与外界的电磁场进行隔离的构件，有的电缆产品在其内部不同相（或线组）之间也需要相互隔离（屏蔽）。可以说屏蔽层是种“电磁隔离屏”。高压电缆的导体屏蔽和绝缘屏蔽（内外屏蔽）是为了均化电场的分布。15 kV 及以上的电力电缆一般都有导体屏蔽层和绝缘屏蔽层。

4. 保护层

保护层的作用是保护电力电缆免受外界杂质和水分的侵入，以及防止外力直接损坏电力电缆。

电力电缆的结构（视频文件）

电力电缆的护层（视频文件）

三、 电力电缆的型号

电缆型号由产品系列代号和电缆结构各部分代号组成。电力电缆的型号含义如下：

[1] [2] [3] [4] [5] [6] [7]—[8]

1—特性：ZR—阻燃；NH—耐火；ZA(IA) —本安；CY—自容式充油电缆。

2—绝缘层代号：V—聚氯乙烯；Y—聚乙烯或聚乙烃；YJ—交联聚乙烯或交联聚烯烃；X—橡皮；Z—纸。

3—导体代号：T—铜芯；L—铝芯。

4—内护层（护套）代号：V—聚氯乙烯；Y—聚乙烯；Q—铅包；L—铝包；H—橡胶；HF—非燃性橡胶；LW—皱纹铝套；F—氯丁胶。

5—特征代号：F—分相铅包分相护套；D—不滴油；CY—充油；P—屏蔽；C—滤尘器用；Z—直流；统包型不用表示。

6—铠装层代号：0—无；2—双钢带（24—钢带、粗圆钢丝）；3—细圆钢丝；4—粗圆钢丝（44—双粗圆钢丝）。

7—外被层代号：0—无；1—纤维层；2—聚氯乙烯护套；3—聚乙烯护套。

8—额定电压：以数字表示，单位为 kV。

例如，CYZTQ02—220/1 ×4，表示铜芯、纸绝缘、铅护套、铜带径向加强、无铠装、聚氯乙烯护套，额定电压为 220 kV，单芯、标称截面积为 400 mm^2 的自容式充油电缆。YJLV22—3 ×120—10—300，即表示铝芯、交联聚乙烯绝缘、聚氯乙烯内护套、双钢带铠装、聚氯乙烯外护套、3 芯 120 mm^2、电压为 10 kV、长度为 300 m 的电力电缆。

四、 电力电缆的种类

电力电缆的型号规格很多，分类方法也很多，在实际使用中要根据不同情况进行分类。

①按电压的高低可分为低压电缆（1 kV 及以下）、中压电缆（3 kV、6 kV、10 kV、35 kV）和高压电缆（60 kV 及以上）。

②按电缆导电线芯截面分，有 2.5～800 mm^2 共 19 种规格。

③按线芯数分为单芯、双芯、三芯和四芯等。

④按传输电能的形式分为直流电缆和交流电缆。

⑤按特殊需求分为输送大容量电能的电缆、阻燃电缆和光纤复合电缆等。

⑥按绝缘材料和结构可分为油浸纸绝缘电缆、塑力绝缘电缆、交联聚乙烯绝缘电缆、高压充油绝缘电缆和橡胶绝缘电缆以及近期发展起来的交联聚乙烯绝缘电缆等。此外还有正在发展的低温电缆和超导电缆。

1. 油浸纸绝缘电缆

油浸纸绝缘电力电缆是用经过处理的纸浸透电缆油制成，应用于 35 kV 及以下的输配电线路。其优点是绝缘性能好，耐热能力强，承受电压高，使用寿命长。根据绝缘浸渍剂浸渍情况的不同，油浸纸绝缘电力电缆又可分为黏性浸渍纸绝缘电缆和不滴流浸渍纸绝缘电缆。

①黏性浸渍纸绝缘电缆：又称为普通油浸纸绝缘电缆，电缆的浸渍剂是由矿物油和松香混合而成的黏性浸渍剂。其成本低；工作寿命长；结构简单，制造方便；绝缘材料来源充足；易于安装和维护；油易流淌，不宜作高落差敷设；允许工作场强较低。

②不滴流浸渍纸绝缘电缆：浸渍剂在工作温度下不滴流，适宜高落差敷设；工作寿命较黏性浸渍纸绝缘电缆更长；有较高的绝缘稳定性；成本较黏性浸渍纸绝缘电缆稍高。

2. 聚氯乙烯绝缘电缆

该电缆结构图如图 5－8 所示。主绝缘材料采用聚氯乙烯，内护套大多也是采用聚氯乙烯，主要用于 6 kV 及以下电压等级的线路。该电缆的优点是电气性能好，耐水、耐酸碱盐、防腐蚀，机械强度较好，敷设不受高差限制，可垂直敷设。其缺点是易老化、绝缘强度低，介质损耗大，耐热性能差，并且燃烧时释放氯气，对人体有害，对设备有严重腐蚀作用。

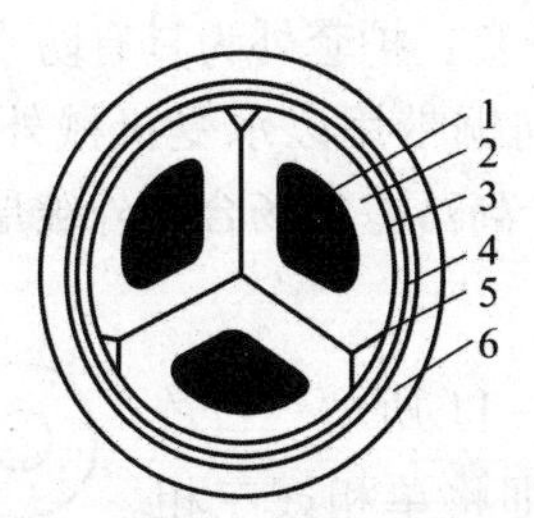

图 5－8　聚氯乙烯绝缘电缆结构图

1—线芯；2—聚氯乙烯绝缘；3—聚氯乙烯内护套；4—铠装层；5—填料；6—聚氯乙烯外护套

3. 交联聚乙烯绝缘电缆

该电缆结构图如图 5－9 所示，主绝缘采用交联聚乙烯，用于 1～110 kV 线路，其优点是结构简单、外径小，质量轻，耐热性能好，线芯允许工作温度高，比相同截面的油浸纸绝缘电流允许载流量大、可制成较高电压线，机械性能好，敷设不受高落差限制，安装工艺简便。缺点是抗电晕和电离放电性能差。

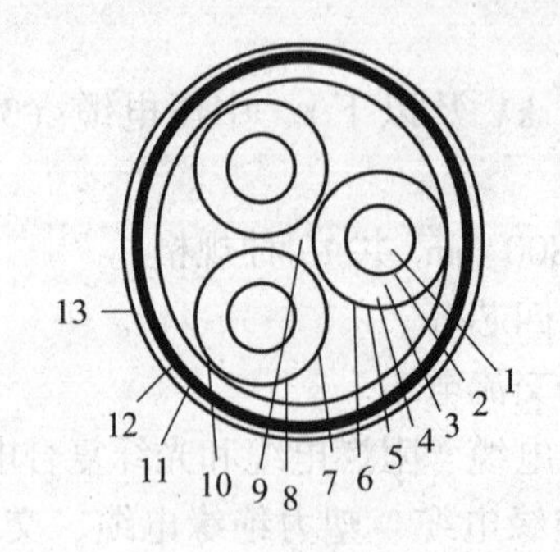

交联聚乙烯电力电缆
（视频文件）

图5－9　交联聚乙烯绝缘电缆结构图

1—线芯；2—线芯屏蔽；3—交联聚乙烯绝缘；4—绝缘屏蔽；5—保护带；
6—铜丝屏蔽；7—螺旋铜带；8—塑料带；9—中心填芯；10—填料；
11—内护套；12—铠装层；13—外护层

4. 橡胶绝缘电缆

橡胶绝缘电缆结构如图5－10所示，以橡皮为绝缘材料，主要用于35 kV及以下输电线路。其优点是柔软性好，弯曲方便，防水及防潮性能好，具有较好的耐寒性能、电气性能、机械性能、化学稳定性。缺点是耐压强度不高，耐热、耐油性能差且绝缘易老化，易受机械损伤。

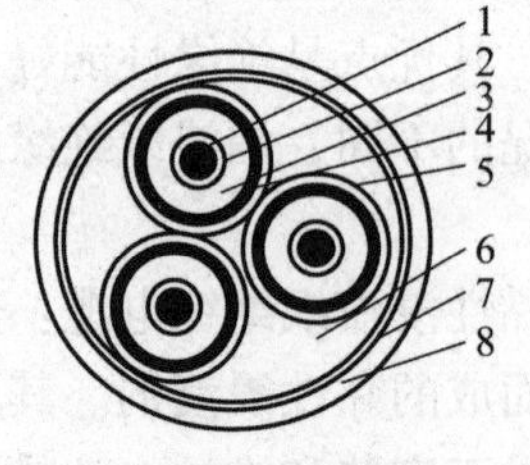

图5－10　橡胶绝缘电缆结构图

1—线芯；2—线芯屏蔽层；3—橡皮绝缘层；
4—半导电屏蔽层；5—铜带屏蔽层；
6—填料；7—橡皮带；
8—聚氯乙烯外护套

5. 高压充油绝缘电缆

充油电缆在结构上的主要特点是铅套内部有油道。油道由缆芯导线或扁铜线绕制成的螺旋管构成。充油电缆有单芯和三芯两种。单芯电缆的电压等级为110～330 kV；三芯电缆的电压等级为35～110 kV。在单芯电缆中，油道就直接放在线芯的中央；在三芯电缆中，油道则放在芯与芯之间的填充物处。

电缆绝缘层采用高压电缆纸绕包而成。导电线芯表面及绝缘层外表面均有由半导电纸带组成的屏蔽层；绝缘层外为铅护套；护套外为具有防水性的沥青和塑料带的内衬层、径向加强层、铠装层和外被层。径向铜带用以承受机械外力。有纵向铜带或钢丝铠装的电缆，可以承受较大的拉力，适用于高落差的场合。外被层一般为聚氯乙烯护套或纤维层。

6. SF_6 气体绝缘电缆

SF_6 气体绝缘电缆结构如图5－11所示，它是以 SF_6 气体为绝缘的新型电缆，即将单相或三相导体封在充有 SF_6 气体的金属圆筒中，带电部分与接地的金属圆筒间的绝缘由 SF_6 气体来实现。

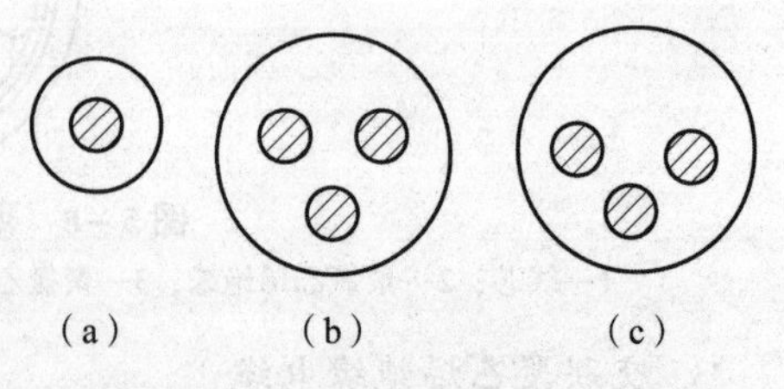

图5－11　SF_6 气体绝缘电缆结构

（a）单芯；（b）三芯均置；（c）三芯偏置

SF_6 气体绝缘电缆按外壳结构可分为刚性外壳和挠性外壳。

刚性外壳：一般应用于单芯和三芯电缆。单芯电缆外壳材料一般采用非磁性铝合金，结构设计成同轴型。三芯电缆外壳采用钢管，三芯结构又可分为三芯均置和三芯偏置两种。均置结构用于输电管路中，外壳尺寸可以缩小；三芯偏置结构用于全封闭组合电器的母线筒中，出线比较方便。

挠性外壳：其外壳采用波纹状铝合金管，导体采用波纹状铝管，采用盘形环氧树脂浇注绝缘子支撑。

SF_6 气体绝缘电缆在工厂被制成每段 10 ~ 18 m，然后运输到现场后再将各段连接起来，各段间可采用焊接或螺栓固定方式。

SF_6 气体绝缘电缆一部分直接埋在地下，为了防腐蚀可以在表面涂聚乙烯或乙烯树脂，大部分安装在地面上，为了美观会涂环氧树脂。

所有的 SF_6 气体绝缘电缆的外壳都在电缆的两端接地，对于单芯结构的电缆，每隔一定长度还应把三相的三个外壳连接在一起。

SF_6 气体绝缘电缆的优点如下：

（1）适宜于远距离输送。

（2）额定电流大。

（3）增大气体压力可提高 SF_6 气体绝缘的性能和额定电压。

（4）SF_6 气体绝缘电缆的波阻抗大，与架空线连接时对行波的反射减少。

（5）SF_6 气体绝缘电缆可解决高落差地区的电缆输电问题。

（6）无着火危险。

SF_6 气体绝缘电缆的适用场所包括：

（1）超高压大容量的功率传输，目前额定电压可达 500 kV，额定电流为 3 000 ~5 000 A。

（2）用于大城市中大容量的供电。

（3）用于 SF_6 全封闭组合电器与架空线之间的连接。

（4）用于高落差地区油纸绝缘电缆无法使用的场所。

五、电力电缆的连接附件

电力电缆连接附件是电缆线路中必不可少的组成部分，具体包括以下几个方面。

1. 电缆终端

电缆终端是安装在电缆线路末端，具有一定绝缘和密封性能，用以将电缆与其他电气设备相连接，起到电缆终端绝缘、导体连接、密封和保护的作用，分为以下几种类型：

（1）按使用场所不同分为户内终端、户外终端、设备终端、GIS 终端。

（2）按电缆终端所用材料不同分为热缩型、冷缩型、橡胶预制型、绕包型、瓷套型、浇注（树脂）型等品种。

（3）按外形结构不同分为鼎足式、扇形、倒挂式等。

2. 电缆中间接头

电缆中间接头是安装在电缆与电缆之间，用于将一段电缆与另一段电缆连接起来，起连接导体、绝缘和密封保护的作用，分为以下几种类型：

（1）电缆接头除连通导体外，还具有其他功能。按其功能不同，电缆接头可分为普通接头（直线接头）、绝缘接头、塞止接头、分支接头、过渡接头、转换接头、软接头等。

（2）按所用材料不同，电缆接头有热缩型、冷缩型、绕包型（带材绕包与成型纸卷绕包两种）、模塑型、预制件装配型、浇注（树脂）型、注塑型等。

3. 电缆接头的材料类型

橡塑绝缘电缆常用的终端头和接头形式有：

（1）绕包型，是指用自黏性橡胶带绕包制作的电缆终端头和接头。

（2）热缩型，是指由热收缩管件，如各种热收缩管材料、热收缩分支套、雨裙等和配套用胶在现场加热收缩组合成的电缆终端头和接头。

（3）预制型，是指由橡胶模制的一些部件，如应力锥、套管、雨罩等，现场套装在电缆末端构成的电缆终端头和接头。

（4）模塑型，是指用辐照交联热缩膜绕包后用模具加热使其溶融成整体作为加强绝缘而构成的电缆终端头和接头。

（5）弹性树脂浇注型，是指用热塑性弹性体树脂现场成型的电缆终端头和接头。

油浸纸绝缘电缆常用的传统形式有壳体灌注型、环氧树脂型，由于沥青、环氧树脂、电缆油等与橡塑绝缘材料不相容（两种材料的硬度、膨胀系数、黏结性等性能指标相差较大），一般不适合用于橡塑绝缘电缆。

4. 电缆接头的技术要求

（1）导体连接良好。连接点的接触电阻要求小而稳定。与相同长度、相同截面的电缆导体相比，连接点的电阻比值应不大于1，经运行后，其比值应不大于1.2。

（2）绝缘可靠。要有满足电缆线路在各种状态下长期安全运行的绝缘结构，并有一定的裕度。

（3）密封良好。要能有效地防止外界水分或有害物质侵入绝缘，并能防止绝缘剂流失。

（4）足够的机械强度。电缆终端和接头，应能承受在各种运行条件下所产生的机械应力。对于固定敷设的电力电缆，其连接点的抗拉强度应不低于电缆导体本身抗拉强度的60%。

六、电力电缆的安装和维护

1. 电力电缆的敷设

电力电缆常用敷设方法包括以下几种。

电力电缆的敷设
（微课）（视频文件）

（1）电缆隧道敷设：电缆隧道敷设维护检修方便，在运行中的异常现象较容易发现，又不易受外界的各种损伤，同时能容纳较多的电缆。但它渗水严重，比空气重的爆炸性混合物进入隧道会威胁安全。这种方式适用于地下水位低、配电电缆较集中的电力主干线，一般敷设大截面电缆30根以上。适用于敷有大量电缆的诸如汽轮机厂房、锅炉厂房、主控制楼到主厂房、开关室及馈线电缆数量较多的配电装置等地区。

（2）电缆沟道敷设：在发电厂、变配电站及一般工矿企业的生产装置内，均可采用电缆沟道敷设方式。但地下水位太高的地区不宜采用电缆沟道敷设，否则沟内长年积水，不便维护，若水中含有腐蚀性介质会损坏电缆，化工企业就是这种情况。电缆沟的形式有两种，一般场所可采用普通电缆沟，结构如图5－12所示。在有比空气重的爆炸介质的爆炸和火灾危险场所可采用充砂电缆沟。充砂电缆沟内不用安装电缆支架，其结构如图 5－13 所示。

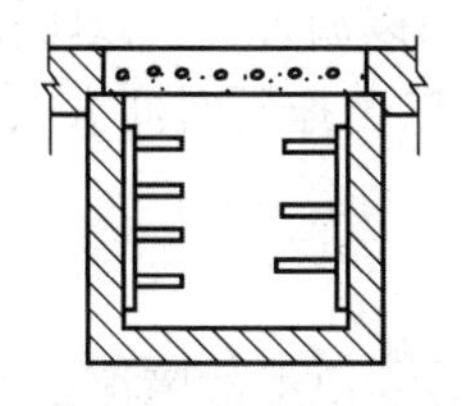

图 5－12　普通电缆沟

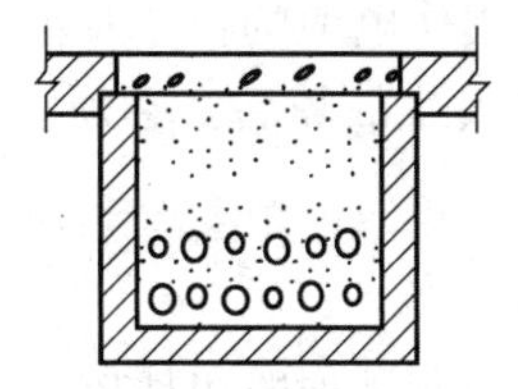

图 5－13　充砂电缆沟

（3）排管敷设：在市区街道敷设多条电缆，在不宜建造电缆沟和电缆隧道的情况下，可采用排管。一般适用于在与其他建筑物、铁路或公路互相交叉的地带。排管敷设具有减少对电缆的外力破坏和机械损伤、消除土壤中有害物质对电缆的化学腐蚀、检修或更换电缆迅速方便、随时可以敷设新的电缆而不必挖开路面等优点。

（4）直埋敷设：直埋敷设是将电缆直接埋在地下，具有投资小、施工方便和散热条件好等优点，是最经济而广泛采用的一种敷设方法。采用这种敷设方法，并排敷设的电缆之间需有一定的砂层间隔，这样当一根电缆发生故障时，波及另一根电缆的可能性减小，提高了供电的可靠性。但这种敷设方式电缆易受地中腐蚀性物质的侵蚀，且查找故障和检修电缆不便，特别是在冬季土壤冻结时事故抢修难度很大。这种方式适用于地下无障碍，土壤中不含严重酸、碱、盐腐蚀性介质，电缆根数较少的场合，如郊区或车辆通行不太频繁的地方。

（5）电缆桥架敷设：适用于架空敷设全塑电缆，具有容积大、外形美、可靠性高、利于工厂生产等特点。

在实际使用时，采用何种敷设方式，由具体情况决定。一条电缆线路往往需要采用几种敷设方式，一般要考虑城市及企业的发展规划、现有建筑物的密度、电缆线路的长度、敷设电缆的条件及周围环境的影响等。

对不同的电缆敷设方式有不同的技术要求，但对各种敷设方式都有共同的基本要求，主要有以下几点。

（1）敷设顺序：一般应先敷设电力电缆，再敷设控制电缆；先敷设集中的电缆，再敷设较分散的电缆；先敷设较长一些的电缆，再敷设较短的电缆。

（2）排列布局：一般来说，电力电缆和控制电缆应分开排列。同一侧的支架上应尽量将控制电缆放在电力电缆的下面。对于高压冲油电缆不宜放置过高。

（3）一般工艺要求：应做到横看成线、纵看成片，引出方向、弯度、余度相互间距、挂牌位置都应一致，并避免交叉压叠，达到整齐美观。

2. 电力电缆的维护

（1）为防止在电缆线路上面挖掘时损伤电缆，挖掘时必须有电缆专业人员在现场监护，交代施工人员有关注意事项。特别是在揭开电缆保护板后，应使用较为迟钝的工具将表面土层轻轻挖去，用铲车挖土时更应随时注意不铲伤电缆。

（2）清扫户内外电缆、瓷套管和终端头，检查终端头内有无水分，引出线接触是否良好，接触不良者应予以处理。清扫油漆电缆支架和电缆夹，修理电缆保护管，测量接地电阻和电缆的绝缘电阻等。

（3）清除隧道及电缆沟的积水、污泥及其他杂物，保证沟内清洁，不积水。

（4）当电缆线路上的局部土壤含有损害电缆铅包的化学物质时，应将该段电缆装于管子中，并用中性土壤作电缆的衬垫及覆盖，在电缆上涂以沥青等，以防止电缆被腐蚀。

（5）电缆线路发生故障后，必须立即进行修理，以免拖延时间太长使水分大量浸入，而扩大损坏的范围。

3. 电缆的故障测试

电缆线路的故障测试一般包括故障测距和精确定点，电缆故障测试方法是指故障点的初测，即故障测距。根据测试仪器和设备的原理，电缆线路的故障测试大致分为电桥法和脉冲法两大类，其测试特点如下。

电力电缆故障巡测—电桥法测量过程（视频文件）

（1）电桥法：是利用电桥平衡时，对应桥臂电阻的乘积相等，而电缆的长度和电阻成正比的原理进行测试的。

（2）脉冲法：是应用脉冲信号进行电缆故障测距的测试方法。它分为低压脉冲法、脉冲电压法和脉冲电流法三种。

①低压脉冲法是向故障电缆的导体输入一个脉冲信号，通过观察故障点发射脉冲与反射脉冲的时间差进行测距。

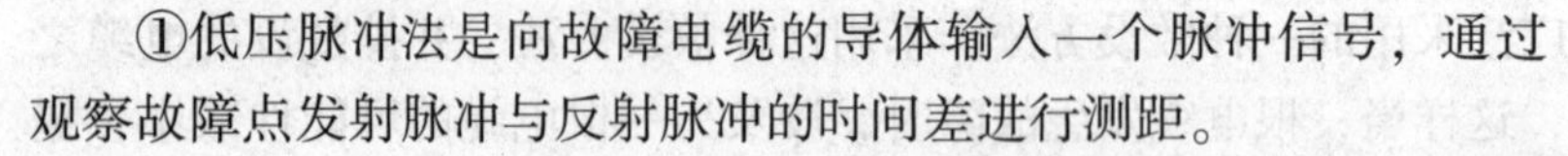

②脉冲电压法是对故障电缆加上直流高压或冲击高电压，使电缆故障点在高压下发生击穿放电，然后通过仪器观察放电电压脉冲在测试端到放电点之间往返一次的时间进行测距。

③脉冲电流法与脉冲电压法相似，区别在于前者通过一线性电流耦合器测量电缆击穿时的电流脉冲信号，使测试接线更简单，电流耦合器输出的脉冲电流波形更容易分辨。

【习题】

知识点1：初识电力电缆.png

知识点2：电力电缆的结构.png

知识点3：电缆终端头制作.png

知识点4：电缆中间接头制作.png

知识点5：电力电缆的敷设.png

任务三　绝缘子运行维护

【任务描述】 本任务需在学习绝缘子的作用、分类、结构和安装维护的基础上完成绝缘子的安装和维护，并严格按照相关技术规范要求进行操作。

【教学目标】

知识目标：掌握绝缘子的作用、分类、结构类型；

技能目标：能够进行绝缘子的安装维护。

【任务实施】 ①阅读资料，查找各类绝缘子的实际应用场景；②分析绝缘子在电力系统中的作用；③掌握不同类型绝缘子的结构；④完成测试习题。

【知识链接】 绝缘子的作用、分类、安装维护。

一、 绝缘子的作用和分类

绝缘子主要用来支持和固定裸载流导体，并使裸载流导体与地绝缘，或使装置中处于不同电位的载流导体之间绝缘。绝缘子在运行时不仅要承受工作电压的作用，同时承受操作过电压和雷电过电压的作用，加之导线自重、风力、冰雪以及环境温度变化的机械荷载的作用，所以绝缘子不仅要有良好的电气绝缘性能，同时要具有足够的机械强度。绝缘子可按电压等级、使用材料和功能进行分类。

1. 按额定电压分类

绝缘子按其额定电压可分为高压绝缘子（用于1 000 V以上的装置中）和低压绝缘子（用于1 000 V及以下的装置中）两种。

2. 按结构形式分类

绝缘子按结构形式可分为支柱式、套管式及盘形悬式三种。

3. 按用途分类

绝缘子按用途可分为电站绝缘子、电器绝缘子、线路绝缘子等。

电站绝缘子：主要用来支持和固定发电厂及变电站屋内外配电装置的硬母线，并使母线与大地绝缘。按作用不同电站绝缘子分为支柱绝缘子和套管绝缘子。

电器绝缘子：主要用来固定电器的载流部分，分为支柱绝缘子和套管绝缘子。支柱绝缘子用于固定没有封闭外壳的电器的载流部分；套管绝缘子用来使有封闭外壳的电器的载流部分引出外壳。

线路绝缘子：主要用来固结架空输、配电导线和屋外配电装置的软母线，并使它们与接地部分绝缘。线路绝缘子有针式、悬式、蝴蝶式和瓷横担四种。

二、 绝缘子的基本结构

1. 主要结构部件

（1）绝缘件：通常用电工瓷制成，绝缘瓷件的外表面涂有一层棕色或白色的硬质瓷釉，以提高其绝缘、机械和防水性能。电工瓷具有结构紧密、均匀、绝缘性能稳定、机械强度高和不吸水等优点。盘形悬式绝缘子的绝缘件也有用钢化玻璃制成的，具有绝缘和机械强度高、尺寸小、质量轻、制造工艺简单及价格低廉等优点。

（2）金属附件：用来将绝缘子固定在支架上和将载流导体固定在绝缘子上。金属附件装在绝缘件的两端，两者通常用水泥胶合剂胶合在一起。金属附件皆作镀锌处理，以防其锈蚀；胶合剂的外露表面涂有防潮剂，以防止水分侵入。

2. 金属附件与瓷件的胶装方式

（1）外胶装：将铸铁底座和圆形铸铁帽均用水泥胶合剂胶装在瓷件的外表面，铸铁帽上有螺孔，用来固定母线金具，圆形底座的螺孔用来将绝缘子固定在构架或墙壁上。

（2）内胶装：将绝缘子的上、下金属配件均胶装在瓷件孔内。

（3）联合胶装：绝缘子的上金属配件采用内胶装结构，而下金属配件则采用外胶装结构。

三、 绝缘子的类型和特点

1. 支柱绝缘子

高压支柱绝缘子可分为户内式和户外式，型号含义如图 5－14 所示。

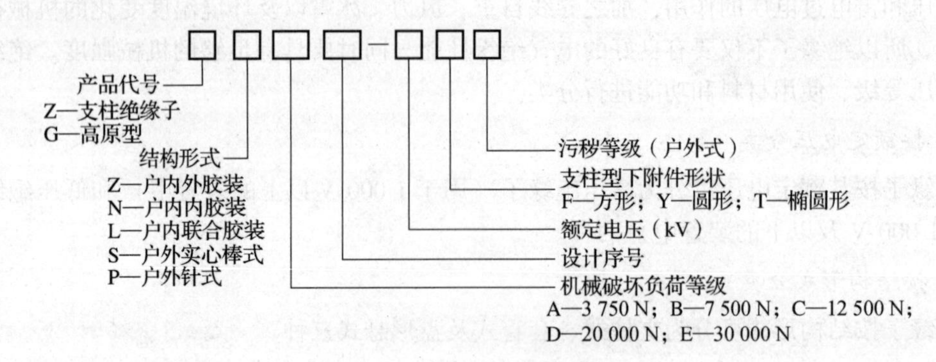

图 5－14　支柱绝缘子型号含义

（1）户内式支柱绝缘子：主要由瓷件及胶装于瓷件两端的金属配件组成，按照金属附件与瓷件胶装方式的不同，可分为外胶装式、内胶装式和联合胶装式。其中，外胶装式支柱绝缘子正逐步被淘汰，内胶装式支柱绝缘子具有体积小、质量轻、电气性能好等优点，但机械强度较低，联合胶装式绝缘子具有尺寸小、泄漏距离大、电气性能好、机械强度高等优点，适用于潮湿和湿热带地区。

（2）户外式支柱绝缘子：主要应用在电压等级为 6 kV 及以上的屋外配电装置中，由于工作环境条件的要求，户外式支柱绝缘子具有较大的伞裙，用来增加沿面放电距离，并能够阻断水流，保证绝缘子在恶劣的雨、雾气候下可靠地工作，户外式支柱绝缘子有针式和棒式两种，其结构如图 5－15 所示。其中，针式支柱绝缘子属空心可击穿结构，较笨重，易老化。棒式支柱绝缘子为实心不可击穿结构，一般不会沿瓷件内部放电，运行中不必担心瓷体被击穿，与同级电压的针式支柱绝缘子相比，具有尺寸小、质量轻、便于制造和维护等优点，因此，将逐步取代针式支柱绝缘子。

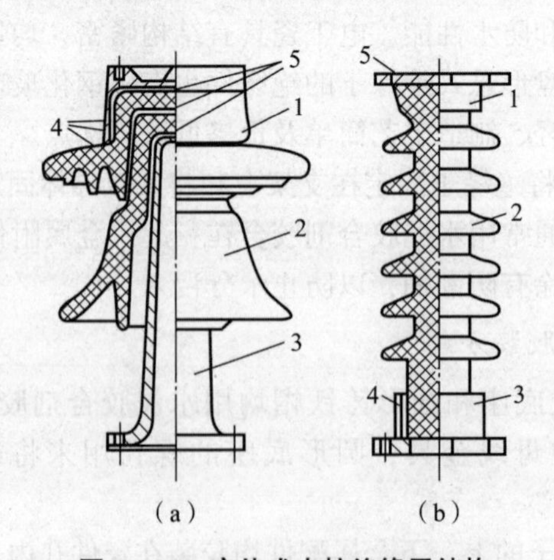

图 5－15　户外式支柱绝缘子结构

（a）针式支柱绝缘子；（b）棒式支柱绝缘子

1—上附件；2—绝缘件；3—下附件；4—胶合剂；5—纸垫

2. 盘形悬式绝缘子

悬式绝缘子主要应用在 35 kV 及以上屋外配电装置和架空线路上。按其帽及脚的连接方式分为球形的和槽形的两种。

悬式绝缘子结构如图 5 - 16 所示，由绝缘件（瓷件或钢化玻璃）、铁帽、铁脚组成。钟罩形防污绝缘子的污闪电压比普通型绝缘子高 20% ~50%；双层伞形防污绝缘子具有泄漏距离大、伞形开放、裙内光滑、积灰率低、自洁性能好等优点；草帽形防污绝缘子也具有积污率低、自洁性能好等优点。

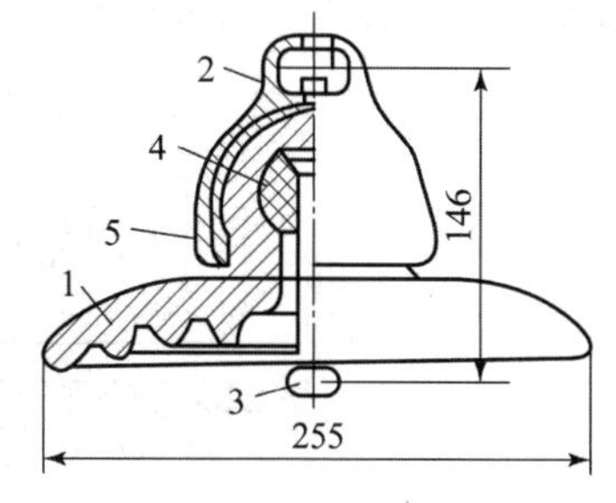

图 5 - 16　悬式绝缘子的结构

1—绝缘件；2—镀锌铁帽；3—铁脚；4，5—水泥胶合剂

悬式绝缘子是根据装置的电压高低组成的绝缘子串。绝缘子串是把一片绝缘子的铁脚 3 的粗头穿入另一片绝缘子的铁帽 2 内，然后用特制的弹簧锁锁住，每串绝缘子的数目是根据电压等级而定的，35 kV 时不少于 3 片，110 kV 时不少于 7 片，220 kV 时不少于 13 片，330 kV 时不少于 19 片，500 kV 时不少于 24 片。对于容易受到严重污染的装置，应选用防污悬式绝缘子。

3. 套管绝缘子

套管绝缘子是一种特殊类型的绝缘子，用于母线在屋内穿过墙壁或天花板，以及从屋内向屋外引出，或用于使有封闭外壳的电器（如断路器、变压器等）的载流部分引出壳外，使导电部分与地绝缘，并起到支持作用。套管绝缘子也称穿墙套管，简称套管。

套管绝缘子根据结构形式可分为带导体型和母线型两种。带导体型套管，其载流导体与绝缘部分制成一个整体，导体材料有铜和铝，导体截面有矩形和圆形；母线型套管本身不带载流导体，安装使用时，将载流母线装于套管的窗口内。按安装地点不同，套管绝缘子可分为户内式和户外式两种。

（1）户内式套管绝缘子：户内式套管绝缘子的额定电压范围为 6 ~ 35 kV，采用纯瓷结构，一般由瓷套、接地法兰及载流导体三部分组成。根据载流导体的特征可分为三种形式：采用矩形截面的载流导体、采用圆形截面的载流导体、母线型。前两种套管载流导体与绝缘部分制作成一个整体，使用时由载流导体两端与母线直接相连。6 kV 户内式穿墙套管绝缘子的结构如图 5 - 17 所示。

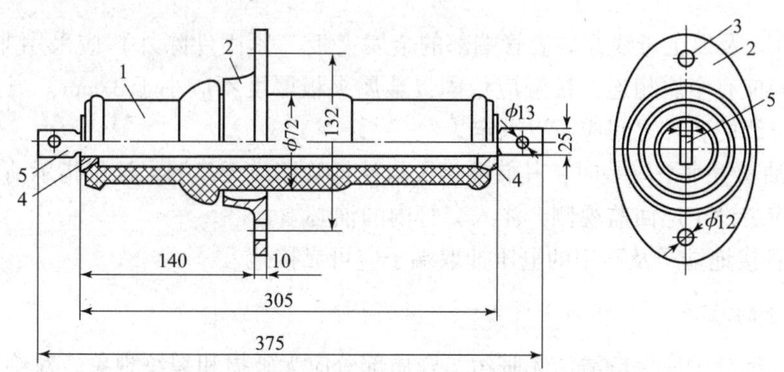

图 5 - 17　6 kV 户内式穿墙套管绝缘子结构

1—空心套管；2—椭圆法兰；3—螺孔；4—矩形孔金属圈；5—矩形截面导体

（2）户外式套管绝缘子：户外式套管绝缘子主要用于户内配电装置的载流导体与户外的载流导体进行连接，以及户外电器的载流导体由壳内向壳外引出。因此，户外式套管两端的绝缘分别按户内外两种要求设计，一端为户内式套管安装在户内，另一端为有较多伞裙的户外式套管。10 kV 户外式穿墙套管结构如图 5－18 所示。

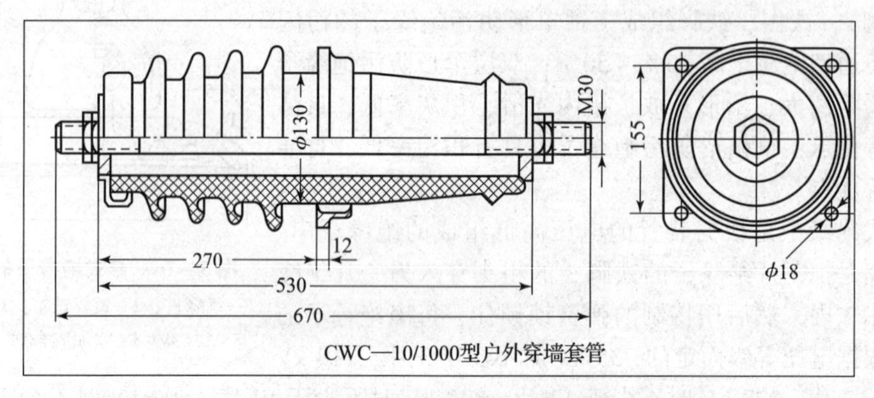

图 5－18　10 kV 户外式穿墙套管结构

四、 绝缘子的安装和维护

认识绝缘子（视频文件）

1. 绝缘子的安装要求

（1）绝缘子安装前需检查瓷件、法兰，应完整无裂纹，胶合处填料完整，结合牢固。

（2）安装支柱绝缘子和穿墙套管时，其底座或法兰盘不得埋入混凝土或抹灰层内。

（3）无底座和顶帽的内胶装式的低压支柱绝缘子与金属固定件的接触面之间应垫以厚度不小于 1.5 mm 的橡胶或石棉纸等缓冲垫圈。

（4）额定电流在 1 500 A 及以上的穿墙套管直接固定在钢板上时，套管周围不应成闭合磁路。

（5）穿墙套管垂直安装时，法兰应向上，水平安装时，法兰应在外。

（6）安装套管的孔径应比嵌入部分大 5 mm 以上，混凝土安装板的最大厚度不得超过 50 mm。

（7）600 A 及以上母线穿墙套管端部的金属夹板（紧固件除外）应采用非磁性材料。它与母线之间应有金属相连，接触应稳固，金属夹板厚度不应小于 3 mm，当母线为两片及以上时，母线的各片之间应予以固定。

（8）充油套管水平安装时，其储油柜及取油样管路应无渗漏，油位指示清晰，注油和取样阀位置应装设于巡回监视侧，注入套管内的油必须合格。

（9）套管接地端子及不用的电压抽取端子应可靠接地。

2. 绝缘子的维护

运行中的绝缘子应保持清洁无脏污，瓷质部分应无破损和裂纹现象。对绝缘子应定期清扫，并应检查瓷质部分有无闪络痕迹，金具有无生锈、损害、缺少开口销的现象；瓷件与铁件胶合应完好，无松动。在多灰尘和有害气体的地区，应对绝缘子加强清扫和制定防污措施。绝缘子防污的根本措施是消灭和减少污源。现在一般采用的防污措施有：采用防污性能好的绝缘子、增加绝缘子串或柱的元件数，以增大设备瓷绝缘的爬电距离；在绝缘子表面涂机硅脂、硅油、地蜡等防污涂料；合理布置绝缘子，并在选择变电所所址及线路路径时，尽量避开污源，减轻污秽的影响；定期进行超声波探伤检测，检测中发现有缺陷的支柱瓷绝缘子时必须立即进行更换。

更换绝缘子（视频文件）

【习题】

知识点6：认识绝缘子.png

知识点7：更换线路绝缘子.png

【练习与思考】

5－1　母线在配电装置中起什么作用？各种不同材料的母线在技术性能上有何区别？母线常见的截面形状有哪些？各种截面形状有什么特点？

5－2　常见母线的布置方式有哪几种？应考虑哪些因素？

5－3　试简要说明全连式分相封闭母线的结构特点和作用。

5－4　电缆的作用是什么？其基本结构和各组成部分的作用是什么？

5－5　电缆附件有几种？各有何作用？

5－6　电缆的敷设有哪些方法？

5－7　绝缘子的作用是什么？按用途分为几类？

5－8　电站绝缘子按结构形式可分为几大类？各有什么特点？

项目六

其他一次设备运行

项目场景

随着电力系统向高电压、大容量和远距离传输的发展，在系统中使用电容器、电抗器的越来越多，它们已成为重要电力设备，电容器在电力系统中主要作无功补偿或移相使用，大量装设在各级变配电所里，电容器的正常运行对保障电力系统的供电质量与效益起重要作用。电抗器的电磁结构比较特殊，运行中要全面考虑各类因素的影响，发现问题并及时排除才能保持稳定的工作。本项目主要完成以下工作。

电容器：

(1) 运行维护前的准备：熟练掌握电容器的结构、性能、操作注意事项和使用环境等；操作所需的专用工具、安全工具、常用备品及备件等。

(2) 并联电容器运行中的正常巡视检查。

(3) 电力电容器组倒闸操作注意事项。

电抗器：

(1) 运行维护前的准备：熟练掌握电抗器的结构、性能、操作注意事项和使用环境等；操作所需的专用工具、安全工具、常用备品及备件等。

(2) 串联电抗器运行中的正常巡视检查。

(3) 串联电抗器的特殊巡视检查。

(4) 并联电抗器运行中的正常巡视检查。

(5) 并联电抗器的特殊巡视检查。

相关知识和技能

电力电容器的作用、分类、结构；电容器无功补偿；电容器的使用；电抗器的作用、分类、结构；限流电抗器。

任务一　电容器运行维护

【任务描述】 本任务需熟悉电容器的作用、类型，获取技术参数，能正确解释电容器的工作原理，分析电容器的工作现象，根据需要更换电容器。

【教学目标】

知识目标：掌握电容器的作用和分类；

技能目标：掌握并联电容器的补偿方式，会计算补偿容量。

【任务实施】 ①阅读资料，查找电容器实际应用场景；②分析电容器的作用；③掌握电容器的无功补偿；④完成测试习题。

【知识链接】 电容器的分类、作用、无功补偿。

一、 电力电容器的分类和作用

电力电容器是用于电力系统和电工设备的电容器。按其安装方式可分为户内式和户外式两种；按其运行额定电压可分为低压和高压两类；按其相数可分为单相和三相两种，除低压并联电容器外，其余均为单相；按所起作用的不同分为并联（移相）电容器、串联电容器、耦合电容器、均压电容器、脉冲电容器等。

（1）并联电容器：并联电容器并联在电网上主要用来补偿电力系统感性负载的无功功率，以提高系统的功率因数，改善电能质量，降低线路损耗；还可以直接与异步电机的定子绕组并联，构成自激运行的异步发电装置。

（2）串联电容器：串联电容器串联于工频高压输、配电线路中，主要用来补偿线路的分布感抗，提高线路末端电压水平，提高系统的动、静态稳定性，改善线路的电压质量，增长输电距离和增大电力输送能力。

（3）耦合电容器：耦合电容器主要用于高压电力线路的高频通信和测量、控制、保护装置中；耦合电容器通常用来使高频载波装置在低电压下与高压线路耦合，并应用于控制、测量和保护装置中。

（4）均压电容器：均压电容器一般并联于断路器的断口上，使各断口间的电压在开断时分布均匀。

（5）脉冲电容器：主要起储能作用，在较长的时间内由功率大的电源充电，然后在很短时间内进行振荡或不振荡地放电，可得到很大的冲击功率。

什么是电容器（视频文件）

认识并联电容器（视频文件）

二、 电力电容器的基本结构

并联电容器主要由电容元件、浸渍剂、紧固件、引线、外壳和套管组成，其结构如图 6－1 所示。

额定电压在 1 kV 以下的称为低压电容器，1 kV 以上的称为高压电容器。1 kV 以下的电容器都做成三相、三角形连接线，内部元件并联，每个并联元件都有单独的熔丝；高压电容器一般都做成单相，内部元件并联。外壳用密封钢板焊接而成，芯子由电容元件串并联组成，电容元件用铝箔作电极，用复合绝缘薄膜绝缘。电容器内部绝缘油（矿物油或十二烷基苯等）作浸渍介质。

1. 电容元件

电容元件用一定厚度和层数的固体介质与铝箔电极卷制而成。若干个电容元件并联和串联起来，组成电容器芯子。电容元件用铝箔作电极，用复合绝缘薄膜绝缘。电容器内部绝缘油作浸渍介质。在电压为 10 kV 及以下的高压电容器内，每个电容元件上都串有一熔丝，作为电容器的内部短路保护。当某个元件被击穿时，其他完好元件即对其放电，使熔丝在毫秒级的时间内迅速熔断，切除故障元件，从而使电容器能继续正常工作。图 6－2 所示为高压并联电容器内部电气连接示意图。

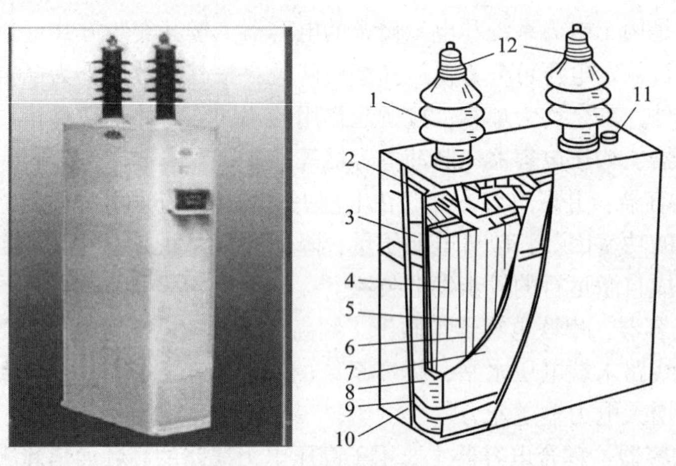

图 6－1　并联电容器结构

1—出线瓷套管；2—出线连接片；3—连接片；4—电容元件；5—出线连接片固定板；6—组间绝缘；7—包封件；8—夹板；9—紧箍；10—外壳；11—封口盖；12—接线端子

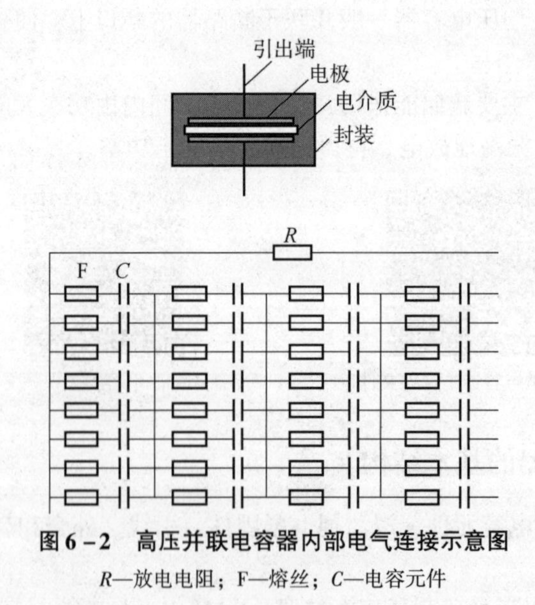

图 6－2　高压并联电容器内部电气连接示意图

R—放电电阻；F—熔丝；*C*—电容元件

2. 浸渍剂

电容器芯子一般放于浸渍剂中，以提高电容元件的介质耐压强度，改善局部放电特性和散热条件。浸渍剂一般有矿物油、氯化联苯、SF_6 气体等。

3. 外壳、套管

并联电容器的结构（视频文件）

外壳一般采用薄钢板焊接而成，表面涂阻燃漆，壳盖上焊有出线套管，箱壁侧面焊有吊攀、接地螺栓等。大容量集合式电容器的箱盖上还装有油枕或金属膨胀器及压力释放阀，箱壁侧面装有片状散热器、压力式温控装置等。接线端子从出线瓷套管中引出。

三、 电力电容器的型号

电容器的型号由字母和数字两部分组成，包括其系列代号、介质代号、设计序号、额定电压、额定容量、相数或频率、尾注号或使用环境等，如图 6－3 所示。

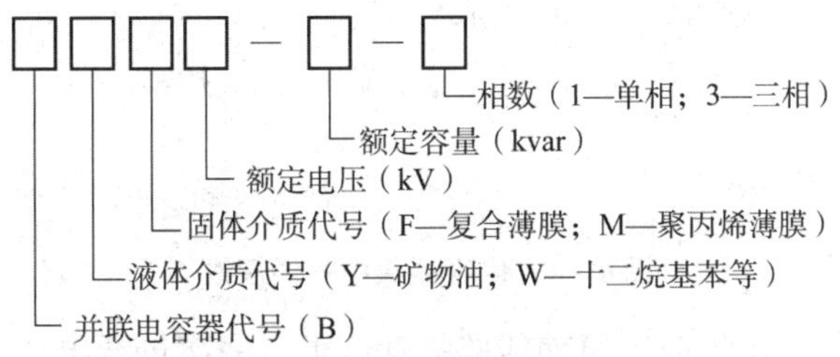

图 6－3　电力电容器的型号含义

额定电压用 kV 表示，高压的为 6.3 kV、10.5 kV、35 kV 等；低压的为 0.33 kV、0.4 kV、0.525 kV 等。

四、 电力电容器的无功补偿

1. 无功补偿的基本原理

无论是工业负荷还是民用负荷，大多数均为感性。所有电感负载均需要补偿大量的无功功率，提供这些无功功率有两条途径：一是由输电系统提供；二是由补偿电容器提供。如果由输电系统提供，则设计输电系统时，既要考虑有功功率，也要考虑无功功率。由输电系统传输无功功率，将造成输电线路及变压器损耗的增加，降低系统的经济效益。而由补偿电容器就地提供无功功率，就可以避免由输电系统传输无功功率，从而降低无功损耗，提高系统的传输功率。

无功功率是一种既不能做有功，但又会在电网中引起损耗，而且又是不能缺少的一种功率。在实际电力系统中，异步电动机作为传统的主要负荷使电网产生感性无功电流；电力电子装置大多数功率因数都很低，导致电网中出现大量的无功电流。无功电流产生无功功率，给电网带来额外负担且影响供电质量。因此，无功功率补偿（以下简称无功补偿）就成为保持电网高质量运行的一种主要手段之一，这也是当今电气自动化技术及电力系统研究领域所面临发展的一个重大课题，且正在受到越来越多的关注。

2. 无功补偿的补偿方式

无功补偿容量的配置应按“全面规划、合理布局、分级补偿、就地平衡”的原则进行。在电力系统中，除了在供电负荷中心集中装设大、中型电容器组以稳定电压质量之外，还应在用户的无功负荷附近装设中、小型电容器组进行就地补偿。

补偿方式按安装地点不同可分为集中补偿和分散补偿（包括分组补偿和个别补偿）；按投切方式不同分为固定补偿和自动补偿。

（1）集中补偿。集中补偿是把电容器组集中安装在变电站的一次侧或二次侧母线上，如图6-4所示。这种补偿方式，安装简便，运行可靠，利用率高，因此应用比较普遍。但必须装设自动控制设备，使之能随负荷的变化而自动投切，否则，可能会造成过补偿而破坏电压质量。

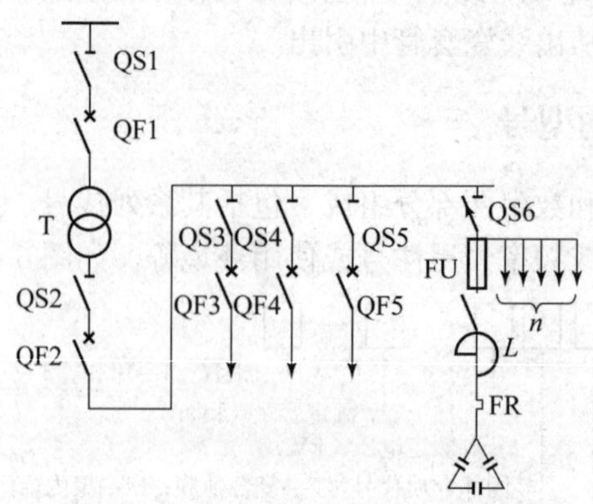

图6-4　电容器集中补偿接线

电容器接在变压器一次侧时，可使线路损耗降低，一次母线电压升高，但对变压器及其二次侧没有补偿作用，而且安装费用高；电容器安装在变压器二次侧时，能使变压器增加出力，并使二次侧电压升高，补偿范围扩大，安装、运行、维护费用低。

（2）分组补偿。分组补偿是将电容器组分组安装在各分配电室或各路出线上，它可与部分负荷的变动同时投入或切除。采用分组补偿时，补偿的无功功率不再通过主干线以上线路输送，从而降低配电变压器和主干线路上的无功损耗，因此分组补偿比集中补偿降损节电效益显著。这种补偿方式补偿范围更大、效果比较好，但设备投资较大、利用率不高，一般适用于补偿容量小、用电设备多而分散和部分补偿容量相当大的场所。

（3）个别补偿。个别补偿是把电容器直接装设在用电设备的同一电气回路中，与用电设备同时投切，如图6-5所示，用电设备消耗的无功功率能就地补偿、就地平衡无功电流，但电容器利用率低，一般适用于容量较大的高、低压电动机等用电设备的补偿。考虑无功补偿效益时，降损与调压相结合，以降损为主；容量配置上，采取集中补偿与分散补偿相结合，以分散补偿为主。

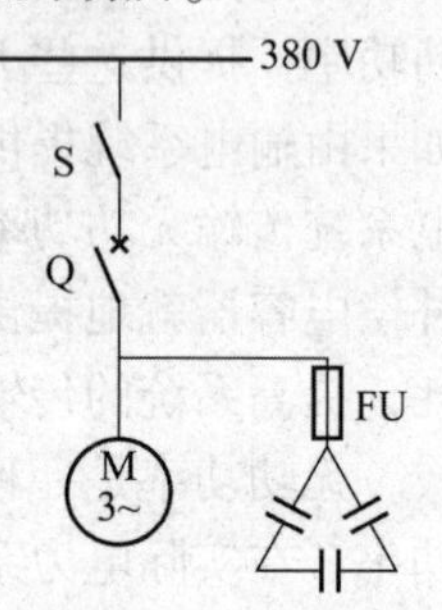

图6-5　电容器个别补偿接线

3. 电容补偿容量选择

电容器安装容量的选择，可根据使用目的的不同，按改善功率因数、提高运行电压和降低线路损耗等因素来确定，电力用户一般主要按提高功率因数来确定补偿容量。

（1）根据电容补偿原理图中的相量关系，可以求出无功补偿容量 Q_C 为

$$Q_C = P\tan\psi_1 - P\tan\psi_2 = P(\tan\psi_1 - \tan\psi_2) \tag{6-1}$$

式中　P——最大负荷月的平均有功功率（kW）；

Q_C——电容补偿容量（kvar）；

$\tan\psi_1$，tanyψ_2——补偿前后功率因数角的正切值；

对某些未运行的单位，在考虑无功补偿容量时，其计算式为

$$Q_C = aP_m(\tan\psi_1 - \tan\psi_2)\ (\text{kvar}) \tag{6-2}$$

式中　a——月平均有功负荷系数，一般在0.7～0.8范围内；

P_m——最大有功计算负荷（kW）。

（2）补偿容量也可计算为

$$Q_C = KP \tag{6-3}$$

式中　K——补偿率系数。对感应电动机进行个别补偿时，电容器容量的选择不应以负荷情况计算，而应以电动机空载电流来考虑，并根据其运行工况确定。

电力系统无功补偿（微课）

对于机械负荷惯性小的（如风机等），其补偿容量 $Q_C \approx 0.9Q_{C0}$（空载无功功率），对于机械负荷惯性较大的（如水泵等），其补偿容量为 $Q_C \approx (1.3 \sim 1.5) Q_{C0}$。

五、电容器的运行维护

1. 电容器相关参数的监控

（1）温度的监视：无厂家规定时，电容器的温度一般应为 -40 ~ +40 ℃，可在电容器外壳粘贴示温蜡片，方便监察。

运行中电容器温度异常升高的原因有：

①运行电压过高（介损大）；

②谐波的影响（容抗小电流大）；

③合闸涌流（频繁投切）；

④散热条件恶化。

（2）电压的监视：应在额定电压下运行，亦允许在1.05倍额定电压下运行，在1.1倍额定电压下运行不得超过4 h。

（3）电流的监视：应在额定电流下运行，亦允许在1.3倍额定电流下运行，电容器组三相电流差不应超过±5%。

2. 电容器的安装

（1）补偿电容器的搬运。

①若将电容器搬运到较远的地方，应装箱后再运。装箱时电容器的套管应向上直立放置。电容器之间及电容器与木箱之间应垫松软物。

②搬运电容器时，应用外壳两侧壁上所焊的吊环，严禁用双手抓电容器的套管搬运。

③在仓库及安装现场，不允许将一台电容器置于另一台电容器的外壳上。

（2）安装补偿电容器的环境要求。

①电容器应安装在无腐蚀性气体及无蒸汽、没有剧烈震动、冲击、爆炸、易燃等危险场所。电容器室的防火等级不低于二级。

②装于户外的电容器应防止日光直接照射。

③电容器室的环境温度应满足制造厂家规定的要求，一般规定为40 ℃。

④电容器室装设通风机时，进风口要开向本地区夏季的主要风向，出风口应安装在电容器组的上端。进、排风机宜在对角线位置安装。

⑤电容器室可采用天然采光，也可用人工照明，不需要装设采暖装置。

⑥高压电容器室的门应向外开。

（3）安装补偿电容器的技术要求。

①为了节省安装面积，高压电容器可以分层安装于铁架上，但垂直放置层数应不多于三层，层与层之间不得装设水平层间隔板，以保证散热良好。上、中、下三层电容器的安装位置要一致，铭牌向外。

②安装高压电容器的铁架成一排或两排布置，排与排之间应留有巡视检查的走道，走道宽度应不小于1.5 m。

③高压电容器组的铁架必须设置铁丝网遮栏，遮栏的网孔以3～4 cm^2 为宜。

④高压电容器外壳之间的距离，一般应不小于10 cm；低压电容器外壳之间的距离应不小于50 mm。

⑤高压电容器室内，上下层之间的净距不应小于0.2 m；下层电容器底部与地面的距离应不小于0.3 m。

⑥每台电容器与母线相连的接线应采用单独的软线，不要采用硬母线连接的方式，以免安装或运行过程中对瓷套管产生应力造成漏油或损坏。

⑦安装时，电气回路和接地部分的接触面要良好。因为电容器回路中的任何不良接触，均可能产生高频振荡电弧，造成电容器的工作电场强度增高和发热损坏。

3. 操作电容器时的注意事项

（1）正常情况下，全站停电操作，应先拉开电容器短路器，后拉各出线断路器；恢复送电时，顺序相反。

（2）事故情况下，全站停电后，必须将电容器的断路器拉开。

（3）并联电容器组断路器跳闸后，不准强送；熔丝熔断后，未查明原因前，不准更换熔丝送电。

（4）并联电容器组，禁止带电荷合闸；再次合闸时，必须在分闸3 min后进行。

（5）装有并联电阻的断路器不准使用手动操作机构进行合闸。

4. 电容器的安全运行

（1）电容器应在额定电压下运行。如暂时不可能，可允许在超过额定电压5%的范围内运行；当超过额定电压1.1倍时，只允许短期运行。但长时间出现过电压情况时，应设法消除。

（2）电容器应维持在三相平衡的额定电流下进行工作。如暂不可能，不允许在超过1.3倍额定电流下长期工作，以确保电容器的使用寿命。

（3）装置电容器组地点的环境温度不得超过+40 ℃，24 h内平均温度不得超过+30 ℃，一年内平均温度不得超过+20 ℃。电容器外壳温度不宜超过60 ℃。如发现超过上述要求时，应采用人工冷却，必要时将电容器组与网络断开。

5. 电容器的投入和退出

当功率因数低于0.85、电压偏低时应投入；当功率因数趋近于1且有超前趋势、电压偏高时应退出；发生下列故障之一时，应紧急退出：

①连接点严重过热甚至熔化；

②瓷套管闪络放电；

③外壳膨胀变形；

④电容器组或放电装置声音异常；

⑤电容器冒烟、起火或爆炸。

注意事项：

（1）电力电容器组在接通前应用兆欧表检查放电网络。

（2）接通和断开电容器组时，必须考虑以下几点：

①当汇流排（母线）上的电压超过 1.1 倍额定电压最大允许值时，禁止将电容器组接入电网。

②在电容器组自电网断开后 1 min 内不得重新接入，但自动重复接入情况除外。

③在接通和断开电容器组时，要选用不能产生危险过电压的断路器，并且断路器的额定电流不应低于 1.3 倍电容器组的额定电流。

④电容器室的温度超过 ±40 ℃范围时，电容器应停止运行。

6. 电容器运行中的故障处理

（1）当电容器喷油、爆炸着火时，应立即断开电源，并用砂子或干式灭火器灭火。

（2）电容器的断路器跳闸，而熔丝未熔断，针对此种情况，应对电容器放电 3 min 后，再检查断路器、电流互感器、电力电缆及电容器外部等情况。若未发现异常，则可能是由于外部故障或电压波动所致，可以试投，否则应进一步对保护做全面的通电试验。通过以上检查、试验，若仍找不出原因，则应拆开电容器组，并逐台进行检查试验。但在未查明原因之前，不得试投运。

（3）当电容器的熔丝熔断时，应向值班调度员汇报，取得同意后，在切断电源并对电容器放电后，先进行外部检查，如套管的外部有无闪络痕迹、外壳是否变形、漏油及接地装置有无短路等，然后用摇表摇测极间及极对地的绝缘电阻值。如未发现故障迹象，可换熔丝继续投入运行。如经送电后熔丝仍熔断，则应退出故障电容器。

处理故障电容器应注意的安全事项：处理故障电容器时应先断开电容器的断路器，拉开断路器两侧的隔离开关，由于电容器组经放电电阻（放电变压器或放电 PT）放电后，可能部分残存电荷一时放不尽，仍应进行一次人工放电。放电时先将接地线接地端接好，再用接地棒多次对电容器放电，直至无放电火花及放电声为止。尽管如此，在接触故障电容器之前，还应戴上绝缘手套，先用短路线将故障电容器两极短接，然后方动手拆卸和更换。

并联电容器的运行操作（视频文件）

并联电容器的维护及检修（视频文件）

【习题】

电容器认识（交互习题）

并联电容器原理及作用（交互习题）

其他电容器原理及作用（交互习题）

电容器巡查（交互习题）

任务二　电抗器运行维护

【任务描述】 本任务需在了解电抗器的作用、分类后，分析电抗器正常工作现象，更换、维护电抗器。

【教学目标】

知识目标：掌握电抗器的作用、分类；

技能目标：能掌握不同类型电抗器的工作原理，正确使用电抗器。

【任务实施】 ①阅读资料，查找各类电抗器的实际应用场景；②分析电抗器在电路中的作用；③掌握电抗器的正确使用；④完成测试习题。

【知识链接】 电抗器的作用；并联电抗器。

一、电抗器的分类和作用

电气回路的主要组成部分有电阻、电容和电感，电感具有抑制电流变化的作用，并能使交流电移相。把具有电感作用的绕线式的静止感应装置称为电抗器。

电力系统中所采取的电抗器，常见的有串联电抗器和并联电抗器。串联电抗器主要用来限制短路电流，也有在滤波器中与电容器串联或并联后用来限制电网中的高次谐波。电抗器在实际使用中要根据不同情况进行分类。

（1）按相数分，可分为单相和三相电抗器。

（2）按冷却装置种类分，可分为干式电抗器和油浸电抗器。

（3）按结构特征分，可分为空心式电抗器、铁芯式电抗器。

（4）按安装地点分，可分为户内式电抗器和户外式电抗器。

（5）按用途分，可分为并联电抗器、限流电抗器、滤波电抗器、消弧电抗器、通信电抗器等。

①并联电抗器，一般接在超高压输电线路的末端和地之间，起无功补偿作用。

②限流电抗器，串联于电力电路中，以限制短路电流的数值。

③滤波电抗器，用于整流电路中减少直流电流上纹波的幅值，也可与电容器构成对某种频率能发生共振的电路，以消除电力电路某次谐波的电压或电流。

④消弧电抗器，又称消弧线圈，接在三相变压器的中性点和地之间，用以在三相电网的一相接地时供给电感性电流，补偿流过中性点的电容性电流，使电弧不易持续起燃，从而消除由于电弧多次重燃引起的过电压。

⑤通信电抗器，又称阻波器，串联在兼作通信线路用的输电线路中，用来阻挡载波信号，使之进入接收设备，以完成通信的作用。

认识电抗器（视频文件）

⑥电炉电抗器，和电炉变压器串联，用来限制变压器的短路电流。

⑦启动电抗器，和电动机串联，用来限制电动机的启动电流。

如图 6-6 所示为常见的电抗器外形。

LKGK(L)系列干式空心滤波电抗器

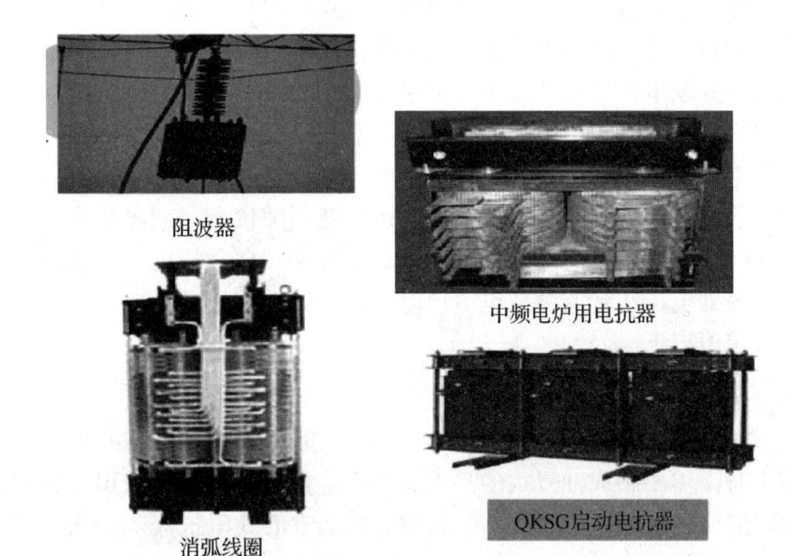

图 6 - 6　常见电抗器

二、 并联电抗器

1. 并联电抗器型号

并联电抗器型号表示和含义如下：

1—2/3

1—产品型号字母；

2—额定容量（kvar）；

3—电压等级（kV）。

2. 并联电抗器的作用

并联电抗器并联接在高压母线或高压输电线路上。它是一个带间隙铁芯（或空芯）的线性电感线圈，它的铁芯和线圈浸泡在盛有变压器的油箱中。因此，它是采用油冷却的、外形似变压器的油浸电抗器。

（1）中压并联电抗器一般并联接于大型发电厂或 110 ~ 500 kV 变电站的 6 ~ 63 kV 母线上，用来吸收电缆线路的充容性无功功率。通过调整并联电抗器的数量，向电网提供可阶梯调节的感性无功功率，补偿电网剩余的容性无功功率，调整运行电压，保证电压稳定在允许范围内。

并联电抗器经断路器、隔离开关接入线路，其投资大，但运行方式灵活。

（2）超高压并联电抗器一般并联接于 330 kV 及以上的超高压线路上，其主要作用如下：

①降低工频过电压。装设并联电抗器吸收线路的充电功率，防止超高压线路空载或轻负荷运行时，线路的充电功率造成线路末端电压升高。

②降低操作过电压。装设并联电抗器可限制由于突然甩负荷或接地故障引起的过电压，避免危及系统的绝缘。

③避免发电机带长线出现的自励磁谐振现象。

④有利于单相自动重合闸。并联电抗器与中性点小电抗配合，有利于超高压长距离输电线路单相重合闸过程中故障相的消弧，从而提高单相重合闸的成功率。

总之，超高压并联电抗器对于改善电力系统无功功率的有关运行状况、降低系统绝缘水平和系统故障率、提高运行可靠性，均有重要意义。

超高压并联电抗器可只经隔离开关接入线路，其投资较小，但电抗器故障需退出时会使线路短时停电。更好的方式是将电抗器经一组火花间隙接入（间隙应能耐受一定的工频电压，例如 1.35 倍相电压），并使它与一个断路器并接。正常情况下，断路器断开，电抗器退出运行；当该处电压达到间隙放电电压时，断路器动作接通，电抗器自动投入，工频电压随即降至额定值以下。

3. 并联电抗器的结构

（1）空心式电抗器。空心式电抗器只有绕组，没有铁芯。空心式电抗器多数是干式的，当电抗较大时，需要制成油浸式的。干式空心电抗器的绕组可采用包封式，也可用电缆绕制后用水泥浇注的水泥空心电抗器。包封绕组的空心式电抗器若能选用耐户外气候条件的绝缘材料，就可用于户外。干式空心电抗器如图 6－7 所示。

图 6－7　干式空心电抗器

（2）铁芯式电抗器。该电抗器芯柱由铁芯饼和气隙垫块组成。铁芯饼为辐射形叠片结构，铁芯饼与铁轭由压紧装置通过非磁性材料制成的螺杆拉紧，形成一个整体。由于铁芯采用了强有力的压紧和减振措施，整体性能好、振动及噪声小、损耗低、无局部过热。油箱为钟罩式结构，便于用户维护和检修。油箱为圆形或多边形，强度高、振动小、结构紧凑，单相并联电抗器的油箱和铁芯间设有防止器身在运输过程中发生位移的强力定位装置。油箱壁设有磁屏蔽，降低了漏磁在箱壁产生的损耗，消除了箱壁的局部过热。干式铁芯电抗器如图 6－8 所示。

图 6－8　干式铁芯电抗器

（3）干式半心电抗器。干式半心电抗器在绕组中放入了由高导磁材料做成的芯柱，磁路中磁导率大大增加，与空心式电抗器相比较，在同等容量下，绕组直径大幅度缩小、导线用量大大减少、损耗大幅度降低。绕组选用小截面圆导线多股平行绕制，涡流损耗和漏磁损耗明显减小，其绝缘强度高、散热性好，具有很好的整体性、机械强度高、耐受短时电流的冲击能力强，能满足动、热稳定的要求。采用机械强度高的铝质的星形接线架，涡流损耗小，可以满足对绕组分数匝的要求。所有的导线引出线全部焊接在星形接线臂上，不用螺钉连接，提高了运行的可靠性。其铁芯结构为多层绕组并联的筒形结构，形状十分简单。铁芯柱经整体真空环氧浇注成型后密实而整体性很好，运行时振动极小，噪声很低，能耐受户外恶劣的气候条件，不受任何环境条件的限制。电抗器的工作寿命期可长达30年之久。因此，干式半心并联电抗器是干式空心并联电抗器的替代品。干式半心电抗器如图6－9所示。

图6－9　干式半心电抗器

三、 限流电抗器

1. 限流电抗器的作用

限流电抗器是电阻很小的电感线圈，无铁芯，使用时串接于电路中，目的是限制短路电流，以便采用轻型电气设备和截面较小的载流体。限流电抗器的参数有额定电压、额定电流和电抗百分比，而电抗百分比间接反应电抗值的大小，实用中该值不能过大，否则会影响用户的电能质量，但也不能过小，否则会减弱限制短路电流的效果。电抗器按安装地点和作用可分为线路电抗器、母线电抗器、变压器回路电抗器。

（1）线路电抗器。为了使出线能选用轻型断路器以及减小馈线电缆的截面，将线路电抗器串接在电缆馈线上。当线路电抗器后面发生短路时，不仅限制了短路电流，还能维持较高的母线剩余电压，提高了供电的可靠性。由于电缆的电抗值较小且有分布电容，即使短路发生在电缆末端，也会产生和母线短路差不多大小的短路电流。

（2）母线电抗器。母线电抗器串接在发电机电压母线的分段处或主变压器的低压侧，用来限制厂内、外短路时的短路电流，也称为母线分段电抗器。当线路上或一段母线上发生短路时，它能限制另一段母线提供的短路电流。若能满足要求，可省去在每条线路上装设电抗器，以节省工程投资。但它限制短路电流的效果较小。

（3）变压器回路电抗器。安装在变压器回路中，用于限制短路电流，以使变压器回路能选用轻型断路器。

2. 限流电抗器的结构类型

限流电抗器按结构形式可分为混凝土柱式限流电抗器和干式空心限流电抗器，各有普通电抗器和分裂电抗器两类。

（1）混凝土柱式限流电抗器。在电压为6～10 kV的屋内配电装置中，我国广泛采用混凝土柱式限流电抗器（又称水泥电抗器）。它由绕组、水泥支柱及支柱绝缘子构成，如图6－10所示。

绕组由纱包纸绝缘的多芯铝线在同一平面上绕成螺线形的饼式线圈叠在一起构成。为了避免磁路饱和，使电感值保持不变，采用没有铁芯的空心电感绕组。在沿绕组圆周位置均匀对称的地方设有支架，在支架上浇注水泥成为水泥支柱，作为电抗器的骨架，并把绕组固定在骨架上。浇注成型后再放入真空罐中干燥，因水泥的吸湿性很大，所以，干燥后需涂漆，以防止水分浸入水泥中。

水泥电抗器具有结构较简单、运行安全、可靠性高、电抗值线性度好、维护简单、不易燃、价格比较便宜等优点。其主要缺点是尺寸大、笨重。

(2) 干式空心限流电抗器。其绕组采用多根并联小导线多股并行绕制，匝间绝缘强度高，损耗比水泥电抗器低得多；采用环氧树脂浸透的玻璃纤维包封，整体高温固化，整体性强、质量轻、噪声低、机械强度高、可承受大短路电流的冲击；绕组层间有通风道，对流自然冷却性能好，由于电流均匀分布在各层，动、热稳定性高；电抗器外表面涂以特殊的抗紫外线老化的耐气候树脂涂料，能承受户外恶劣的气象条件，可在户内、户外使用。

图 6－10　水泥电抗器结构

1—绕组；2—水泥支柱；3，4—支柱绝缘子

(3) 分裂电抗器。为了限制短路电流和使母线有较高的残压，要求电抗器有较大的电抗，而为了减少正常运行时电抗器中的电压和功率损失，要求电抗器有较小的电抗。这是一个矛盾，采用分裂电抗器有助于解决这一矛盾。

分裂电抗器在构造上与普通电抗器相似，但其每相绕组有中间抽头，一般中间抽头接电源侧，两端头接负载侧。前者小、后者大。

分裂电抗器在结构上与普通电抗器相似，只是在绕组中心有一个抽头，绕组形成两个分支，其额定电流、自感抗相等。一般中间抽头用来连接电源，两个分支连接两组大致相等的负载。由于两分支有磁耦合，故正常运行和其中一个分支短路时，表现不同的电抗值。

若分裂电抗器与普通电抗器的电抗值相等，则两者在短路时的限流作用相同，但正常运行时，分裂电抗器的电压损失只有普通电抗器的一半，而且比普通电抗器多供一倍数目的出线，从而减少了电抗器数量，减少了设备投资和占地面积，因而被广泛应用。

四、 串联电抗器

串联电抗器在电路中可以起到限制短路电流的作用。在大容量的发电厂和电力系统中，短路电流可能达到很大的数值，以致必须选用重型设备，甚至无法选用设备。当系统中采用了限流电抗器后，使短路电流减小，从而可选用轻型设备和截面较小的母线和电缆。

串联电抗器整体结构介绍（视频文件）

串联电抗器可以保持母线具有较高的残余电压。当母线与母线之间、母线的出线上装有限流电抗器时，若相邻母线或母线出线的电抗器线路侧发生短路，则非故障母线上保持一定的残余电压，使非故障母线上的设备仍能运行，从而提高了系统运行的稳定性。

五、 电抗器的使用知识

1. 电抗器的布置和安装

线路电抗器的额定电流较小，通常都作垂直布置。各电抗器之间及电抗器与地之间用

支柱绝缘子绝缘。中间一相电抗器的绕线方向与上下两边的绕线方向相反，这样在上中或中下两相短路时，电抗器间的作用力为吸引力，不易使支柱绝缘子断裂。母线电抗器的额定电流较大，尺寸也较大，可作水平布置或品字形布置。

2. 电抗器的运行维护

电抗器在正常运行中的检查：接头应接触良好无发热；周围应整洁无杂物；支柱绝缘子应清洁并安装牢固，水泥支柱无破碎；垂直布置的电抗器应无倾斜；电抗器绕组应无变形；无放电声及焦臭味。

电抗器的运行维护
（视频文件）

【练习与思考】

6－1　电力电容器有哪些用途？并联电容器可以采用哪些补偿方式？

6－2　某工厂最大负荷月的平均有功功率为 300 kW，功率因数 $\cos\varphi=0.7$，现在要将功率因数提高到 $\cos\varphi=0.9$，需要装设电容器组的总容量是多少？

6－3　电抗器有哪些种类？各有何用途？

6－4　在电容器组中串联电抗器有何作用？

6－5　限流电抗器有何用途？什么是线路电抗器和母线电抗器？各有何作用？

6－6　电抗器的布置有何规定？

电抗器铭牌的认识（交互习题）

电抗器类型及结构（交互习题）

电抗器巡查（交互习题）

项目七

电气主接线

项目场景

图7－1是某发电厂的电气主接线图，电气运维人员需要熟悉此电气主接线图，并能对发电厂进行运维。要想读懂这幅电气主接线图，首先应学习电气主接线的类型及特点。通过本项目的学习，学生可掌握电气主接线的基本要求、类型及特点；能识读发电厂变电站电气主接线图、厂用电图、站用电图；能对电气主接线、厂用电、站用电进行初步设计。

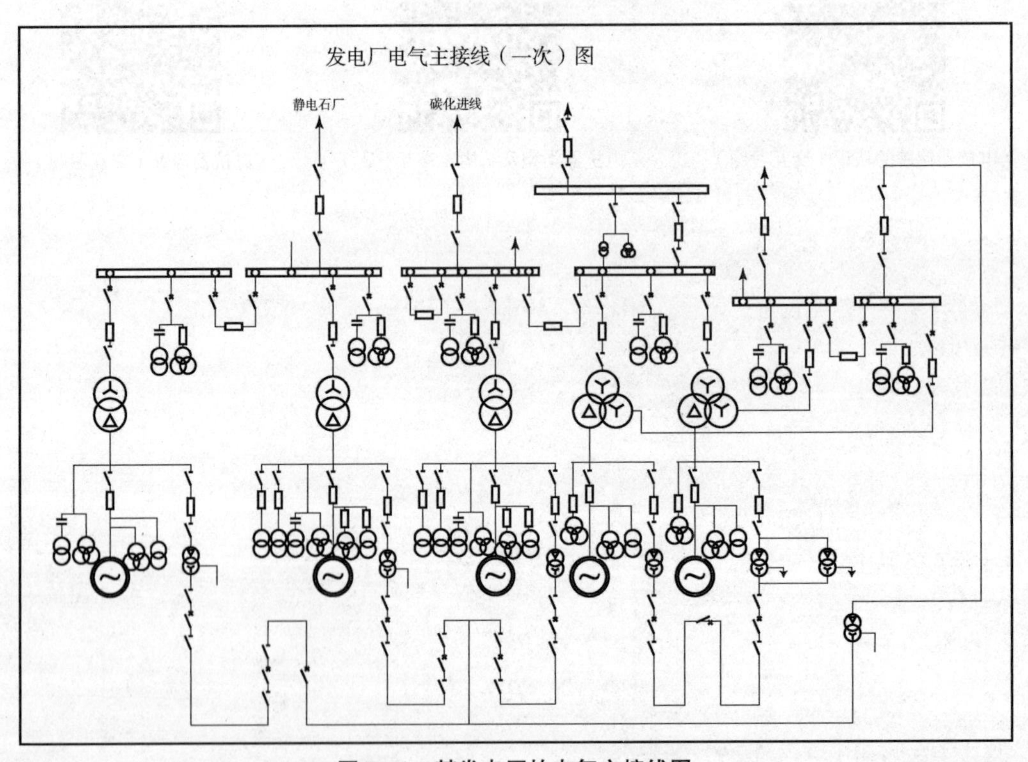

图7－1　某发电厂的电气主接线图

相关知识和技能

①掌握电气主接线的基本要求、类型及特点；②识读发电厂变电站电气主接线图、厂

用电图、站用电图；③对电气主接线、厂用电、站用电进行初步设计。

任务一　电气主接线的类型及特点

【任务描述】 通过本任务的学习，学生可掌握电气主接线的基本要求、类型；了解双母线接线的类型及特点；能识读单母线不分段接线、单母线分段接线及单母线分段带旁路母线接线的电气主接线图。

【教学目标】

知识目标：掌握发电厂变电站电气图纸的识读方法；

技能目标：能合理选用接线形式。

【任务实施】 ①课前预习电气主接线的类型及特点；②课中分析各类电气主接线的特点及应用场合；③课后归纳总结，并做相应测试，根据测试情况回看相关素材。

【知识链接】 单母线接线、双母线接线、无母线接线。

当我们走进发电厂的集控室或变电站的主控室，会在控制室的墙上看到电气主接线图，在监控主机、五防模拟机上也可以看到电气主接线图。那么什么是电气主接线呢？

子任务一　初识电气主接线

一、电气主接线的定义

电气主接线是指用规定的文字和图形符号，将发电厂和变电站中的一次设备按实际运行原理排列和连接起来，详细地表示电气设备的基本组成和连接关系的单线接线图。

什么是电气主接线（微课）

从主接线中我们可以看出设备的数量。如在电气主接线图7－2中可以看出有5台断路器，10台隔离开关。

从主接线图中我们还可以看出设备间的连接方式以及与电力系统的连接情况。如在电气主接线图7－2中，我们可以看出两路电源进线经隔离开关、断路器、隔离开关将电能送至母线，采用放射式接线形式由母线经隔离开关、断路器、隔离开关送至WL1、WL2、WL3线路。

电气主接线图一般画成单线图。也就是说用单相接线表示三相交流系统。如在图7－2中，1路电源进线，我们用一根线来表示，实际它代表的是1路三相交流电，如果是三相三线制系统，那么这一根线代表的就是1路A、B、C三相交流电。

但对三相接线不完全相同的局部（如各相电流互感器的配备情况不同）则画成三线图，在电气主接线的全图中，还应将互感器、避雷器、中性点设备等也表示出来，并注明各个设备的型号与规格。

二、电气主接线的作用

电气主接线代表了发电厂和变电站电气部分的主体结构，起着汇集电能和分配电能的作用，是电力系统网络结构的重要组成部分。

电气主接线中一次设备的数量、类型、电压等级、设备之间的相互连接方式，以及与电力系统的连接情况，反映出该发电厂或变电站的规模和在电力系统中的地位。

电气主接线是电气运行人员进行各种操作和事故处理的重要依据之一。在发电厂、变电站的主控制室内，通常设有电气主接线的模拟图，以表明主接线的实际运行状况。运行时，模拟图中各种电气设备所显示的工作状态与实际运行状态相一致。每次操作完成后，模拟图上的有关部分相应地更改成与操作后的运行情况相符合的状态，以便运行人员随时了解设备的运行状态。

电气主接线形式对电气设备选择、配电装置布置、继电保护与自动装置的配置起着决定性的作用，也将直接影响系统运行的可靠性、灵活性、经济性。

三、 电气主接线的要求

电气主接线的要求是可靠、灵活、经济。

1. 可靠性

可靠性是指供电的连续可靠程度，是电力正常生产的先决条件。衡量主接线的可靠性可从以下几个方面分析：

(1) 断路器检修时是否影响供电。

(2) 设备和线路故障或检修时，停电线路数目的多少和停电时间的长短，以及能否保证对重要用户的供电。

(3) 有没有使发电厂和变电站全部停止工作的可能性等。

现在，不仅可以定性分析电气主接线的可靠性，而且可以对电气主接线进行定量的可靠性计算。

2. 灵活性

电气主接线的灵活性主要体现在正常运行或故障情况下都能迅速改变接线方式，具体情况如下：

(1) 调度灵活、操作方便。应根据系统正常运行的需要，方便、灵活地切除或投入线路、变压器或无功补偿装置等，使电力系统处于最经济、最安全的运行状态。

(2) 检修灵活。应能方便地停运线路、变压器、开关设备等，进行安全检修或更换。复杂的接线不仅不便于操作，往往还会造成运行人员误操作而发生事故。但接线过于简单，既不能满足运行方式的需要，又会给运行造成不便，或造成不必要的停电。

(3) 扩建灵活。一般发电厂和变电站都是分期建设的。从初期接线到最终接线的形成，中间要经过多次扩建。电气主接线设计要考虑接线过渡过程中停电范围最少，停电时间最短，一次、二次设备接线的改动最少，设备的搬迁最少或不进行设备搬迁。

(4) 事故处理灵活。变电站内部或系统发生故障后，能迅速地隔离故障部分，尽快恢复供电，保障电网的安全稳定！

3. 经济性

电气主接线在保证安全可靠、操作方便的基础上，尽可能地减少与接线方式有关的投资，使发电厂和变电所尽快发挥经济效益。

(1) 投资省。采用简单的接线方式，少用设备，以节省设备上的投资。在投产初期回路数较少时，更有条件采用设备用量较少的简化接线。另外，也可以适当限制短路电流，以便选择轻型电器。

（2）年运行费用小。年运行费用包括电能损耗费、折旧费，以及大、小修费用等。应合理地选择设备形式和额定参数，结合工程情况做到恰到好处，避免以大代小、以高代低的现象。

（3）占地面积小。

四、电气主接线的类型

典型的电气主接线，可分为有母线和无母线两类。有母线类主要包括单母线接线、双母线接线、3/2 接线。单母线接线有单母线不分段接线、单母线分段接线、单母线分段带旁路母线接线三种，双母线接线有双母线不分段接线、双母线分段接线、双母线带旁路母线接线三种。无母线类主要包括桥形接线、单元接线和多角形接线。

【习题】

初识电气主接线（交互习题）

子任务二　单母线不分段接线

当进线和出线回路数不止一回时，为了适应负荷变化和设备检修的需要，使每一回路引出线均能从任一电源取得电能，或任一电源被切除时，仍能保证供电，在引出回路与电源回路之间，用母线连接。单母线不分段接线如图 7－2 所示。

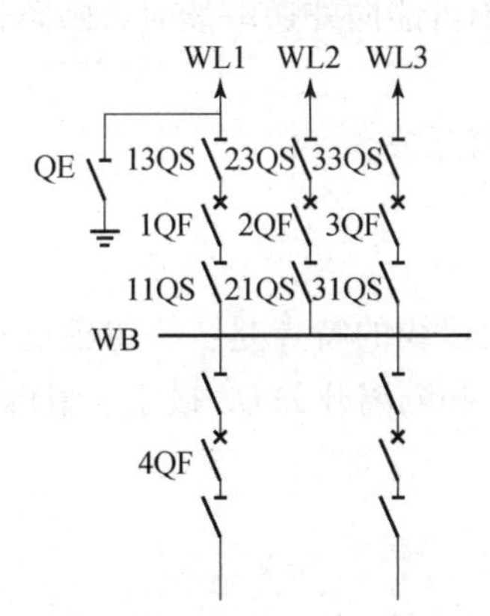

图 7－2　单母线不分段接线

单母线不分段接线讲解（视频文件）

一、单母线不分段接线的组成

（1）引出线，简称出线，如 WL1、WL2、WL3。

（2）电源（也称进线），供电电源在发电厂是发电机或变压器，在变电所是变压器或高压进线。

（3）母线 WB，又称汇流排，是引出线和电源间的中间环节，它把每一引出线和每一电源纵向连接起来，使每一引出线都能从每一电源得到电能，起着汇集和分配电能的作用。

各出线在母线上的布置应尽可能使负荷均衡分配于母线上，以减小母线中的功率传输。

（4）断路器 QF，每一电源和出线回路都装有断路器 QF，在正常运行情况下接通或断开电路，故障情况下自动切断故障电流。

（5）断路器两侧装有隔离开关，用于停电检修断路器时作为明显断开点以隔离电压。靠近母线侧的隔离开关叫母线侧隔离开关，如 11QS；靠近引出线侧的隔离开关叫线路侧隔离开关，如 13QS。

（6）接地开关 QE，它的作用是在检修线路时闭合，以代替安全接地线。

接地开关要如何配置呢？

当电压在 110 kV 及以上时，断路器两侧的隔离开关或线路隔离开关的线路侧均应配置接地开关。

对 35 kV 及以上的母线，在每段母线上应设置 1～2 组接地开关或接地器，以保证电器和母线检修时的安全。

（7）隔离开关的编号。

①在主接线安全设备中，隔离开关编号的前几位与该支路断路器编号相同。如 WL1 线路上，隔离开关和断路器编号第一位都是 1。

②线路侧隔离开关编号尾数为 3。

③母线侧隔离开关编号尾数为 1。

④双母线时母线侧隔离开关的编号尾数用 1 和 2。

（8）每条回路上母线侧隔离开关、断路器、线路侧隔离开关的标配情况：

①在电源回路中，若断路器断开之后，电源不可能向外送电能时，断路器与电源之间可以不装隔离开关，如发电机出口。

②若线路对侧无电源，则线路侧可不装设隔离开关。

二、 单母线不分段接线的特点

从主接线图 7－2 中可以看到，单母线不分段接线的特点是：一组独立母线；一路或两路电源供电；每一回线路均经过一台断路器 QF 和隔离开关 QS 接于一组母线上。

三、 单母线不分段接线的典型操作

1. 线路停电操作

以 WL1 线路停电为例，操作步骤是：断开 1QF 断路器，检查 1QF 确实断开后断开 13QS 隔离开关，断开 11QS 隔离开关。

停电时先断开断路器后断开隔离开关，其原因是断路器有灭弧能力而隔离开关没有灭弧能力，必须用断路器来切断负荷电流，若直接用隔离开关来切断电路，则会产生电弧造成短路。停电操作时隔离开关的操作顺序是：先断开线路侧隔离开关 13QS，后断开母线侧隔离开关 11QS。这是因为：如果在断路器未断开的情况下，先拉开了线路侧隔离开关

13QS，即带负荷拉隔离开关，此时虽然会发生电弧短路，但由于故障点仍在线路侧，继电保护装置将跳开 1QF 断路器，切除故障，这样只影响到本线路，对其他回路设备（母线）运行影响甚少。若先断开母线侧隔离开关 11QS 后断开线路侧隔离开关 13QS，则故障点在母线侧，继电保护装置将跳开与母线相连接的所有电源侧开关，导致全部停电，扩大事故影响范围。

2. 线路送电操作

以 WL1 线路送电为例，操作步骤是：检查 1QF 确实断开，合上 11QS 隔离开关，合上 13QS 隔离开关，合上 1QF 断路器。

进行典型操作时一定要注意以下两点：

（1）该操作顺序必须严格遵守，否则将造成误操作而发生事故。

（2）为了防止误操作，除严格按照操作规程实行操作票制度外，还应在断路器与隔离开关之间加装闭锁装置。

四、 单母线不分段接线的优缺点

单母线不分段接线的优点是：接线简单清晰，设备少，操作方便，投资少，便于扩建。

单母线不分段接线的缺点是：在母线和母线隔离开关检修或故障时，各支路都必须停止工作。引出线的断路器检修时，该支路要停止供电。

五、 单母线不分段接线的适用范围

单母线不分段接线一般只用在出线 6～220 kV 系统中只有一台发电机或一台主变压器，且出线回路数又不多的中、小型发电厂和变电站。例如：

（1）6～10 kV 配电装置，出线回路数不超过 5 回。

（2）35～63 kV 配电装置，出线回路数不超过 3 回。

（3）110～220 kV 配电装置，出线回路数不超过 2 回。

【习题】

单母线不分段接线（交互习题）

子任务三　单母线分段接线

当引出线数目较多时，为提高供电可靠性和灵活性，根据电源的容量和数目，可用分段断路器将母线分为几段，一般为 2～3 段，称为单母线分段接线，单母线分段接线图如图 7－3 所示。

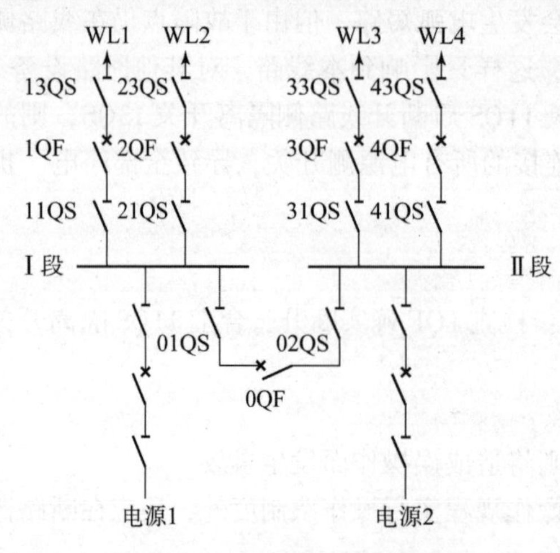

图7－3　单母线分段接线

单母线分段接线讲解（视频文件）

一、 单母线分段接线的运行方式

正常运行时，单母线分段接线有以下两种运行方式。

1. 分段断路器闭合运行

这种运行方式，正常运行时，分段断路器0QF闭合，两个电源分别接在两段母线上；两段母线上的负荷应均匀分配，以使两段母线上的电压均衡。在运行中，当任一段母线发生故障时，继电保护装置动作，跳开分段断路器和接至该母线段上的电源断路器，另一段则继续供电。有一个电源故障时，仍可以使同段母线都有电，可靠性比较好。但是线路故障时短路电流较大。

2. 分段断路器断开运行

这种运行方式，正常运行时分段断路器0QF断开，两段母线上的电压可不相同。每个电源只向接至本段母线上的引出线供电，当任一电源出现故障，接于该电源的母线停电，导致部分用户停电，为了解决这个问题，可以在0QF处装设备自投装置，或者重要用户可以从两段母线引接采用双回线路供电。分段断路器断开运行的优点是可以限制短路电流。

二、 单母线分段接线的优点

（1）当母线发生故障时，仅故障母线段停止工作，另一段母线仍继续工作。

（2）两段母线可看成是两个独立的电源，提高了供电可靠性，可对重要用户供电。

三、 单母线分段接线的缺点

（1）当一段母线故障或检修时，该段母线上的所有支路必须断开，停电范围较大。

（2）任一支路断路器检修时，该支路必须停电。

四、 单母线分段接线的适用范围

单母线分段接线与单母线不分段接线相比提高了供电可靠性和灵活性，但是，当电源容量较大、出线数目较多时，其缺点更加明显。因此，单母线分段接线用于：

(1) 电压为 6～10 kV 时，出线回路数为 6 回及以上，每段母线容量不超过 25 MW；否则，回路数过多，影响供电可靠性。

(2) 电压为 35～63 kV 时，出线回路数为 4～8 回为宜。

(3) 电压为 110～220 kV 时，出线回路数为 3～4 回为宜。

【习题】

单母线分段接线（交互习题）

子任务四　单母线分段带旁路母线接线

为克服单母线分段接线出线断路器检修时该回路必须停电的缺点，可采用增设旁路母线的方法。

在单母线分段带旁路母线接线图中，Ⅰ段、Ⅱ段母线为分段单母线，Ⅲ段母线为旁路母线。分段母线与旁路母线之间的断路器叫旁路断路器。单母线分段带旁路母线接线如图 7－4 所示。

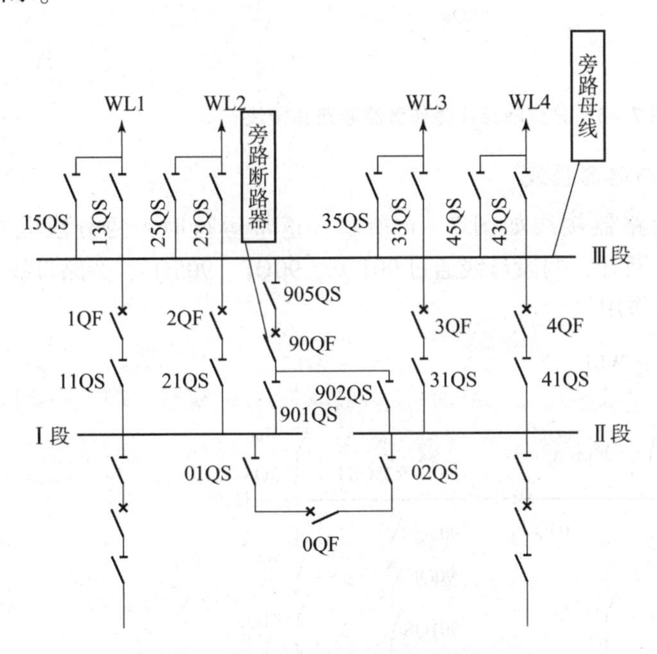

图 7－4　单母线分段带旁路母线接线

单母线分段带旁路母线接线（视频文件）

一、单母线分段带旁路母线接线的特点

旁路母线经旁路断路器 90QF 接至Ⅰ、Ⅱ段母线上。正常运行时，90QF 回路以及旁路母线处于冷备用状态。旁路母线的增设大大提高了供电可靠性。

当出线回路数不多时，旁路断路器利用率不高，可与分段断路器合用，并有以下两种接线形式。

1. 分段断路器兼作旁路断路器接线

分段断路器兼作旁路断路器接线如图 7－5 所示，从分段断路器 90QF 的隔离开关内侧引接联络隔离开关 905QS 和 906QS 至旁路母线，在分段工作母线之间再加两组串联的分段隔离开关 01QS 和 02QS。正常运行时，分段断路器 90QF 及其两侧隔离开关 901QS 和 902QS 处于接通位置，联络隔离开关 905QS 和 906QS 处于断开位置，分段隔离开关 01QS 和 02QS 中，一组断开，一组闭合，旁路母线不带电。

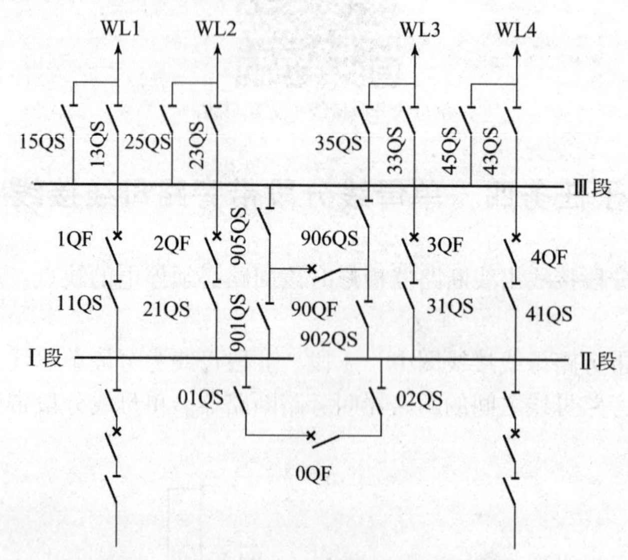

图 7－5　分段断路器兼作旁路断路器接线

2. 旁路断路器兼作分段断路器接线

旁路断路器兼作分段断路器接线如图 7－6 所示。正常运行时，两分段隔离开关 01QS、02QS 一个投入、一个断开，两段母线通过 901QS、90QF、905QS、旁路母线、03QS 相连接，90QF 起分段断路器作用。

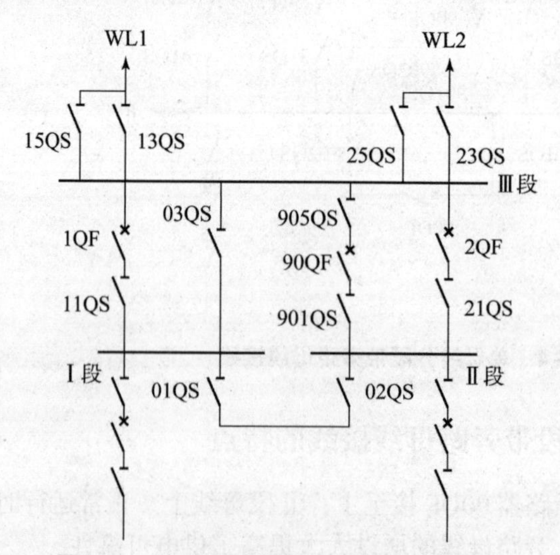

图 7－6　旁路断路器兼作分段断路器接线

因此，单母线分段带旁路接线与单母线分段接线相比，带来的最大优势就是出线断路器故障或检修时可以用旁路断路器代路送电，使线路不停电。

二、 单母线分段带旁路母线的典型操作

我们以检修线路 WL1 的断路器 1QF 时要求线路不停电为例。

操作顺序如下：

（1）检查 90QF 确已断开。为什么先要检查 90QF 确已断开呢？因为后面两步要操作隔离开关。如果 90QF 未断开，会造成带负荷操作隔离开关，有电弧产生。电弧是高温、强光的电离现象，容易造成弧光短路、电弧灼伤等事故。

（2）合上 901QS。

（3）合上 905QS。先合 901QS，后合 905QS 是为了避免 90QF 在合闸位置未被检出时，事故范围的扩大。

（4）合上 90QF，这时Ⅰ段母线经 901QS、90QF、905QS 使得旁路母线带电。

（5）检查旁路母线电压应正常。

（6）断开 90QF。

（7）合上 15QS。

（8）合上 90QF。为什么先断开 90QF，合上 15QS，再合上 90QF 呢？因为 15QS 隔离开关没有灭弧装置，不能带负荷操作。先断开 90QF，旁路母线不带电，合 15QS 时就不会造成带负荷操作隔离开关。合上 15QS 后再合 90QS，此时，Ⅰ段母线经 901QS、90QF、905QS 使得旁路母线带电，旁路母线再经 15QS 给 WL1 线路供电。

（9）检查 90QF 三相电流应平衡。

（10）断开 1QF。

（11）断开 13QS。

（12）断开 11QS。

然后按检修要求做好安全措施，即可对 1QF 进行检修，而整个过程 WL1 线路不停电。

倒闸操作必须按照操作票严格执行，不可跳项、漏项，否则将会造成事故。

检修线路 WL1 的断路器 1QF 时，要求线路不停电的操作步骤：首先使Ⅰ段母线给旁路母线供电，然后使旁路母线给 WL1 线路供电，最后切断Ⅰ段母线给 WL1 的供电线路。在填写操作票时，一定要注意隔离开关没有灭弧装置，不能带负荷操作。

三、 单母线分段带旁路母线接线的适用范围

单母线分段带旁路母线接线，主要用于电压为 6 ~ 10 kV 出线较多而且对重要负荷供电的装置中；35 kV 及以上有重要联络线或较多重要用户也可采用。

【习题】

单母线分段带旁路
母线接线（交互习题）

子任务五　双母线不分段接线

在双母线不分段接线图中，Ⅰ段、Ⅱ段母线是双母线，双母线可通过母线联络断路器互相供电。每组母线既可以由电源1供电，也可以由电源2供电。每一出线既可以由Ⅰ段母线供电，也可以由Ⅱ段母线供电，供电可靠性高。双母线不分段接线图如图7－7所示。

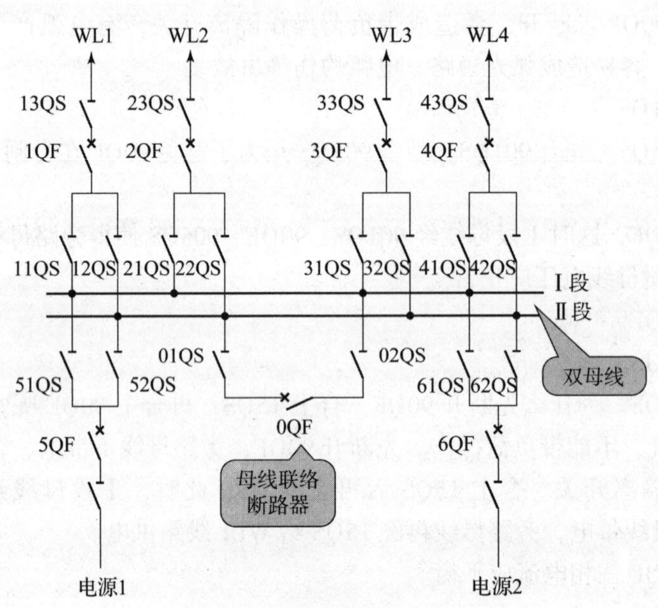

图7－7　双母线不分段接线

一、　双母线不分段接线的特点

两组母线（Ⅰ段和Ⅱ段）可互为备用；两组母线之间通过母线联络断路器（简称母联断路器）0QF连接；每一条出线回路和电源支路都经一台断路器与两组母线隔离开关分别接至两组母线上。

二、　双母线不分段接线的优缺点

当采用一组母线工作、一组母线备用方式运行时，需要检修工作母线，可将工作母线转换为备用状态后，便可进行母线停电检修工作。

检修任一母线侧隔离开关时，只影响该回路供电；工作母线发生故障后，所有回路短时停电并能迅速恢复供电；可利用母联断路器替代引出线断路器工作，使引出线断路器检修期间能继续向负荷供电。因此，双母线不分段接线可轮流检修母线而不影响正常供电，可靠性高。

各个电源和各回路负荷可以任意分配到某一组母线上，能灵活适应电力系统中各种运行方式调度和潮流变化的需要。通过操作可以组成以下运行方式。

1. 两组母线分列运行

母联断路器断开，进出线分别接在两组母线上，相当于单母线分段运行。

2. 明备用

母联断路器断开，一组母线运行，一组母线备用。

3. 两组母线并列运行

两组母线同时工作，母联断路器合上，两组母线并联运行，电源和负荷平均分配在两组母线上，这是双母线常采用的运行方式。

因此，双母线不分段接线的灵活性好。

向双母线的左右任一方向扩建，均不影响两组母线的电源和负荷的均匀分配，不会引起原有电路的停电。因此，双母线不分段接线便于扩建。

综上所述，双母线不分段接线的优点是可靠性高、灵活性高、便于扩建。它的缺点是检修出线断路器时该支路仍然会停电，设备较多，配电装置复杂，运行中需要用隔离开关切换电路，容易引起误操作，同时投资和占地面积也较大。

三、 双母线不分段接线的典型操作

1. Ⅰ母线运行转检修操作

如果正常运行方式为两组母线并联运行，WL1、WL3、5QF 接Ⅰ段母线，WL2、WL4、6QF 接Ⅱ段母线。其操作步骤如下：

确认 0QF 在合闸运行，取下 0QF 操作电源熔断器，合上 52QS，断开 51QS，合上 12QS，断开 11QS，合上 32QS，断开 31QS，投上 0QF 操作电源熔断器。然后断开 0QF，检查 0QF 确已断开，断开 01QS，断开 02QS，然后退出Ⅰ段母线电压互感器，按检修要求做好安全措施，即可对Ⅰ段母线进行检修，而整个过程没有任何回路停电。

在此过程中，操作隔离开关之前取下 0QF 操作电源熔断器，是为了使在操作过程中母线断路器不跳闸，确保所操作隔离开关两侧可靠等电位，因为如果在操作过程中母联断路器跳闸，则可能造成带负荷断开（合上）隔离开关，造成事故。

2. 工作母线运行转检修操作

如果正常运行方式为Ⅰ段母线为工作母线，Ⅱ段母线为备用母线。其操作步骤如下：

依次合上母联隔离开关 01QS 和 02QS，再合上母联断路器 0QF，用母联断路器向备用母线充电，检验备用母线是否完好。若备用母线存在短路故障，母联断路器立即跳闸；若备用母线完好时，合上母联断路器后不跳闸。

然后取下 0QF 操作电源隔离开关，合上 52QS，断开 51QS，合上 62QS，断开 61QS，合上 12QS，断开 11QS，合上 22QS，断开 21QS，合上 32QS，断开 31QS，合上 42QS，断开 41QS，投上 0QF 操作电源熔断器，由于母联断路器连接两套母线，所以依次合上、离开以上隔离开关只是转移电流，而不会产生电弧。

断开母联断路器 0QF，依次断开母联隔离开关 01QS 和 02QS。至此，Ⅱ段母线转换为工作母线，Ⅰ段母线转换为备用母线，在上述操作过程中，任一回路的工作均未受到影响。

3. 51QS 隔离开关检修

如果正常运行方式为两组母线并联运行，WL1、WL3、5QF 接Ⅰ段母线，WL2、WL4、

6QF 接Ⅱ段母线。其操作步骤如下：

只需将 WLI、WL3 线路倒换到Ⅱ段母线上运行，然后断开该回路和与此隔离开关相连接的Ⅰ段母线，并做好安全措施，该隔离开关就可以停电检修，具体操作步骤参考操作“Ⅰ母线运行转检修操作”。

4. WL1 线路断路器 1QF 拒动，利用母联断路器切断 WL1 线路

如果正常运行方式为两组母线并联运行。WL1、WL3、5QF 接 I 段母线，WL2、WL4、6QF 接Ⅱ段母线。其操作步骤如下：

首先利用倒母线的方式，将 WL3 回路和 5QF 回路开关从Ⅰ母线上倒到Ⅱ母线上运行，这时 WL1 线路、1QF、Ⅰ段母线、母联开关、Ⅱ段母线形成串联供电电路，然后断开母联断路器 0QF 切断电路，即可保证线路 WL1 可靠切断。具体操作步骤读者可以参考前面相关操作，并自己练习。

四、 双母线不分段接线的适用范围

由于双母线不分段接线具有较高的可靠性和灵活性，这种接线在大、中型发电厂和变电站中得到广泛的应用。一般用于引出线和电源较多、输送功率较大、要求可靠性和灵活性较高的场合。例如：

（1）电压为 6 ~ 10 kV 时短路容量大、有出线电抗器的装置。

（2）电压为 35 ~ 60 kV 时出线超过 8 回或电源较多、负荷较大的装置。

（3）电压为 110 ~ 220 kV 时出线为 5 回及以上或者在系统中居重要位置、出线为 4 回及以上的装置。

【习题】

双母线接线（交互习题）

子任务六　双母线分段接线

双母线分段接线有双母线三分段接线和双母线四分段接线两种。什么时候采用三分段接线？什么时候采用四分段接线？我们通过双母线分段的原则来学习和了解。

一、 双母线分段原则

（1）当 220 kV 进出线回路数为 10 ~ 14 回时，在一组母线上用断路器分段，称为双母线三分段接线。

（2）220 kV 进出线回路数为 15 回及以上时，两组母线均用断路器分段，称为双母线四分段接线。

（3）在 6 ~ 10 kV 进出线回路数较多或者母线上电源较多，输送的功率较大时，为了限制短路电流或系统解列运行的要求，选择轻型设备，提高接线的可靠性，常采用双母线

分段接线，并在分段处装设母线电抗器。

二、　双母线三分段接线

双母线三分段接线是指用分段断路器 0QF 将双母线中的一组母线分为两段，其接线图如图 7－8 所示，该接线有两种运行方式。

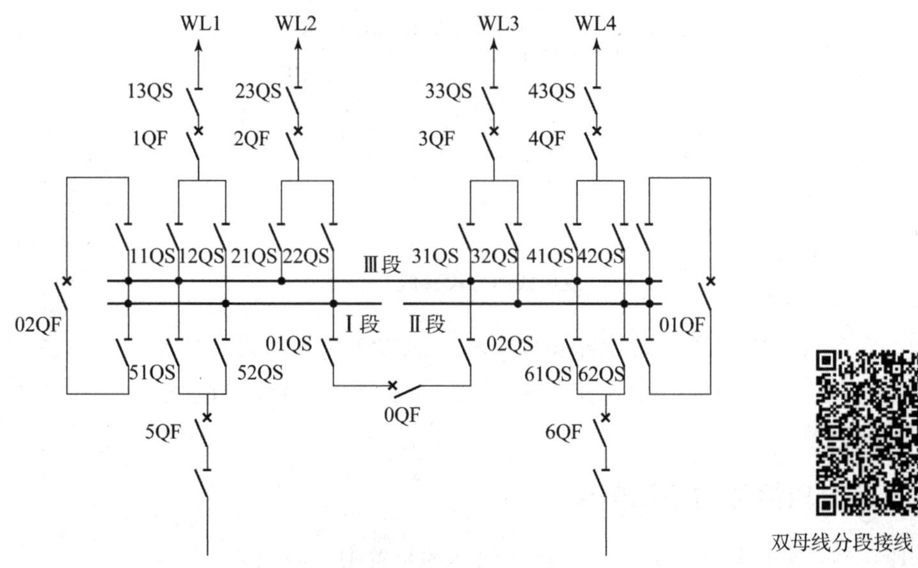

图 7－8　双母线三分段接线

双母线分段接线（视频文件）

双母线三分段接线的第一种运行方式是上面一组母线作为备用母线，下面两段分别经一台母联断路器与备用母线相连。正常运行时，电源和线路分别接于两个分段上，分段断路器合上，两台母联断路器均断开，相当于单母线分段运行。

这种方式具有单母线分段接线和双母线不分段接线的特点，比双母线不分段接线有更高的可靠性和灵活性。例如，当工作母线的任一段检修或故障时，可以把该段回路全部倒换到备用母线上，仍可通过母联断路器维持两部分并列运行，这时，如果再发生母线故障也只影响约 1/2 的电源和负荷。

双母线三分段接线的第二种运行方式是上面一组母线也作为一个工作母线，电源和负荷均分在三个分段上运行，母联断路器和分段断路器均合上，这种方式在一段母线故障时，停电范围约为 1/3。

三、　双母线四分段接线

双母线四分段接线是用分段断路器将双母线中的两组母线各分为两段，并设置两台母联断路器。双母线四分段接线图如图 7－9 所示。正常运行时，电源和线路均分在四段母线上，母联断路器和分段断路器均合上，四段母线同时运行。当任一段母线故障时，只有 1/4 的电源和负荷停电；当任一母联断路器或分段断路器故障时，只有 1/2 的电源和负荷停电。

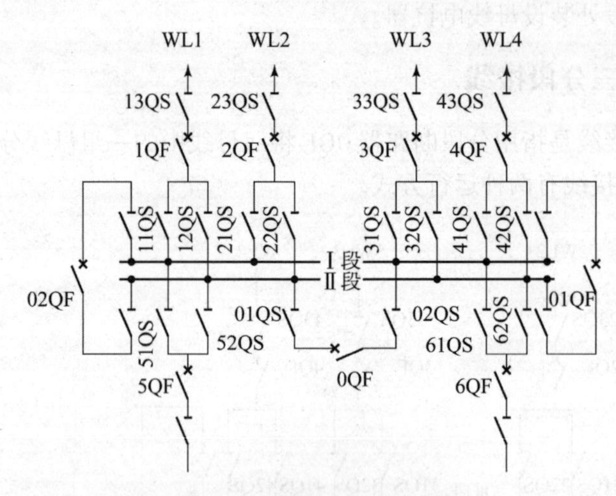

图 7－9　双母线四分段接线

双母线四分段接线具有很高的可靠性和灵活性，但投资较大。这种接线方式广泛应用于发电厂的发电机电压配电装置中。在 220～500 kV 大容量配电装置中也可采用这种接线方式。

四、　双母线分段接线的适用范围

双母线分段接线主要适用于大容量、进出线较多的装置中。例如：

（1）应用在电压为 220 kV、进出线为 10～14 回的装置中。

（2）应用在 6～10 kV 配电装置中，当进出线回路数或者母线上电源较多，输送的功率较大时，短路电流较大，为了限制短路电流，选择轻型设备、提高接线的可靠性，常采用双母线分段接线，并在分段处装设母线电抗器。

【习题】

双母线分段接线（交互习题）

子任务七　双母线带旁路母线接线

一、　双母线带旁路母线接线的特点

在接线图 7－10 中，我们可以看到，如果出线断路器 1QF 发生故障需要检修时，可以用旁路母线，经 23QS 给 WL1 供电，WL1 线路的供电不受影响。因此，双母线带旁路母线接线的第一个特点是旁路断路器可代替出线断路器工作，使出线断路器检修时，线路供电不受影响。

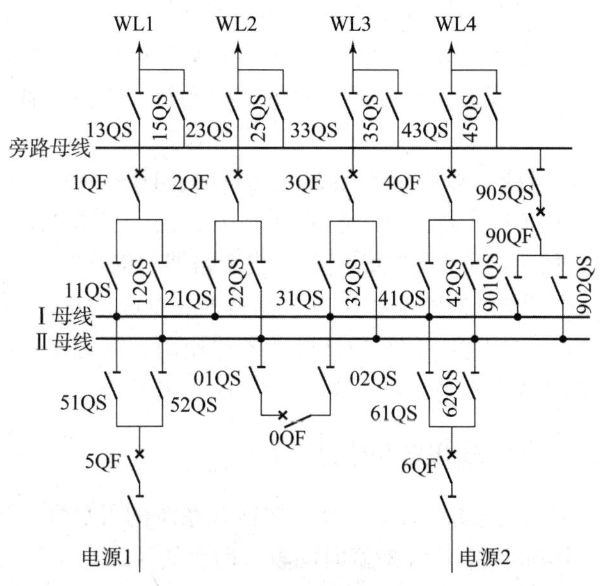

图7-10 双母线带旁路母线接线

双母线带旁路母线接线的第二个特点是双母线带旁路母线接线正常运行时多采用两组母线固定连接方式，即双母线同时运行的方式，此时母联断路器处于合闸位置，并要求某些出线和电源固定连接于Ⅰ段母线上，其余出线和电源连至Ⅱ段母线上。

两段母线固定连接回路的确定既要考虑供电可靠性，又要考虑负荷的平衡，尽量使母联断路器通过的电流很小。

双母线带旁路母线接线的第三个特点是双母线带旁路母线接线采用固定连接方式运行时，通常设有专用的母线差动保护装置。运行中，如果一段母线发生短路故障，则母线保护装置动作，跳开与该母线连接的出线、电源和母联断路器，维持未故障母线的正常运行。然后，可按操作规程的规定将与故障母线连接的出线和电源回路倒换到未故障母线上恢复送电。

双母线带旁路母线接线的第四个特点是用旁路断路器代替某出线断路器供电时，应将旁路断路器90QF与该出线对应的母线隔离开关合上，以维持原有的固定连接方式。

双母线带旁路母线接线的第五个特点是当出线数目不多，安装专用的旁路断路器利用率不高时，为了节省资金，可采用母联断路器兼作旁路断路器的接线，具体连接如图7-11（a）、（b）、（c）所示。

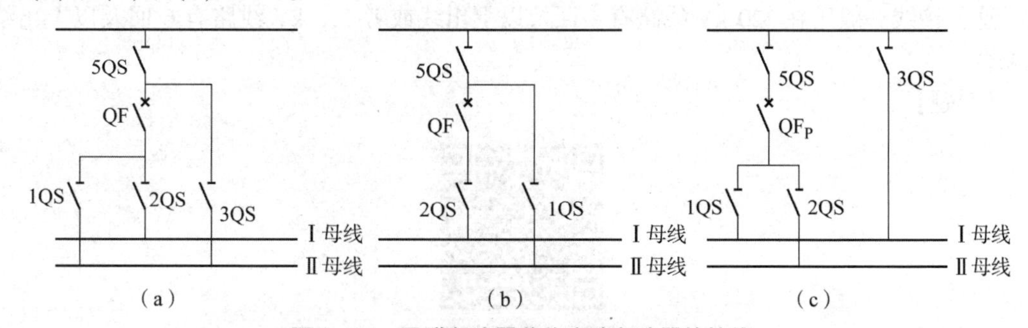

图7-11 母联断路器兼作旁路断路器的接线

（a）两组母线带旁路；（b）一组母线带旁路；（c）设有旁路跨条

图 7－11（a）所示接线，按固定连接方式运行时，2QS、3QS、QF 闭合，1QS、5QS 断开，旁路母线不带电，旁路断路器 QF 作为母联断路器运行；如果需要用 QF 代替出线断路器供电时，需先将双母线的运行方式改为单母线运行，再按操作规程完成用 QF 代替出线断路器的操作。

图 7－11（b）所示接线，按固定连接方式运行时，1QS、QF、2QS 闭合，5QS 断开，旁路母线不带电运行。用 QF 代替出线断路器供电时，需先将Ⅱ段母线倒换为备用母线，Ⅰ段母线为工作母线，然后再完成用 QF 代替出线断路器的操作。

图 7－11（c）所示接线，按固定连接方式运行时，2QS、QF_P、5QS、3QS 闭合，1QS 断开，旁路母线带电运行。用 QF_P 代替出线断路器供电时，需先将双母线的运行方式改为单母线运行，再按操作规程完成用 QF_P 代替出线断路器的操作。

二、 双母线带旁路母线接线的优缺点

（1）双母线带旁路母线接线，大大提高了主接线系统的可靠性。这一优点在电压等级高、线路较多时，一年中断路器累计检修时间较长时更为突出。

（2）母联断路器兼作旁路断路器的经济性比较好，但缺点是在代路过程中需要将双母线同时运行改为单母线运行，降低了可靠性。

三、 双母线带旁路母线接线的典型操作

操作任务：1QF 运行转检修，线路不停电。

正常运行方式：采用固定连接方式，1QF、2QF 接Ⅰ段母线，3QF、4QF 接Ⅱ段母线，90QF 回路以及旁路母线冷备用。

操作步骤：

（1）给旁路母线充电：检查 90QF 确实断开，合上 901QS，合上 905QS，合上 90QF，查旁路母线电压应正常。

（2）用旁路断路器给线路送电：断开 90QF，合上 15QS，合上 90QF，检查 90QF 三相电流平衡。

（3）断开 1QF，检查 1QF 确实断开，断开 13QS，断开 11QS，然后按检修要求做安全措施，即可对 1QF 进行检修。

四、 双母线带旁路母线接线的适用范围

这种接线一般用在 220 kV 线路有 4 回及以上出线或者 110 kV 线路有 6 回及以上出线的场合。

【习题】

双母线带旁路母线接线（交互习题）

子任务八　桥形接线

说到桥，你可能想到了“一桥飞架南北，天堑变通途”的武汉长江大桥、有数不清石狮子的石拱桥——卢沟桥、全球最长跨海大桥——港珠澳大桥，还有北盘江大桥、张家界大峡谷玻璃桥、朝天门大桥等名桥。我们今天要学的桥是电气主接线中的桥，桥形接线图如图 7 – 12 所示。

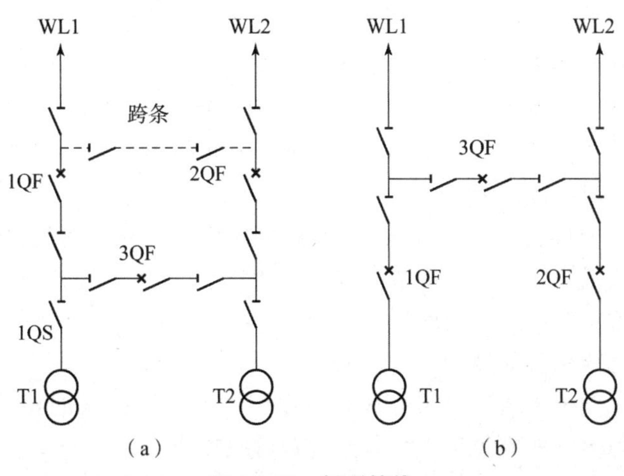

图 7 – 12　桥形接线

(a) 内桥接线；(b) 外桥接线

3QF 及两组隔离开关跨接在两路电源线之间，犹如一座桥梁，这便是桥形接线的得名。

什么是桥形接线（微课）

一、　桥形接线的分类

桥根据位置的不同，又有内桥和外桥之分。桥接在线路断路器的外侧且靠近变压器侧的称为内桥。桥接在线路断路器的外侧且靠近出线侧的称为外桥。内桥接线如图 7 – 12 (a) 所示，外桥接线如图 7 – 12 (b) 所示。

在实际应用中，为防止检修断路器时影响系统功率穿越，加设由两组隔离开关组成的外跨条。

当检修断路器 3QF 时，先将外跨条的隔离开关闭合，使 WL1 和 WL2 连通，再退出 3QF 进行检修。需要注意的是桥形接线正常运行时，三台断路器均闭合工作。

二、　内桥接线的特点

如果 WL1 线路发生故障，仅故障线路 WL1 的断路器 1QF 跳闸，其余回路可继续工作。因此内桥接线的特点之一是线路操作方便。

如果变压器 T1 检修或发生故障时，需断开 1QF、3QF，使未发生故障的线路 WL1 供电受到影响；需经倒闸操作拉开隔离开关 1QS，合上断路器 1QF，才能通过 T2 变压器、3QF、1QF 恢复 WL1 线路的供电。因此内桥接线的特点之二是正常运行时变压器操作复杂。

内桥接线的第三个特点是：桥回路故障或检修时，两个单元之间失去联系；出线断路器故障或检修时，造成该回路停电。

综上所述，内桥接线适用于两回进线、两回出线线路较长，故障可能性较大和变压器不需要经常切换运行方式的发电厂和变电站中。

三、 外桥接线的特点

如果变压器 T1 发生故障时，仅变压器 T1 回路的断路器 1QF 自动跳闸，其余回路可继续工作，并保持相互的联系。因此外桥接线的特点之一是：变压器操作方便。

如果线路 WL1 检修或故障时，需断开 1QF、3QF 两台断路器，并使该侧变压器 T1 停止运行；需经倒闸操作恢复变压器工作，造成变压器短时停电。因此外桥接线的特点之二是：线路投入与切除时，操作复杂。

外桥接线的第三个特点是：桥回路故障或检修时两个单元之间失去联系，出线侧线路器故障或检修时，造成该侧变压器停电。在实际接线中可采用设内跨条来解决这个问题。

综上所述，外桥接线适用于两回进线、两回出线且线路较短，故障可能性小和变压器需要经常切换，而且线路有穿越功率通过的发电厂和变电站中。

通过前面内桥、外桥接线的分析，我们可以归纳出桥形接线的特点：接线简单清晰，设备少，造价低，易于发展成为单母线分段或双母线接线。

为节省投资，在发电厂或变电站建设初期，可先采用桥形接线，并预留位置，随着发展逐步建成单母线分段或双母线接线。

桥形接线仅用于中、小容量发电厂和变电所的 35 ~ 110 kV 配电装置。

【习题】

桥形接线（交互习题）

子任务九　一台半断路器接线

电气接线按有无母线分为有汇流母线和无汇流母线两大类，有汇流母线的接线有单母线接线、双母线接线和一台半断路器接线三种。一台半断路器接线如图 7 – 13 所示。

一、 一台半断路器接线的得名

一台半断路器接线又称 3/2 接线。它有两组母线，两组母线之间有若干串断路器，每串有 3 台断路器，中间的称为联络断路器。每两台断路器之间接入一条进线或出线。同一串的两条进线或出线共用三台断路器，平均每条进线或出线装设一台半断路器，也就是 3/2台断路器，这便是一台半断路器接线的得名。

二、 一台半断路器接线断路器配置

采用一台半断路器的回路数一般为 6 ~ 10 回，即 3 ~ 5 串较为经济、合理。当少于 3 串时，在引出线的回路上要加隔离开关，因此，增加了配电装置的占地面积。当回路数增加时，如超过 12 回，配电装置的造价要高于双母线分段接线的造价。

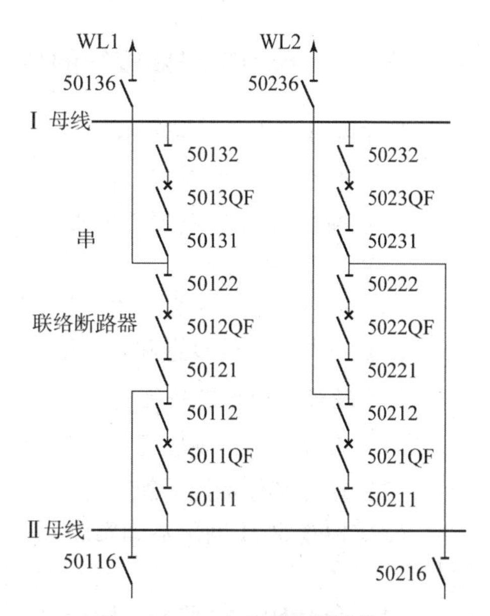

图 7 – 13　一台半断路器接线

三、 一台半断路器接线注意事项

一台半断路器接线各回路之间联系比较紧密，各回路之间可通过中间断路器（联络断路器）、母线断路器沟通。如在系统发生故障时，为保障系统的稳定安全运行，要将系统分成几个互不连接的部分，在接线上不容易实现。而双母线分段接线可通过母联或分段断路器，方便地实现系统接线的分割。当回路数较多时，根据系统运行的需要，可在母线上装设分段断路器，消除上述的欠缺。

为了进一步提高一台半断路器接线的可靠性、防止同名回路（双回路或两台变压器）同时停电，可按下述原则成串配置。

（1）将电源回路和负荷回路配在同一串中。

（2）同名的两个回路不应配在同一串中。

（3）对于特别重要的同名回路。可考虑分别交替接入不同侧母线，即“交替布置”。

这种布置可避免当一串中的中间断路器检修并发生同名回路串的母线侧断路器故障时，将配置在同侧母线的同名回路断开。

由于这种同名回路同时停电的概率比较小，而且一串常需占两个间隔，增加了构架和引线的复杂性，扩大了占地面积。因此，在我国仅限于特别重要的同名回路，如发电厂的初期仅两个串时，才采用这种交替布置，进出线应装设隔离开关。

正常运行时，两组母线同时工作，所有断路器均闭合。

四、 一台半断路器接线的优缺点

我们先来分析Ⅰ母线或 50136 断路器检修时，线路 WL1 如何供电？Ⅰ母线或 50136 断路器检修时，线路 WL1 可通过Ⅱ母线 5011QF、5012QF 继续供电。

任一组母线或任一台断路器检修时，各回路按原接线方式运行，避免了利用隔离开关进行大量倒闸操作。

综上所述，一台半断路器接线供电可靠性高，运行灵活，检修方便。但继电保护及二次回路设计、接线、调整、检修等比较复杂。

五、 一台半断路器接线的适用范围

一台半断路器接线适用于大型发电厂和变电站的 330 ~ 500 kV 配电装置中。当进出线回路数为 6 回及以上，并在系统中占重要地位时，易采用一台半断路器接线。

六、 一台半断路器接线的典型操作

1. Ⅰ段母线由运行转检修

（1）断开 5011 断路器，检查 5011 断路器应在分闸位置。

（2）断开 5021 断路器，检查 5021 断路器应在分闸位置。

（3）断开 50111 隔离开关，检查 50111 隔离开关应分闸到位。

（4）断开 50211 隔离开关，检查 50211 隔离开关应分闸到位。

（5）进行保护的投退和安全措施后，即可对 I 段母线进行检修。

2. Ⅰ段母线由检修转运行

（1）拆除全部措施以及进行保护投退切换。

（2）检查 5011 断路器确实断开，合上 50111 隔离开关，检查 50111 隔离开关应合闸到位。

（3）检查 5021 断路器确实断开，合上 50211 隔离开关，检查 50211 隔离开关应合闸到位。

（4）合上 5011 断路器，检查 5011 断路器应在合闸位置。

（5）合上 5021 断路器，检查 5021 断路器应在合闸位置。

3. WL1 出线由运行转检修

（1）断开 5012 断路器，检查 5012 断路器应在分闸位置。

（2）断开 5013 断路器，检查 5013 断路器应在分闸位置。

（3）断开 50136 隔离开关，检查 50136 隔离开关应分闸到位。

（4）再进行保护的投退和安全措施后，即可对 WL1 线路进行检修。

4. WL1 线路由检修转运行

（1）撤出安全措施和进行保护的投退。

（2）检查 5012 断路器确实断开。

（3）检查 5013 断路器确实断开。

（4）合上 50136 隔离开关，检查 50136 隔离开关应合闸到位。

（5）合上 5013 断路器，检查 5013 断路器应在合闸位置。

（6）合上 5012 断路器，检查 5012 断路器应在合闸位置。

5. 5012 断路器由运行转检修

（1）检查 5012 断路器确实断开。

（2）断开 50122 隔离开关，检查 50122 隔离开关应分闸到位。

（3）断开 50121 隔离开关，检查 50121 隔离开关应分闸到位。

（4）再进行保护的投退和安全措施后，即可对 5012 断路器进行检修。

6. 5012 断路器由检修转运行

（1）撤除安全措施和进行保护的投退。

（2）检查 5012 断路器确实断开。

（3）合上 50122 隔离开关，检查 50122 隔离开关应合闸到位。

（4）合上 50121 隔离开关，检查 50121 隔离开关应合闸到位。

（5）合上 5012 断路器，检查 5012 断路器应在合闸位置。

【习题】

3/2接线（交互习题）

子任务十　多角形接线

多角形接线也称为多边形接线，它相当于将单母线按电源和出线数目分段，然后连接成一个环形的接线。比较常用的有三角形接线、四角形接线、五角形接线。多角形接线如图 7－14 所示。

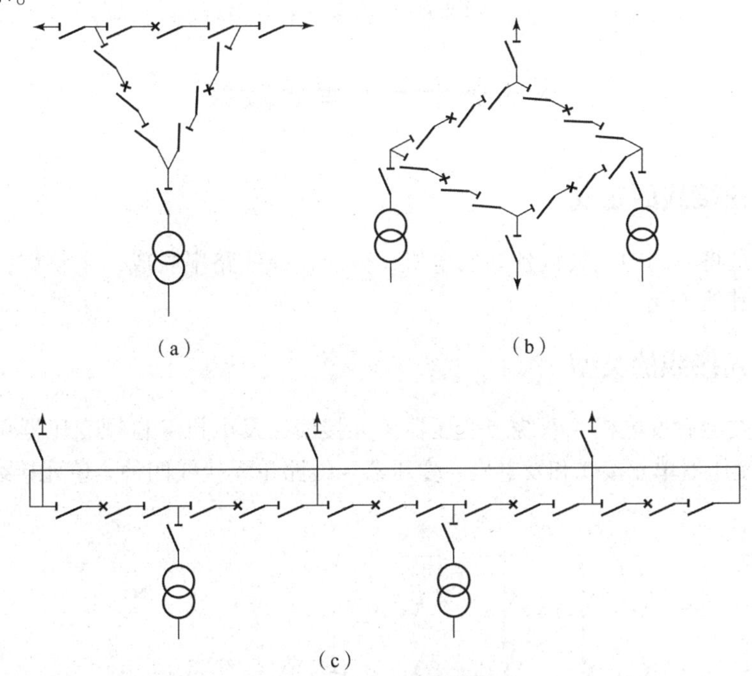

（a）　　（b）

（c）

图 7－14　多角形接线

（a）三角形接线；（b）四角形接线；（c）五角形接线

多角形接线具有如下特点：

（1）平均每个回路只有一台断路器，每个回路位于两台断路器之间，具有双断路器接线的优点，检修任一断路器都不中断供电，也不需要旁路设施。

（2）每个回路位于两台断路器之间，具有双断路器接线的优点，检修任一台断路器都不中断供电。

（3）所有隔离开关只用作隔离电器使用，不作操作电器用。

（4）正常运行时，多角形是闭合的，任一进出线回路发生故障，仅该回路断开，其余回路不受影响，因此运行可靠性高。

（5）任一台断路器故障或检修时，则开环运行，此时若环上某一元件再发生故障就有可能出现非故障被迫切除并将系统解列。这种缺点随角数的增加更为突出，所以这种接线最多不超过六角。

(6) 开环和闭环运行时，流过断路器的工作电流不同，这将给设备选择和继电保护整定带来一定的困难。

(7) 此接线的配电装置不便于扩建和发展。

因此，多角形接线多用于最终容量和出线数已确定的110 kV及以上的水电厂中，且不宜超过六角。

【习题】

多角形接线（交互习题）

子任务十一　单元接线

一、 单元接线的定义

单元接线是将不同的电气设备如发电机、变压器、线路串联成一个整体，称为一个单元，然后再与其他单元并列。

二、 单元接线的类型

单元接线类型有发电机－双绕组变压器单元接线、发电机－自耦变压器单元接线、发电机－三绕组变压器单元接线和发电机－变压器－线路单元接线四种。单元接线如图7－15所示。

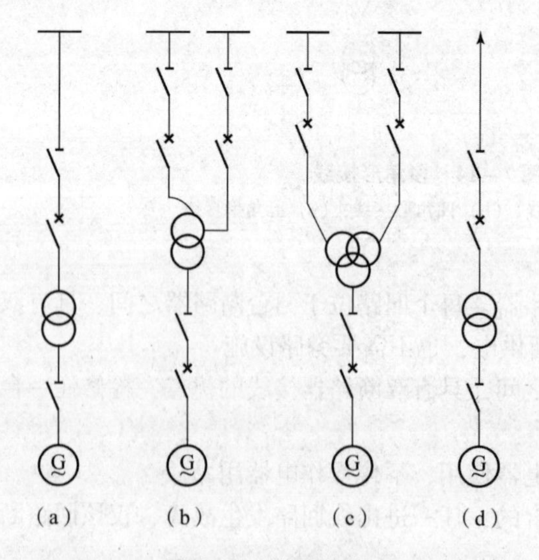

单元接线（视频文件）

图7－15　单元接线

(a) 发电机－双绕组变压器单元接线；(b) 发电机－自耦变压器单元接线；
(c) 发电机－三绕组变压器单元接线；(d) 发电机－变压器－线路单元接线

三、 发电机－双绕组变压器单元接线的配置

发电机－双绕组变压器单元接线的发电机出口不设置母线，输出电能均经过主变压器送至高压电网。

为了便于发电机单独试验及在发电机停止工作时由系统供给厂用电，发电机出口可装设一组隔离开关。

变压器可以是一台三相双绕组变压器或三台单相双绕组变压器。

发电机和变压器容量配套，两者不可能单独运行，所以，发电机出口一般不装断路器，只在变压器的高压侧装断路器，断路器与变压器之间不必装隔离开关。

断路器装于主变压器高压侧，作为该单元的操作和保护电器。

发电机－双绕组变压器单元接线除了上述一般配置，在特殊情况下也有特殊配置。

发电机出口也有装断路器的，其主要目的是在机组启动时可从主变压器低压侧获得厂用电，在机组解列、并列时减少主变压器高压侧断路器的操作次数。

对 200 MW 及以上机组，若采用封闭母线可不装隔离开关，因为封闭母线可靠性很高，而大电流隔离开关发热问题较突出。但应装有可拆的连接片。

发电机－双绕组变压器单元接线方式在大、中、小型机组中均有采用，尤其在大型机组中广泛应用。然而，运行经验表明，它存在如下技术问题：

当主变压器或厂用变压器发生故障时，除了跳主变压器高压侧断路器外，还需跳发电机的灭磁开关。由于大型发电机的时间常数较大，即使灭磁开关跳开后一段时间内，通过发电机－变压器组的故障电流仍很大；若灭磁开关拒跳，则后果更为严重。

当发电机定子绕组故障时，若变压器高压侧断路器失灵拒跳，则只能启动母差保护或发远方跳闸信号使线路对侧断路器跳闸；若远方跳闸信号失灵，则只能由对侧后备保护来切除故障，这样故障切除时间大大延长，会造成发电机、主变压器严重损坏。

当发电机事故跳闸时，将失去厂用工作电源，当备用电源切换不成功时，机组将面临厂用电中断的威胁。

四、 发电机－三绕组变压器单元接线的特点

高压侧需要联系两个电压等级。考虑到在电厂启动时获得厂用电，以及在发电机停止工作时仍能保持高、中压侧电网之间的联系，在发电机出口处需装设断路器。

为了在检修高、中压侧断路器时隔离带电部分，其断路器两侧均应装设隔离开关。

发电机－三绕组变压器单元接线的缺点是：大容量机组一般不宜采用这种接线方式。当机组容量为 200 MW 及以上时，可能选择不到合适的断路器，且采用封闭母线后安装工艺也较复杂。

由于制造上的原因，三绕组变压器的中压侧不留分接头，只作死抽头，不利于高、中压侧的调压和负荷分配。

五、 发电机－变压器－线路单元接线的特点

将发电机、变压器和线路直接串联，中间除了自用电外没有其他分支引出。它是发电

机－变压器单元和变压器－线路单元的组合。常用于1～2台发电机、一回输电线路，且不带附近区负荷的梯级开发的水电厂，把电能送到梯级开发的联合开关站。

综上所述，发电机－变压器－线路单元接线的特点是：

（1）接线简单、清晰，电气设备少，配电装置简单，投资少，占地面积小。

（2）不设发电机电压母线，发电机或变压器低压侧短路时，短路电流小。任一元件故障或检修时需要全部停止运行，检修时灵活性差。

（3）操作简便，可降低故障的可能性，从而提高工作的可靠性，继电保护简化。发电机－变压器－线路单元接线适用于机组台数不多的大、中型不带近区负荷的区域发电厂以及分期投产或装机容量不等的无机端负荷的中、小型水电厂。

六、 扩大单元接线

当需要减少变压器和断路器的台数，节省配电装置的占地面积，大型变压器暂时没有相应容量的发电机配套或单机容量偏小，而发电厂与系统的连接电压又较高时，通常采用扩大单元接线。考虑到用一般的单元接线在经济上不合算，可以将两台发电机并联后再接至一台双绕组变压器，或将两台发电机分别接至有分裂低压绕组的变压器的两个低压侧，这两种接线都称为扩大单元接线。扩大单元接线如图7－16所示。

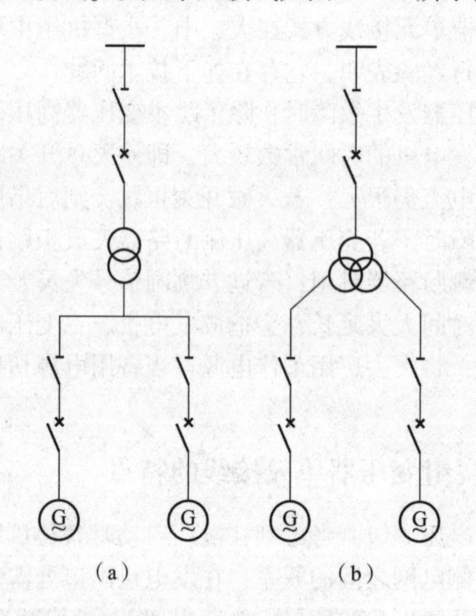

图7－16 扩大单元接线

（a）发电机－双绕组变压器扩大单元接线；

（b）发电机－分裂绕组变压器扩大单元接线

扩大单元接线与单元接线相比有如下特点：

（1）减少了主变压器和主变压器高压侧断路器的数量，减少了高压侧接线的回路数，从而简化了高压侧接线，节省了投资和场地。

（2）任一台机组停机都不影响厂用电的供给。

（3）当变压器发生故障或检修时，该单元的所有发电机都将无法运行。扩大单元接线仅用于在系统有备用容量时的大、中型发电厂中。

【习题】

单元接线（交互习题）

任务二　发电厂变电站电气主接线图识读

【任务描述】　通过本任务的学习，学生能识读发电厂、变电站电气主接线图。

【教学目标】

知识目标：掌握发电厂变电站电气图纸的识读方法。

技能目标：能合理选用接线形式。

【任务实施】　①课前根据推送材料初步识读发电厂、变电站电气主接线图；②课中根据课前预习情况重点讲解重难点；③课后归纳总结，并做相应测试，根据测试情况回看相关素材。

识读某中型热电厂电气主接线图（视频文件）

【知识链接】　发电厂电气主接线识图；变电站电气主接线识图。

子任务一　发电厂电气主接线识图

图 7－17 所示为某区域性火电厂电气主接线简图。

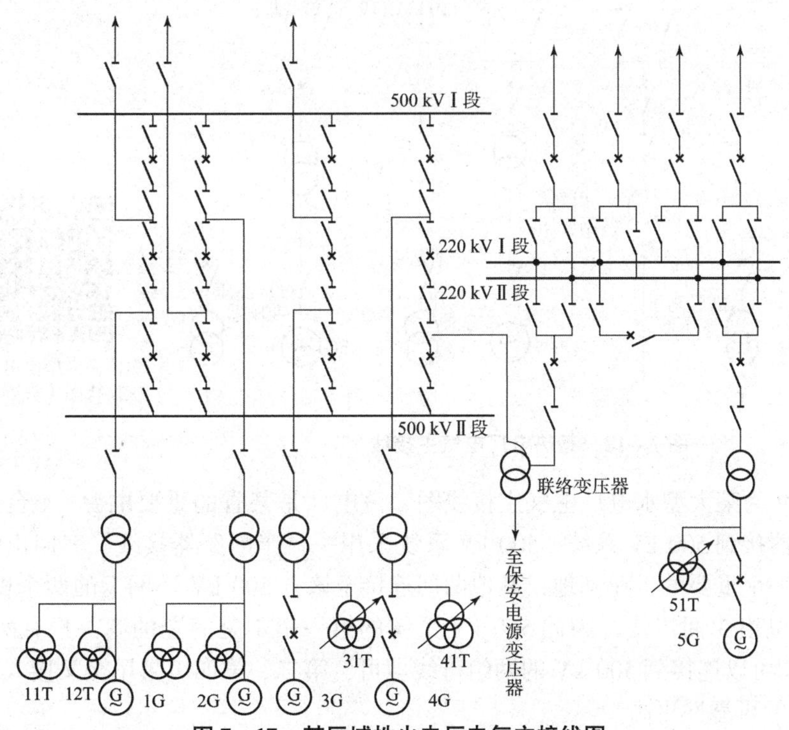

图 7－17　某区域性火电厂电气主接线图

该厂没有近区负荷，所发电能全部送往系统，在电力系统中其作用十分重要，对主接线的可靠性要求很高。因此，1G、2G 发电机组以发电机－双绕组变压器单元接线接入一台半断路器接线的 500 kV高压配电装置，3G、4G 接入一台半断路器接线的 500 kV 高压配电装置，5G 接入 220 kV 配电装置。500 kV 与 220 kV 配电装置之间，经一台自耦联络变压器互相联络，联络变压器低压侧引接厂用保安电源变压器。3G、4G、5G 的厂用电引自主变压器低压侧，与系统联系紧密，全厂停电时可从系统取用厂用电恢复电厂运行。500 kV 输电线路通常装设有并联电抗器（图中未画出），在线路轻载运行或空载运行时吸收线路的充电功率，限制线路电压升高过多。

发电厂电气主接线图识读（微课）

图 7－18 为某热电厂的电气主接线简图。该电厂 3 台发电机采用单元接线接入 110 kV 配电装置，110 kV 配电装置由于出线达到 8 回，有部分线路与系统相连接，采用双母线接线，以保证供电可靠性和各种运行方式的需要。厂用工作电源从各主变压器低压侧引接，从 110 kV 引接备用电源，保证厂用电的可靠性。

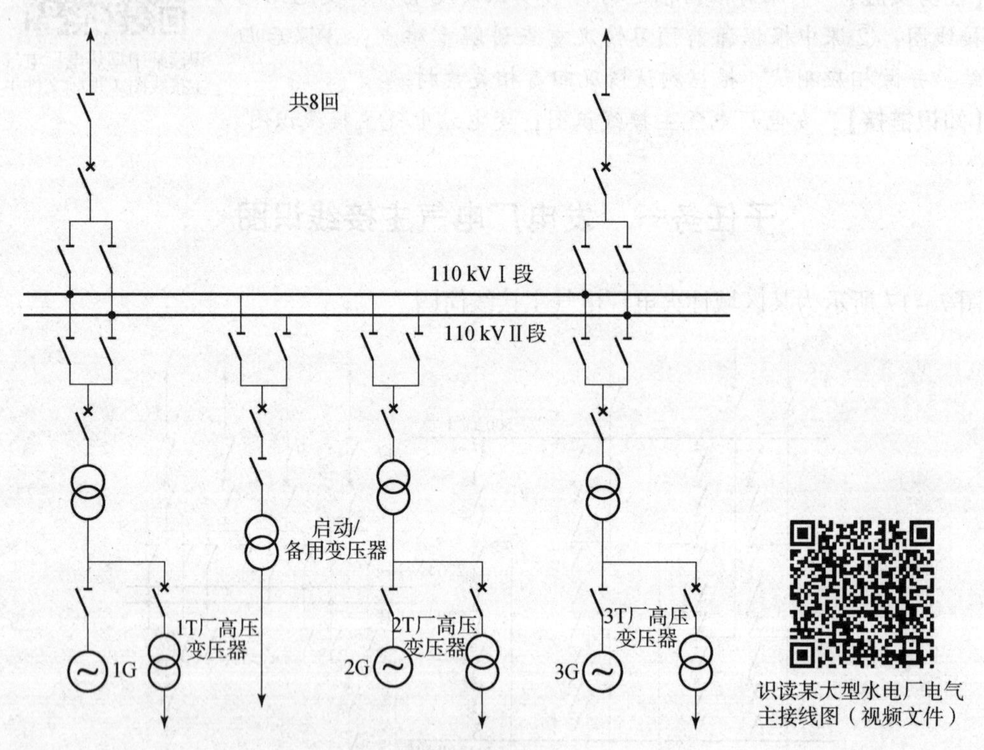

识读某大型水电厂电气主接线图（视频文件）

图 7－18　某热电厂电气主接线

图 7－19 为某大型水电厂电气主接线图。该电厂是某省的重要电源，4 台发电机通过双绕组变压器接到 500 kV 系统，500 kV 系统采用一台半断路器接线，三回出线中有一回线路供电至一个重要的工业基地，其他两回连接至该省 500 kV 环网上的两个枢纽变电站。由于是 4 台机组 3 回出线，因此 500 kV 系统的第一串不是完全的串，只有两台断路器，使发电机 1G 可以连接到 500 kV 的两组母线即可，第二、第四串采用交叉接入，可以使得 500 kV 系统的可靠性更高。

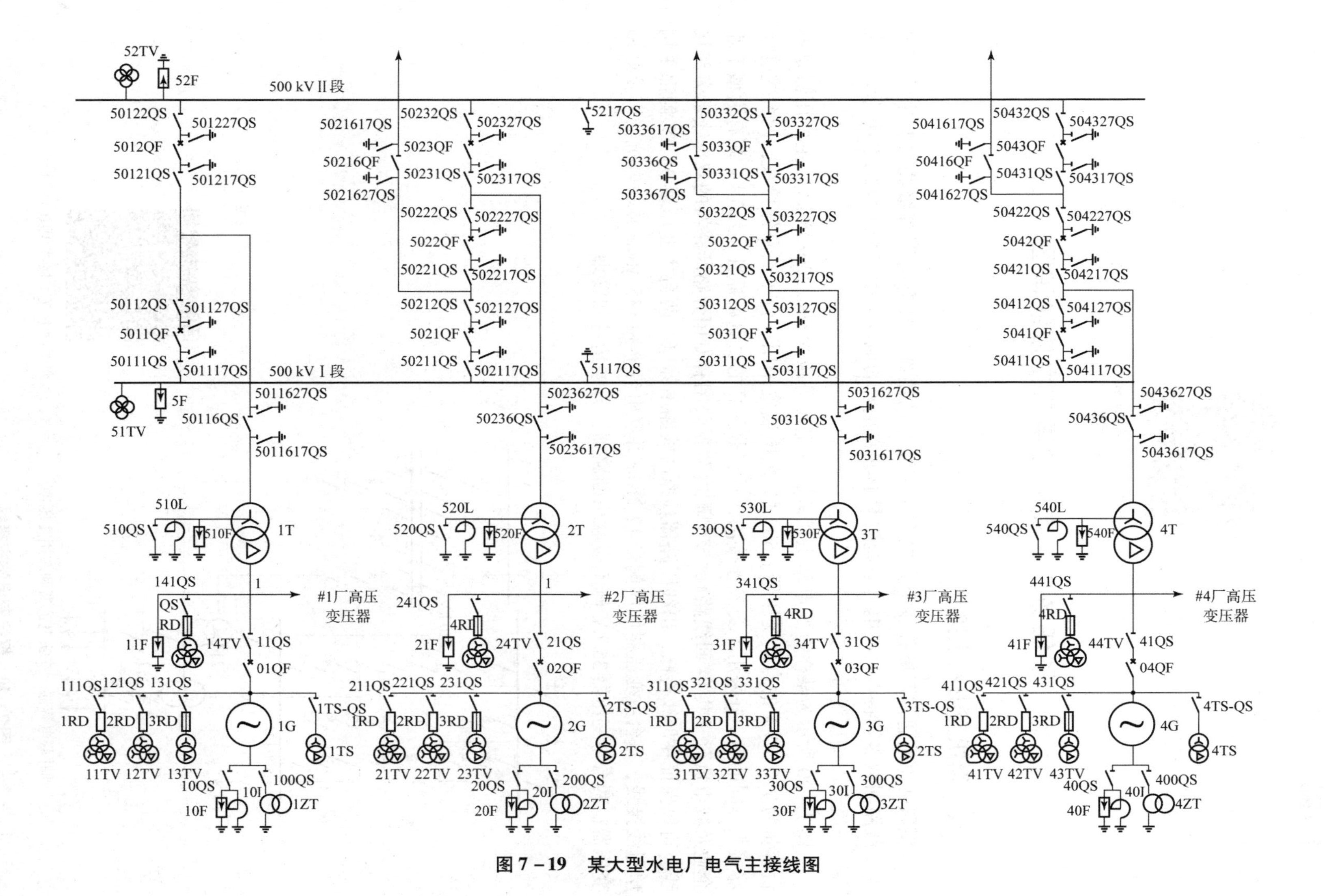

图7－19　某大型水电厂电气主接线图

【习题】

发电厂电气主接线图识读（交互习题）

子任务二　变电站电气主接线识图

一、　枢纽变电站主接线

枢纽变电站通常汇集着多个大电源和大功率联络线，具有电压等级高，变压器容量大，线路回数多等特点，在电力系统中具有非常重要的地位。枢纽变电站的电压等级不宜多于三级，以免接线过分复杂。

图 7－20 所示为某枢纽变电站主接线，其电压等级为 500/220/35 kV，主变压器是两台容量为 750 MVA 的自耦变压器。500 kV 配电装置采用一台半断路器接线，两台主变压器接入不同的串，并采用了交叉连接法，具有非常高的供电可靠性。220 kV 侧有大型工业企业及城市负荷（共 14 回线路），该侧配电装置采用有专用旁路断路器的双母线带旁路接线，可以保证在母线检修、出线断路器检修时线路不停电。两台主变压器 35 kV 侧都采用单母线接线，每台主变压器低压侧带 12 Mvar 并联电容器和 135 Mvar 并联电抗器以及站用变压器，两台主变压器 35 kV 侧不设联络断路器，方便运行和管理。

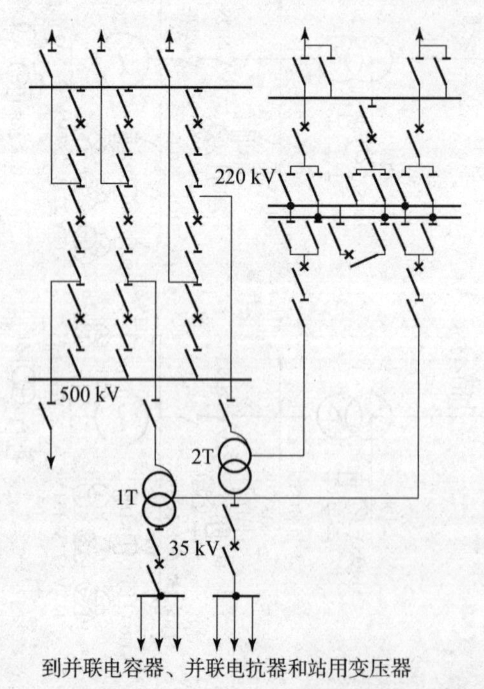

变电站电气主接线识图（微课）

图 7－20　枢纽变电站主接线

二、 区域变电站主接线

区域变电站主要是承担地区性供电任务，通常是一个地区或城市的主要变电站。区域变电站高压侧电压等级一般为110～220 kV，低压侧为35 kV或10 kV；大容量区域变电站的电气主接线一般较复杂，6～10 kV侧常需采取限制短路电流措施；中、小容量地区变电站的6～10 kV侧，通常不需采用限流措施，接线较为简单。

图7－21所示为某220 kV中型区域变电站电气主接线。220 kV配电装置采用内桥接线，为了避免桥断路器检修时导致系统开环运行，在线路侧设置了跨条。110 kV配电装置采用单母线分段接线，部分重要用户从两段母线引接电源采用双回线路供电，保证用户对供电可靠性的要求。35 kV侧给附近用户供电，也采用单母线分段接线。

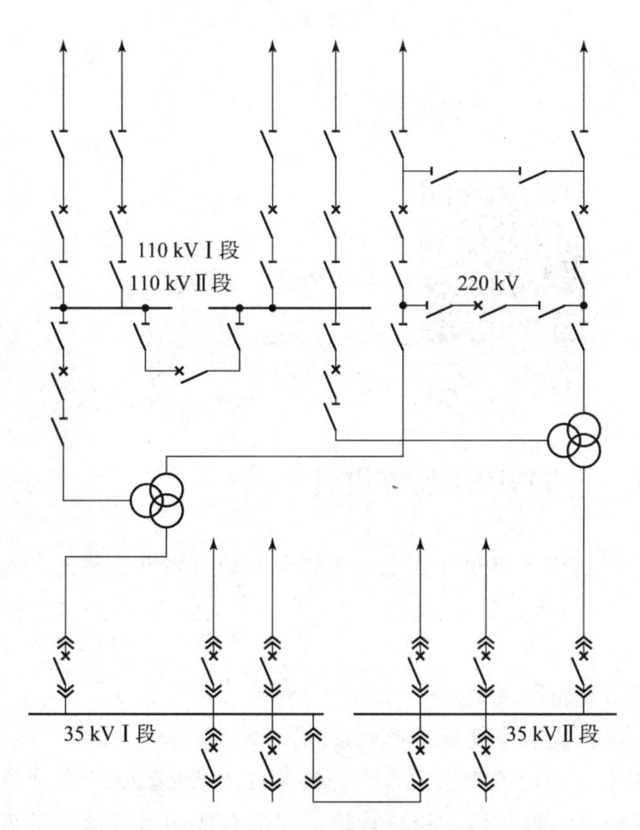

识读某中型地区变电站电气主接线图（视频文件）

图7－21 某220 kV中型区域变电站电气主接线

三、 终端变电站主接线

终端变电站的所址靠近负荷点，一般只有两级电压，高压侧电压通常为110 kV，由1～2回线路供电，低压侧一般为10 kV，接线较简单。

图7－22为终端变电站的电气主接线，该变电站高压侧由一条110 kV线路供电，变电站只设一台主变压器，高压侧采用单母线接线，低压侧有三条出线，线路较少，也采用单母线接线，若用户侧没有其他电源，则线路侧也可以不设置隔离开关。

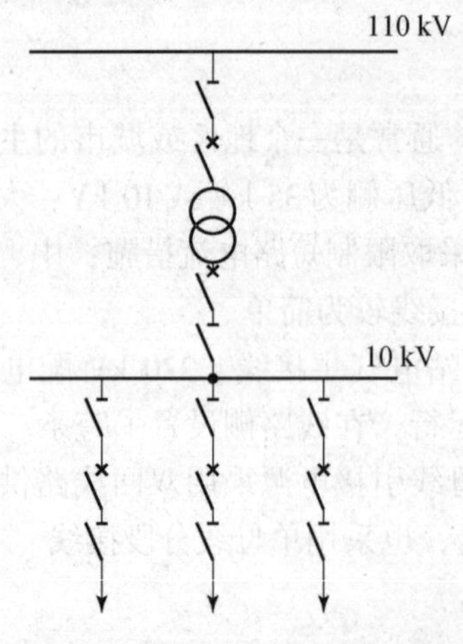

识读某终端变电站电气主接线图（视频文件）

图 7－22　终端变电站电气主接线

【习题】

变电站电气主接线图识读（交互习题）

任务三　自用电系统设计

【任务描述】　通过本任务的学习，学生可识读发电厂、变电站的自用电系统图；能初步设计发电厂、变电站的自用电系统。

【教学目标】

知识目标：认识发电厂、变电站自用电系统。

技能目标：能识读自用电系统图，能初步设计站用电系统。

【任务实施】　①课前预习自用电系统的类型、要求，并做相应测试；②课中识读自用电系统图，并进行自用电系统初步设计；做笔记，论坛讨论；③课后做测试习题，根据测试情况回看自用电系统资源。

【知识链接】　自用电系统、厂用电系统、站用电系统。

子任务一　初识自用电系统

自用电在发电厂中称为厂用电，在变电站中称为站用电，是指发电厂和变电站在生产、运行过程中自身的用电。

厂用电率是发电厂的主要经济指标之一，降低厂用电率可以降低发电厂的发电成本，同时相应地增大对系统的供电量。

一、 厂用电率

在一定时间内，如一月或一年内，厂用电的耗电量占发电厂总发电量的百分数，称为厂用电率，用 K_{cy} 表示。

$$K_{cy}=\frac{A_{cy}}{A_{fc}}\times 100\% \tag{7-1}$$

式中 K_{cy}——厂用电率,%；

A_{cy}——厂用电的用电量，kW·h；

A_{fc}——发电厂的发电量，kW·h。

厂用电率越小，经济效益越好。

如何提高发电厂的经济效益呢？运行中要“少用多发”，提高发电厂的经济效益。

厂用电率的影响因素有哪些呢？发电厂的厂用电率与发电厂的类型、自动化程度等有关。

厂用电率的常用值为：凝汽式火电厂为4%～8%；热电厂为8%～10%；水电厂为0.2%～2%。从厂用电率可以看到，水电厂的经济效益是最好的。

二、 火电厂的自用电负荷

火电厂的自用电负荷主要有以下几类。

（1）输煤部分：如输煤皮带、碎煤机、磁铁分离器、给煤机、运煤机、抓煤机和卸煤小车等。

（2）锅炉部分：如引风机、送风机、排粉机、磨煤机、给煤机、给粉机、一次风机、螺旋输粉机、炉水循环泵等。

（3）汽轮机部分：如凝结水泵、循环水泵、给水泵、给水泵油泵、备用给水泵、备用励磁机、疏水泵、工业水泵等。

（4）电器及公用部分：如充电机、空压机、变压器冷却风机、变压器强油水冷却电源、机炉自动电源、硅整流装置、通信电源等。

（5）事故保安负荷：如润滑油泵、盘车电动机、顶轴油泵、浮充电装置、事故照明、热工自动装置电源、实时控制电子计算机等。

（6）出灰部分：如冲灰水泵、灰浆泵、碎渣机、除灰皮带机、电气除尘器、除尘水泵等。

（7）厂外水工部分：如中央循环水泵、消防水泵、真空泵、补给水泵、冷却塔通风机、生活水泵等。

（8）化学水处理部分：如清水泵、中间水泵、除盐水泵、自用水泵等。

（9）废水处理部分：如废水处理输送泵、机械搅拌器、刮泥机、排泥泵、污水泵等。

（10）辅助车间：如油处理设备、中央修配厂、起重机械、电气试验室等。

三、 水电厂的厂用电负荷

水电厂的厂用电负荷通常有以下三类。

1. 水轮发电机组的自用电

机组自用电是指机组及其配套的调速器、蝴蝶阀及进水阀门等的辅助机械用电。这些负荷直接关系到机组的正常和安全运行，大多是重要负荷，如调速器压油装置的压油泵、漏油泵、机组轴承的润滑油（水）泵、水轮机顶盖排水泵、机组技术供水泵、蝴蝶阀压油装置压油泵和漏油泵、输水管电动阀门或进水闸门启闭机、可控硅励磁装置的冷却风扇和启动电源等。

2. 厂内公用电

厂内公用电是指直接服务于电厂的运行、维护和检修等生产过程，并分布在主副厂房、开关站、进水平台和尾水平台等处的附属用电。这些负荷中也有不少是重要负荷，通常包括：

（1）水电厂油、气、水系统的用电，其中：油系统包括油处理设备，如滤油机、油泵、电热和烘箱等；气系统有高、低压空压机等；水系统有向各机组提供冷却水的技术供水泵、消防水泵、厂房渗漏排水泵、机组检修排水泵等。

（2）直流操作电源与载波通信电源。

（3）厂房桥机、进水闸门和尾水闸门启闭机等。

（4）厂房和升压站的照明和电热。

（5）全厂通风、采暖及空调降温系统。

（6）主变压器冷却系统，如冷却风扇、油泵、冷却水泵等。

（7）其他如检修电源、试验室电源等。

3. 厂外公用电

厂外公用电主要是坝区、水利枢纽等用电。这类负荷布置比较分散，如泄洪闸门启闭机、船闸或筏道电动机械、机修车间、生活水泵、坝区及道路照明等。

四、 变电站的站用电负荷

变电站的站用电负荷比发电厂厂用电负荷小得多，站用电负荷主要有主变压器的冷却设备、蓄电池的充电设备或硅整流电源、油处理设备、照明设备、检修器械以及供水水泵等用电负荷。其中，重要负荷有主变压器的冷却风扇或强迫油循环冷却装置的油泵、水泵、风扇以及整流操作电源等。

站用电按负荷的重要性可分为Ⅰ、Ⅱ、Ⅲ类负荷和事故保安负荷。

1. Ⅰ类负荷

Ⅰ类负荷是指短时停电可能影响人身或设备安全，使发电厂无法正常运行或发电量大幅下降的负荷。例如火电厂的给水泵、凝结水泵、循环水泵、引风机、送风机、给粉机及水电厂中的调速器、压油泵、润滑油泵等。短时停电指手动切换恢复供电所需的时间。对Ⅰ类负荷，应由两个独立电源供电，当一个电源消失后，另一个电源要立即自动投入继续供电，它只允许瞬间中断电源，为此，应配置备用电源自动投入装置。

2. Ⅱ类负荷

Ⅱ类负荷是指允许短时停电，但停电时间过长有可能损坏设备或影响正常生产的负荷。例如火电厂的工业水泵、疏水泵、灰浆泵、输煤系统机械化学水处理设备及水电厂中的压油装置用的空压机、房桥机、渗漏排水泵及厂内照明等。对Ⅱ类负荷，应由两个独立电源供电，一般备用电源采用自动或手动切换方式投入。其允许停电一般不超过几十分钟。

3. Ⅲ类负荷

Ⅲ类负荷是指较长时间停电不会直接影响发电厂生产的负荷。例如机修间、试验室等。对Ⅲ类负荷，一般由一个电原供电，不需要考虑备用。

4. 事故保安负荷

在主发电机停机过程及停机后的一段时间内，仍应保证供电，否则可能引起主要设备损坏、自动控制失灵以及危及人身安全的厂用负荷。根据对电源的要求，事故保安负荷可分为直流保安负荷和交流保安负荷两类。

（1）直流保安负荷：如直流润滑油泵、发电机的直流氯密封油泵等。

（2）交流保安负荷：可分为允许短时停电的交流保安负荷和交流不间断供电负荷。允许短时停电的交流保安负荷，如盘车电动机、交流润滑油泵、交流氢密封油泵、消防水泵等；交流不间断供电负荷如实时控制用电子计算机、热工仪表及自动装置、事故照明设备等。

【习题】

初识自用电系统（交互习题）

子任务二 厂用电系统识图

一、 厂用电接线的基本要求

厂用电接线应满足下列基本要求：

（1）供电可靠，运行灵活。根据电厂的容量和重要性，保证厂用电负荷供电的连续可靠性，并能满足日常、事故、检修等各种情况下的供电要求。机组启停、事故、检修等切换操作方便、省时，发生全厂停电时，能尽快从系统取得启动电源。

（2）各机组的厂用电系统应是独立的。

（3）全厂性公用负荷应分散接入不同机组的厂用母线或公用负荷母线。

（4）充分考虑发电厂正常、事故、检修、启动等运行方式下的供电要求，尽可能使切换操作简便，启动（备用）电源能在短时间内投入。

（5）供电电源应尽量与电力系统保持紧密的联系。当机组无法取得正常的工作电源时，应尽量从电力系统取得备用电源，这样可以保证其与电气主接线形成一个整体，一旦机组故障时，以便从系统倒送厂用电。

（6）充分考虑电厂分期建设和连续施工过程中厂用电系统的运行方式，特别要注意对公用负荷供电的影响，要便于过渡，尽量减少改变接线和更换设置。

二、 厂用电的电压等级

厂用电的电压等级是根据发电机额定电压、厂用电动机的电压和厂用电供电网络等因素，相互配合，经过技术经济综合比较后确定的。为了简化厂用电接线，且使运行维护方便，厂用电电压等级不宜过多。在发电厂中，低压厂用电压常采用 380 V，高压厂用电压有 3 kV、6 kV、10 kV 等。在满足技术要求的前提下，优先采用较低的电压，以获得较高的经济效益；大容量的电动机采用较低电压时往往并不经济。为了正确选择高压厂用电的电压等级，需进行技术经济论证。

当火力发电厂采用 3 kV、6 kV 和 10 kV 作为高压厂用电压时，其特点分述如下。

1. 3 kV 电压供电的特点

（1）3 kV 电动机效率比 6 kV 电动机高 1%~15%，价格约低 20%。

（2）将 100 kW 及以上的电动机接到 3 kV 电压母线上，100 kW 以下的电动机一般采用 380 V，可使低压厂用变压器容量和台数减少。

（3）由于减少了 380 V 电动机数量，使较大截面的电缆数量减少，从而减少了有色金属消耗量。

2. 6 kV 电压供电的特点

（1）6 kV 电动机的功率可制造得较大，200 kW 以上的电动机采用 6 kV 电压供电，以满足大容量负荷要求。

（2）6 kV 厂用电系统与 3 kV 厂用电系统相比，不仅节省有色金属及费用，而且短路电流亦较小。

（3）发电机电压若为 6 kV 时，可以省去高压厂用变压器，直接由发电机电压母线经电抗器供厂用电，以防止厂用电系统故障直接威胁主系统并限制其短路电流。

3. 10 kV 电压供电的特点

（1）10 kV 电动机的功率可制造得更大一些，以满足大容量负荷，例如满足 2 000 kW 以上大容量电动机的要求。

（2）1 000 kW 以上的电动机采用 10 kV 电压供电，比较经济合理。

（3）适用于 300 MW 以上大容量发电机组，但不能作为单一的高压厂用电压，因为它不能满足全厂所有高压电动机的要求。

三、 厂用电源

发电厂的厂用电源，必须供电可靠，且能满足各种工作状态的要求，除应具有正常的工作电源外，还应设置备用电源、启动电源和事故保安电源。一般电厂中，都以启动电源兼作备用电源。

1. 厂用工作电源

厂用工作电源是保证发电厂正常运行的基本电源。通常，工作电源应不少于两个。

发电厂的厂用电一般由主发电机供电。随着科技水平和运行水平的提高，电力系统和主发电机的事故率大大降低，即使发生故障，继电保护与自动装置也能迅速切除故障。另外，即使厂内发电机全部停机，还可以方便地从系统得到电源，并且，由于接近电源，能够保证重要电动机的自启动。因此，由主发电机提供电源的供电方式可靠性高、运行简单、调度方便，投资和运行费均较低。

发电厂电气主接线方式决定了由主发电机引接厂用电源的具体方案。当有发电机电压母线时，由各段母线引接厂用工作电源，供给接于该段母线上机组（发电机、汽轮机、锅炉）的厂用电负荷。当发电机与主变压器连接成单元接线时，则由主变压器低压侧引接。

厂用工作电源的两个引接方式如图 7－23 所示。厂用电工作电源得到合理安排后，电力系统、主发电机以及厂用电自身的故障也会给整个厂用电系统造成不良影响，为此，必须进一步采取厂用电母线按炉分段、设置可靠的备用电源和装设备用电源自动投入装置的措施，提高供电可靠性。

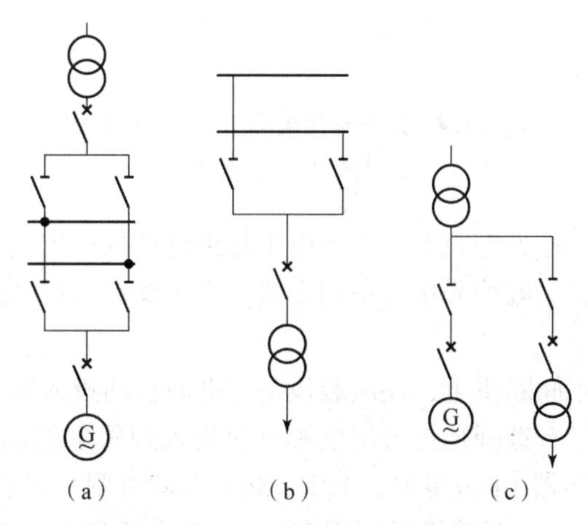

图 7－23　厂用工作电源引接方式

(a) 从发电机电压母线引接；(b)、(c) 从主变压器低压侧引接

2. 厂用备用电源

厂用备用电源用于工作电源因事故或检修而失电时替代工作电源，起后备作用。备用电源应具有独立性和足够的供电容量，最好能与电力系统紧密联系，在全厂停电情况下仍能从系统取得厂用电源。

在考虑厂用备用电源的引接时，应尽量保证电源的独立性，并在与电力系统联系得最紧密处取得，以便在全厂停电的情况下，仍能从系统获得电源。当有发电机电压母线时，厂用备用电源一般由发电机电压母线引接，这样既简单又经济。当所接的主母线故障时将失去厂用备用电源，但两元件同时发生故障的概率很小。当无发电机电压母线时，备用电源一般由与电力系统相连的较低一级系统电压母线引接，这样与电力系统联系更紧密、可靠性更高。厂用备用电源有明备用和暗备用两种接线方式。明备用就是专门设置一台变压器（或线路），它经常处于备用状态（停运），例如图 7－24 中的变压器 3T。正常运行时，断路器 1QF～3QF 均为断开状态。当任一台厂用工作变压器退出运行时，均可由变压器 3T 替代工作。备用变压器的容量应等于最大一台工作变压器的容量。

暗备用是不设专用的备用变压器，而将每台工作变压器容量增大，当任一台厂用变压器退出工作时，该段负荷由另一台厂用工作变压器供电，如图 7－24（b）所示。正常工作时，每台变压器只在半载下运行，此方案投资较大、运行费用高。

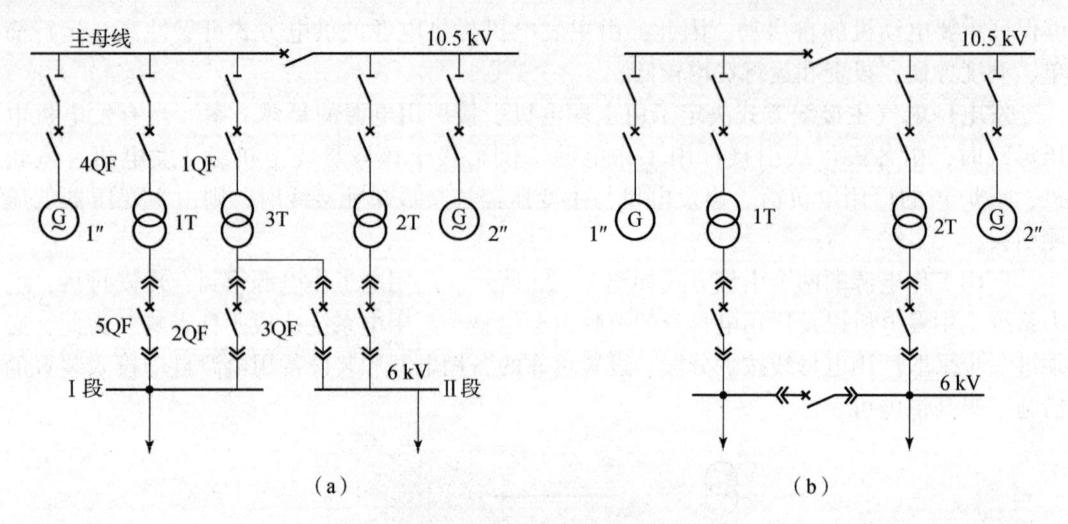

图7－24　厂用备用电源的两种接线方式

(a) 明备用；(b) 暗备用

在大中型发电厂特别是大型火电厂中，由于每组机炉的厂用负荷很大，为了不使每台厂用变压器的容量过大，一般均采用明备用方式。中小型水电厂和降压变电站，多采用暗备用方式。

为了做到对厂用电不间断供电，还应装设备用电源自动投入装置。当工作电源故障切除时，此装置能自动地、有选择地把备用电源迅速投入到停电的那段母线上。在图7－24(a) 中，当厂用工作变压器1T故障时，4QF、5QF自动跳闸，然后1QF、2QF自动投入，厂用备用变压器3T运行，从而替代了厂用变压器1T向Ⅰ段母线继续供电。在切换过程中，拖动重要机械的电动机尚在惰行，母线电压恢复后，便很快升速而转入正常运行，从而提高了运行可靠性。

3. *启动电源*

启动电源是在厂用工作电源完全消失情况下，为保证机组快速启动，向必要的辅助设备供电的电源。它实质上也是一个备用电源，只对200 MW以上机组，用于工作电源完全消失时保证机组快速启动的电源。

启动电源的引接方式有以下三种：

(1) 从与系统联系紧密、供电可靠的最低一级电压母线上引接。

(2) 从联络变压器的低压绕组引接。

(3) 从外部电网通过专用线路引接。

4. *UPS交流不间断供电系统*

UPS是一种能够提供持续、稳定、不间断的交流电源供应的设备。在电源系统中，UPS是英语“Uninterruptible Power Supply”的缩写，意为交流不间断供电系统，也称交流不间断电源。

(1) UPS的分类。

目前，市场上的UPS品牌种类繁多，按其工作方式分类可分为后备式、在线互动式、在线式。

①后备式。早期的后备式 UPS 在市电供电正常时，市电直接通过交流旁路和转换开关供电于负载，交流旁路相当于一条导线，逆变器不工作，此时供电效率高但质量差。在近年的后备式 UPS 往往在交流旁路上配置了交流稳压电路和滤波电路加以改善。

②在线互动式。它是介于后备式和在线式工作方式之间的 UPS 设备，它集中了后备式 UPS 效率高和在线式 UPS 供电质量高的优点。在线互动式 UPS 的逆变器一直处于工作状态：市电正常时，UPS 的逆变器反向工作给电池组充电；市电异常时，逆变器立刻开始逆变工作，将电池的直流电压转换为交流输出。

③在线式。在线式一般采用双变换模式。市电正常时，输入交流电压通过充电电路不断对电池进行充电，同时 AC/DC 电路将交流电压转换为直流电压，然后通过脉冲宽度调制技术（PWM）由逆变器再将直流电压逆变成交流正弦波电压供给负载，起到无级稳压的作用。

市电中断时，后备电池开始工作，此时电池的电压通过逆变器变换成交流正弦波或方波供给负载。

综上所述，在线式 UPS 无论是在市电供电正常时，还是在市电中断由电池逆变供电期间，在线式 UPS 逆变器始终处于工作状态，这就从根本上消除了来自电网的电压波动和干扰对负载的影响，真正实现了对负载的无干扰、稳压、稳频以及零转换时间。

（2）UPS 的基本组成。

UPS 由输入整流滤波电路、功率因数校正电路、蓄电池组、充电电路、逆变电路、静态开关电路、控制监测显示及保护电路等组成。逆变器是 UPS 电源的核心设备。整流模块为能量变换设备（AC/DC），逆变器也是能量变换设备（DC/AC），蓄电池为储能设备。

①输入整流滤波电路。UPS 中，常用的整流电路有单相不可控和可控整流电路、三相不可控和可控整流电路。滤波器可分为电容输入或电感输入两种。

②功率因数校正电路。UPS 中，市电经整流后采用大容量电容器进行滤波，而且整流电路输出端还并联有蓄电池。在电容器或蓄电池充电期间将形成脉冲电流，该电流峰值很高，产生高次谐波电流并导致功率因数下降。功率因数校正电路可使电网输入电流变为与输入电压同相位的正弦波。

③蓄电池组。蓄电池组是 UPS 的蓄能设备。市电正常时，蓄电池充电，将电能转化为化学能并储存起来。市电中断时，UPS 蓄电池中的电量维持逆变器工作。目前中小型 UPS 中广泛使用阀控铅酸蓄电池。长延时（4 h 或 8 h）UPS 中蓄电池的成本甚至超过主机的成本。

④充电电路。UPS 中，一般充电电路都是独立工作的。也就是说，即使不用逆变器，只要将交流电源接通，充电电路就开始工作。充电过程中，先采用恒流充电，当蓄电池的电压达到浮充电压后，转为恒压充电，直到电池被充足。主电路一般采用开关型整流电路，为了缩短充电时间，各种快速充电电路在 UPS 中也得到了应用。

⑤逆变电路。逆变电路的作用是将市电整流后的直流电压或蓄电池电压变换成交流电压。

⑥静态开关电路。静态开关电路的作用是保护 UPS 和负载，并实现市电旁路供电和逆变器供电的转换。UPS 过载时，为了保护逆变器，当市电正常时，UPS 通过静态开关将输出由逆变器转换到市电；逆变器出现故障时，为了保证负载不断电，UPS 的输出也通过静态开关输出切换到市电。

由于 UPS 内部一般都有同步锁相电路，同时静态开关转换时间较短，因此在转换过程中不会出现供电间断。小型 UPS 一般采用快速继电器作为静态开关，大中型 UPS 则采用反向并联的快速晶闸管作静态开关。

⑦控制监测显示及保护电路。UPS 输出电压的精度、波形失真度以及工作可靠性均与控制电路密切相关。

控制电路主要有 SPWM 产生电路、闭环调压电路、同步锁相电路等。为了使 UPS 可靠工作，还应具有较完善的保护电路，一般的 UPS 中都有电池电压过低自动保护电路、逆变器输出过载或短路自动保护电路、逆变器过压自动保护电路、市电电压过高自动保护电路、UPS 延迟启动自动保护电路等。为了随时掌握和了解工作状态和运行情况，UPS 中还设有监测电路、显示电路及报警电路。

（3）后备式 UPS 电源的组成。

后备式 UPS 电源的组成如图 7－25（a）所示。当市电供电正常时，经低通滤波器抑制高频干扰，经调压器对电压变化起伏较大的市电进行稳压处理，再经转换开关 K1 向负载供电，而整流器对蓄电池组充电，使电池始终处于充足状态，以备一旦市电不正常时，改由蓄电池通过逆变器，经由转换开关 K2 向负载供电。

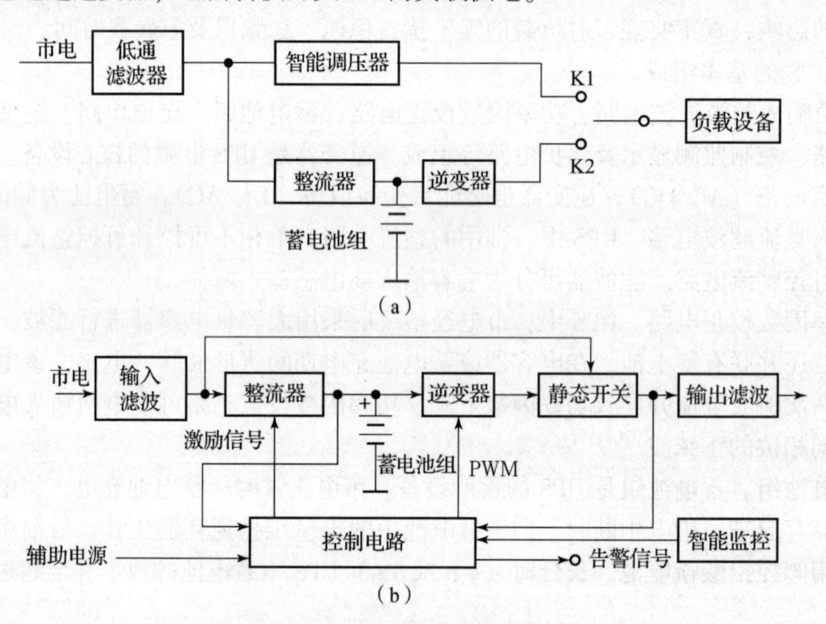

图 7－25　UPS 电源的组成框图

（a）后备式 UPS 电源的组成；（b）在线式 UPS 电源的组成

综上所述，这种 UPS 的最大特点是结构简单、价格便宜、噪声低，但绝大部分时间，负载得到的是稍加稳压处理过的“低质量”正弦波电源。

（4）在线式 UPS 电源的组成。

如图 7－25（b）所示，市电首先经 UPS 内部滤波器、整流器变为直流电源，再利用 PWM 方式经逆变器重新将直流电源变成纯正的高质量的正弦波交流电源，通过这样的变换，市电中的所有干扰几乎都被过滤掉，这就避免了由市电带来的任何电压或频率波动及干扰等影响。

当市电供电出故障或完全停电时，利用蓄电池组继续向逆变器提供直流电源，保证了

UPS 向用户提供高质量的正弦交流电源。一旦 UPS 发生故障时，静态开关接通旁路系统，由市电直接经过静态开关向负载供电。

5. 事故保安电源

对于 200 MW 及以上的发电机组，当厂用电源完全消失时，为确保在事故状态下能安全停机，应设置事故保安电源，并能自动投入，保证事故保安负荷的用电。

事故保安电源可分为直流和交流两种。直流事故保安电源，由蓄电池组供电，如发电机组的直流润滑系统、事故照明等负荷的供电。事故照明电源，由装在主控制室的专用事故照明屏（箱）供电，直流电源均采用单回线路供电。事故照明屏顶有事故照明小母线，各处的事故照明线路均自小母线引出，并由交流电源和直流电源接到小母线上。平时交流电源接通，直流电源断开；当交流电源消失时，便自动切换，使交流电源断开，直流电源接通。

交流事故保安电源，宜采用快速启动的柴油发电机组，或由外部引来的可靠交流电源，此外还应设置交流不停电电源。交流不停电电源，宜采用接于直流母线上的电动发电机组或静态逆变装置，目前多采用静态逆变装置。图 7－26 为交流事故保安电源接线。

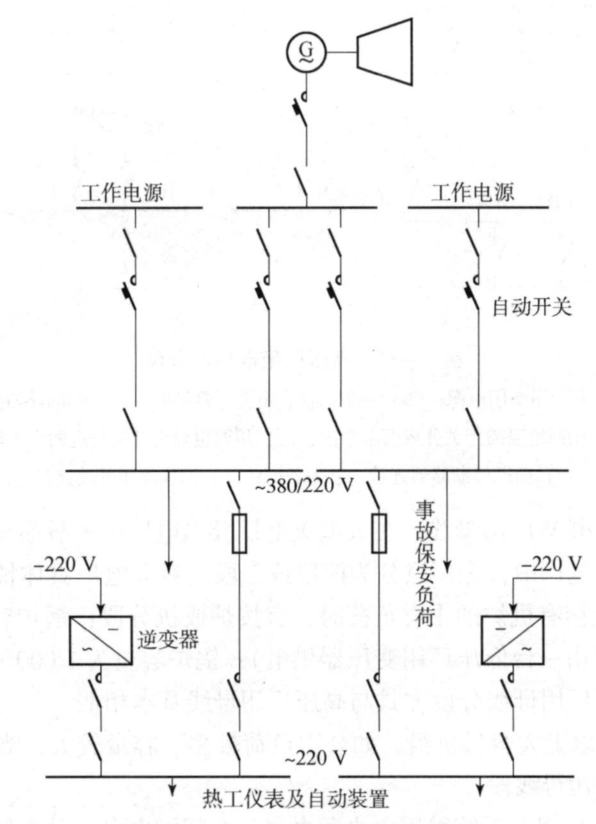

图 7－26　交流事故保安电源接线

四、 厂用电的接线方式

厂用电接线的基本形式如下：

（1）高、低压厂用电母线通常都采用单母线接线，并多以成套配电装置接收和分配电能。

（2）火电厂的高压厂用电母线一般都采用按炉分段，即将厂用电母线按锅炉台数分成若干独立段。其中：锅炉容量为 400 t/h 以下时，每炉设一段厂用电母线；锅炉容量为 400 t/h及以上时，每炉的每级高压厂用电母线不少于两段，两段母线可由一台高压厂用变压器供电。高压厂用电母线分段的各种情况如图 7－27 所示。

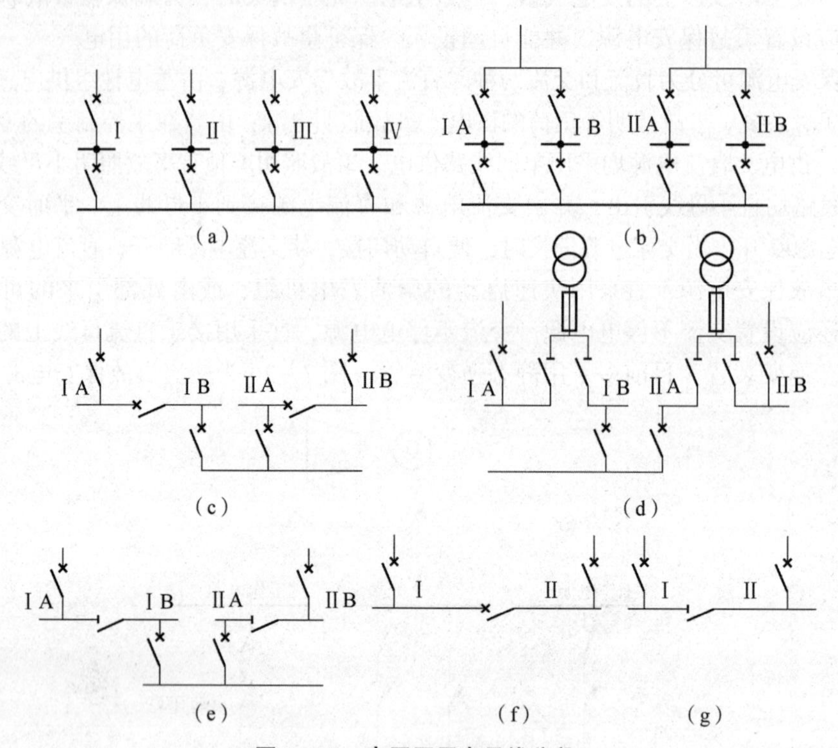

图 7－27　高压厂用电母线分段

（a）一炉一段，有专用备用电源；（b）一炉两段，由变压器供电；（c）用断路器分成两个半段；
（d）用两组隔离开关分成两个半段；（e）用两组隔离开关分成两个半段；
（f）两段经断路器连接，互为备用；（g）两段隔离开关连接

（3）低压 380/220 V 厂用母线，在大型火电厂及水电厂中一般亦按炉分段或按水轮机组分段；在中、小型电厂中，全厂只分为两段或三段。对火电厂具体情况是：锅炉容量为 220 t/h，且在母线上接有机炉的 I 类负荷时，宜按炉或机分段；锅炉容量为 400～670 t/h 时，每炉设两段（可由一台低压厂用变压器供电）；锅炉容量为 1 000 t/h 及以上时，每炉设两段及以上，低压厂用母线分段方式与高压厂用母线基本相似。

（4）200 MW 及以上大容量机组，如公用负荷较多、容量较大，当采用集中供电方式合理时可设立高压公用母线段。

（5）老式的低压厂用电系统采用中央配电屏－车间配电盘－动力箱的组合方式，其中中央配电屏设备采用普通配电屏（如 PGL、GGD 等），车间配电盘采用普通配电箱（如 XLF 等，其中只能用熔断器，不能用断路器），可靠性、灵活性较差。

（6）大容量机组新型的低压厂用电系统采用动力中心－电动机控制中心的组合方式，即在一个单元机组中设有若干个动力中心（PC，即由低压厂用变压器的低压侧直接供电的部分），直接供电给容量较大的电动机和容量较大的静态负荷；由 PC 引接若干个电动机控制中心（MCC），供电给容量较小的电动机和容量较小的杂散负荷，其保护、操作设备

集中，取消了就地动力箱；再由 MCC 引接车间就地配电屏（PDP），供电给本车间小容量的杂散负荷。一般情况是：容量为 75 kW 及以上的电动机由 PC 直接供电，75 kW 以下的电动机由 MCC 供电。各 PC 一般均设两段母线，每段母线由一台低压厂用变压器供电，两台低压厂用变压器分别接至厂用高压母线的不同分段上，其备用方式可以是明备用或暗备用。PC 和 MCC 均采用抽屉式开关柜。

（7）对厂用电动机的供电方式有个别供电和成组供电两种，如图 7－28 所示。

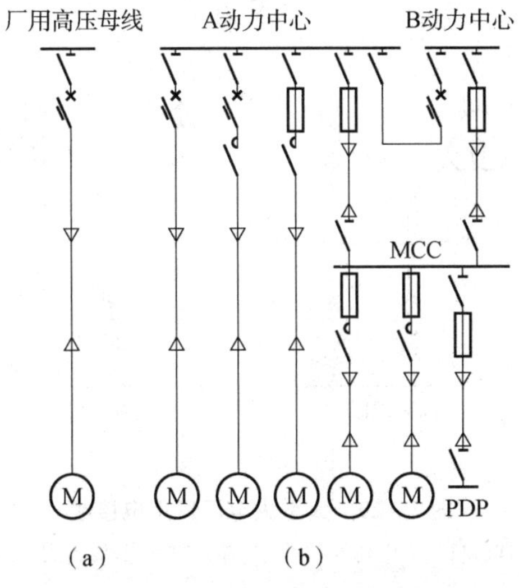

图 7－28　厂用电动机供电

（a）高压电动机；（b）低压电动机

①个别供电是指每台电动机经一条馈电线路直接接在相应电压（高压或低压）的厂用母线段上。所有高压厂用电动机及容量较大的低压电动机都是采用个别供电方式。

②成组供电。成组供电一般只用于低压电动机。由低压厂用母线段经一条馈电线路供电给电动机控制中心（MCC）或车间配电屏（PDP），然后将一组较小容量电动机连接在 MCC 或 PDP 母线上，即厂用母线上的一条线路供一组电动机。

（8）容量为 400 L/h 及以上的锅炉有两段高、低压厂用母线，其锅炉或汽轮机同一用途的甲、乙辅机，如甲、乙凝结水泵，甲、乙引风机，甲、乙送风机等，应分别接在本机组的两段厂用母线上；工艺上属于同一系统的两台及以上的辅机，如同一制粉系统中的排粉机和磨煤机，应接在本机组的同一段厂用母线上。

400 t/h 以下的锅炉，每炉只有一段高、低压厂用母线，有时甚至没有对应的低压母线，只有互为备用的重要设备（如凝结水泵）可采用交叉供电方式，即甲接在本炉的厂用母线段，乙接在另一炉的厂用母线段。

五、　火电厂厂用电接线方式实例及分析

图 7－29 所示为装有两台发电机组的大型火电厂厂用电接线。厂用电工作电源从发电机出口端引接，经分裂绕组高压厂用工作变压器供电给厂用 6 kV Ⅰ段、Ⅱ段母线，厂用变压器高压侧不装设断路器，发电机、主变压器之间以及厂用变压器高压侧之间均用封闭母线连接。厂用备用电源引自 110 kV 母线（发电厂高压侧有 110 kV 和 220 kV 两个电压等级），经高压厂用备用变压器分别接到四个高压厂用工作母线段上，构成对两台机组厂用

电的明备用。高压厂用备用变压器也用作全厂启动电源，当全厂停运而重新启动时，首先投入高压厂用备用变压器，向各工作段和公用段送电，一般应选用带负荷调压变压器作为高压厂用备用变压器。

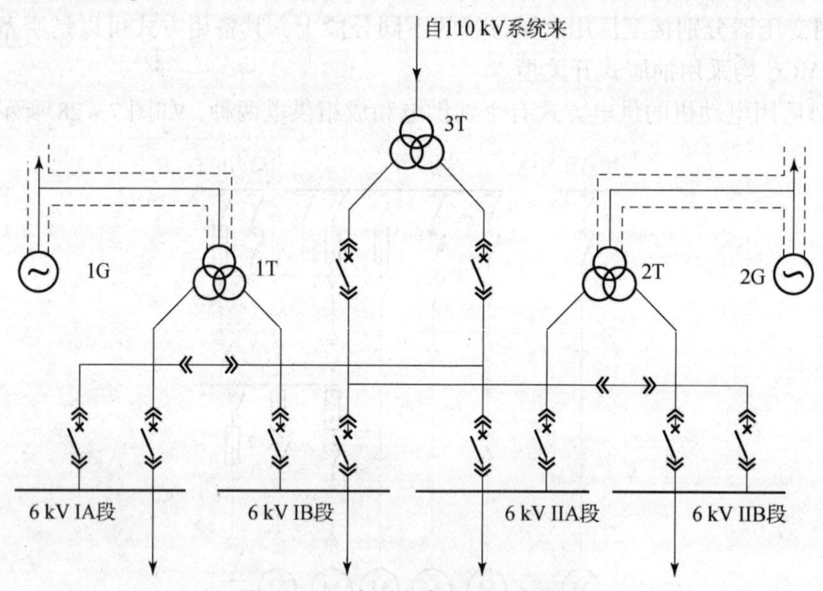

图 7-29　大型火电厂厂用电接线

G—发电机；IT，2T—工作高压厂用变压器；3T—启动/备用高压厂用变压器

选择大型火电厂的厂用变压器时，应注意其连接组别，升压变压器的连接组别为 YNd11，因此升高电压与发电机电压的相位差为 30°。运行中需要投入厂用备用变压器时，为了避免厂用电停电，厂用备用变压器与工作变压器总有一段时间并联运行，为此，当高压厂用备用变压器的连接组别为 YNd11 时，高压厂用工作变压器必须是 Yyn0 接线。

图 7-30 所示为某中型热电厂的厂用电接线简图。该电厂装设有二机三炉（母管制供汽）。发电机电压为 10.5 kV，发电机电压母线采用双母线分段接线，通过两台主变压器与 110 kV 电力系统相联系。

高压厂用工作变压器 T11、T12 和 T13 分别接于主母线的两个分段上。高压备用电源采用明备用方式，备用变压器 T10 也接在发电机电压主母线上，采用明备用。

厂用低压电压采用 380/220 V。由于机组容量不大，负荷较小，厂用低压母线只设两段（每段又使用隔离开关分为两个半段），分别由接于高压厂用母线Ⅰ段和Ⅱ段上的低压厂用工作变压器 T21 和 T22 供电。厂用低压备用电源采用明备用方式，由接于高压厂用母线Ⅱ段上的厂用低压备用变压器 T20 供电。

对厂用电动机的供电，可分为个别供电和成组供电两种方式。高压电动机的供电电路为个别供电方式，即从 6 kV 对每台电动机均敷设一条电缆线路，通过专用的高压开关柜或低压配电盘进行控制。55 kW 及以上的Ⅰ类厂用负荷和 40 kW 以上的Ⅱ、Ⅲ类厂用重要机械的电动机，均采用个别供电方式。对一般不重要机械的小电动机和距离厂用配电装置较远的车间（如中央水泵房）的电动机，则采用成组供电方式最为适宜，即数台电动机只占用一条线路，送到车间专用盘后，再分别引接电动机，这种方式可以节省电缆，简化厂用配电装置。

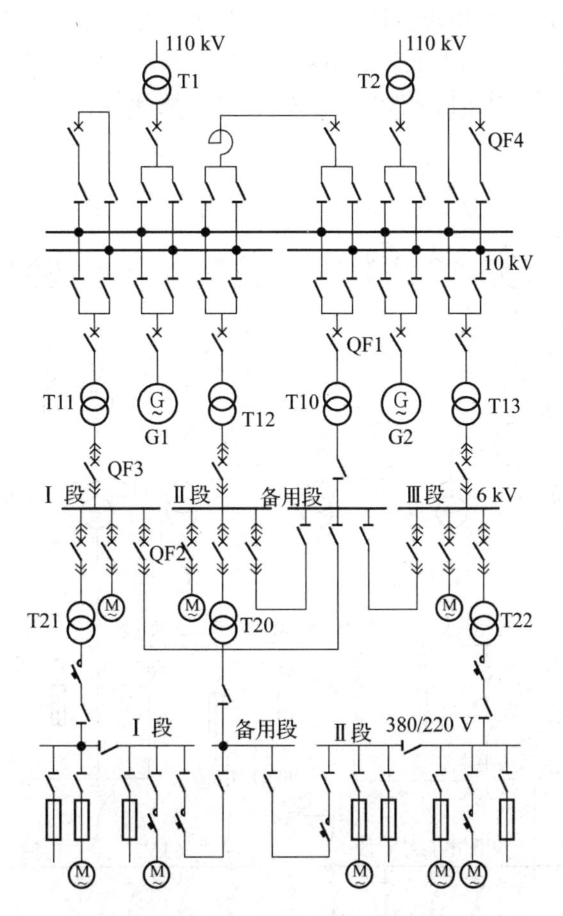

图 7－30　某中型热电厂厂用电接线

六、 水电厂厂用电接线方式及实例分析

水电厂的厂用机械数量和容量均比同容量火电厂少得多，因此厂用电系统也较简单。但是，在水电厂仍有重要的Ⅰ类厂用负荷，如调速系统和润滑系统的油泵，发电机的冷却系统等，因此对其供电可靠性必须要充分考虑。

对于中小型水电厂，一般只有 380/220 V 一级电压，厂用电母线采用单母线分段，且全厂只设两段，两台厂用变压器以暗备用方式供电。

对于大型水电厂，380/220 V 厂用母线按机组分段，每段均由单独的厂用变压器自各发电机端引接供电，并设置明备用的厂用备用变压器。距主厂房较远的坝区负荷用 6 kV 或 10 kV 电压供电。

图 7－31 所示为一大型水电厂的厂用电系统接线示例。该水电厂有 4 台大容量机组，均采用发电机－双绕组变压器组单元接线，其中发电机 G2 和 G3 出口处只装设隔离开关，在发电机 G1 和 G4 的出口处装设断路器和隔离开关。

低压厂用电系统采用 380/220 V 电压等级，按机组台数分段，分别由接自发电机出口的厂用变压器 T21～T24 供电。

高压厂用电系统供给坝区闸门及水利枢纽的防洪、灌溉取水、船闸或升船机等大功率设施用电，设有两段6 kV高压母线段，分别由专用的坝区变压器T11和T12供电。坝区变压器T11和T12采用暗备用方式分别由#1和#4机组的主变压器低压侧引接。这样，在发电厂首次启动或全厂停电时，仍可由系统通过主变压器倒送功率向厂用电系统供给电能。

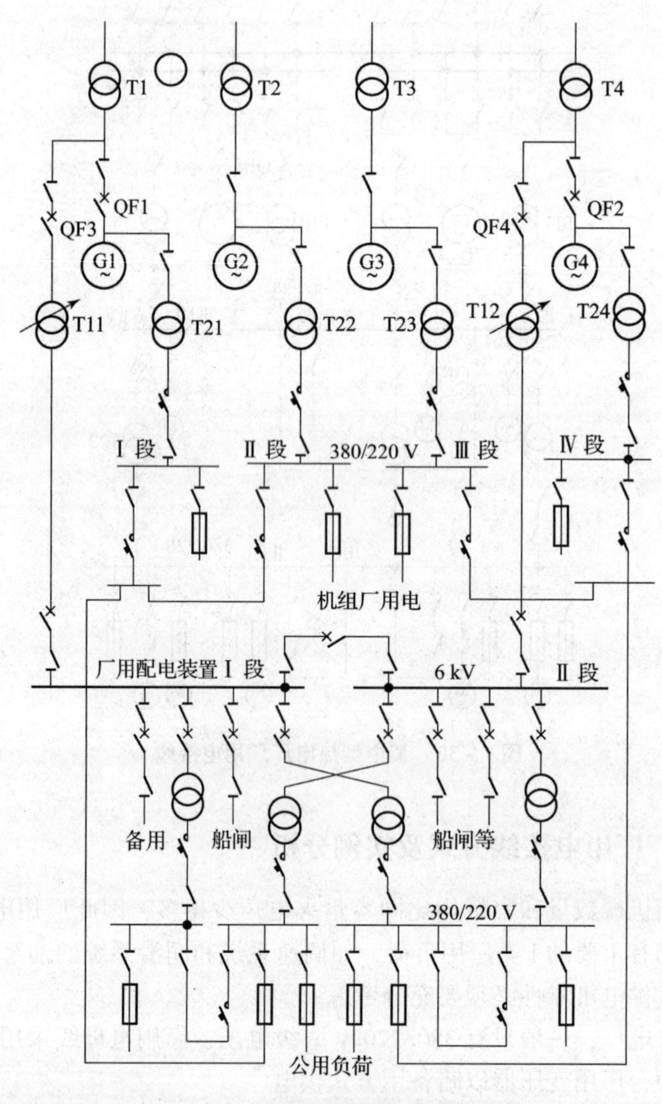

图7-31　某大型水电厂厂用电接线

【习题】

厂用电系统识读（交互习题）

子任务三　站用电系统识图

一、站用电源的引接

(1) 当站内有较低电压母线时，一般均由较低电压母线上引接 1～2 台站用变压器，如图 7－32 (a)～(c) 所示。这种引接方式具有经济性好、可靠性较高的特点。

(2) 当有可靠的 6～35 kV 电源联络线时，将一台站用变压器接于联络线断路器外侧，更能保证站用电的不间断供电，如图 7－32 (d) 所示。这种引接方式对采用交流操作电源的变电站及取消蓄电池而采用硅整流或复式整流装置取得直流电源的变电站尤为必要。

(3) 由主变压器第三绕组引接，如图 7－32 (e) 中的#1 站用变压器。站用变压器的高压侧要选用断流容量大的开关设备，否则要加装限流电抗器。图 7－30 (e) 中的#2 站用变压器及调相机的启动变压器由站外电源引接。该图相当于 220～500 kV 变电站只有一台主变压器时的情况。

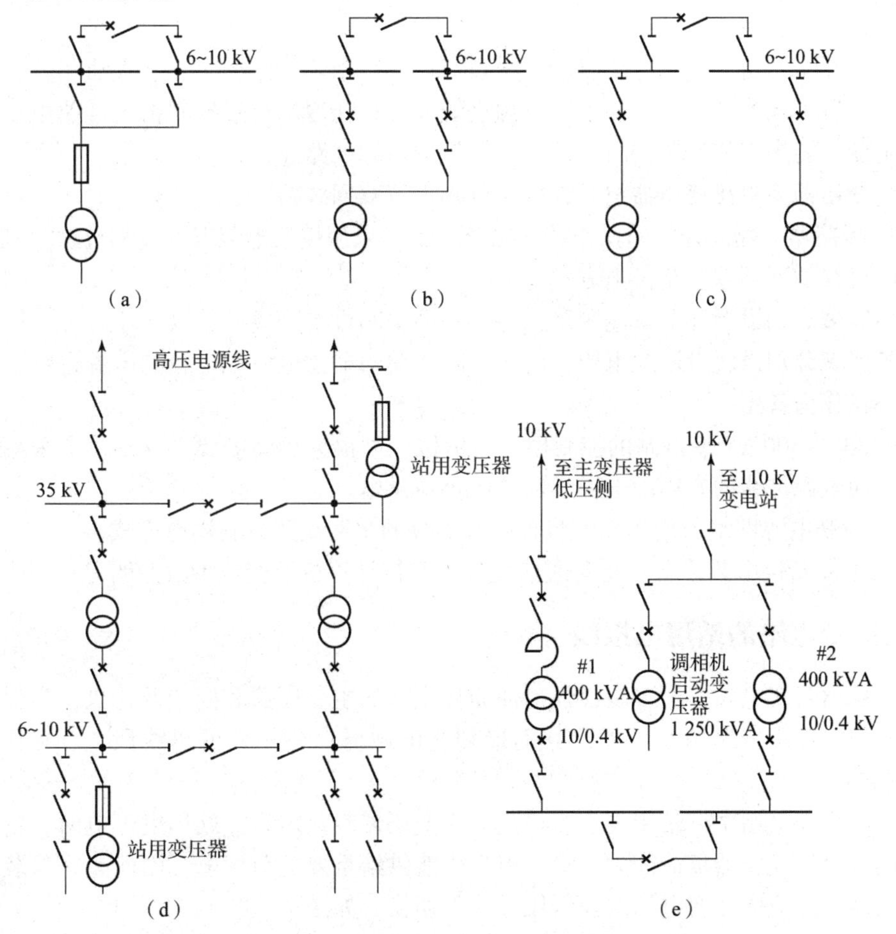

图 7－32　站用变压器的引接方式

(a)、(b) 一台站用变压器从两段低压母线上引接；(c) 两台站用变压器分别从两段低压母线上引接；
(d) 一台站用变压器从低压母线上引接，另一台从联络线的断路器外侧引接；
(e) 一台站用变压器从主变压器低压侧引接，另一台及调相机启动变压器从站外电源线引接

(4) 由于低压电网故障较多，从站外低压电网引接站用备用电源的可靠性较差，多用于只有一台主变压器或一段较低电压母线时的过渡阶段。500 kV 变电站多由附近的发电厂或变电站引接专用线路作为站用备用电源。

二、 站用电接线及供电方式

(1) 站用电系统采用380/220 V 中性点直接接地的三相四线制，动力与照明合用一个电源。

(2) 站用电母线采用按工作变压器划分的分段单母线，相邻两段工作母线间可配置分段断路器或联络断路器，各段同时供电、分列运行。由于其负荷允许短时停电，工作母线段间不装设自动投入装置，以避免备用电源投合在故障母线上时扩大为全部站用电停电事故。

(3) 对 330 ~ 500 kV 变电站，当任一台工作变压器退出时，专用备用变压器应能自动切换至失电的工作母线段继续供电。

(4) 站用电负荷由站用配电屏供电，对重要负荷采用分别接在两段母线上的双回线路供电方式。

(5) 强油风（水）冷主变压器的冷却装置、有载调压装置及带电滤油装置，按下列方式共同设置可互为备用的双回线路电源进线，并只在冷却装置控制箱内自动相互切换。

①主变压器为三相变压器时，按台分别设置双回线路。

②主变压器为单相变压器组时，按组分别设置双回线路。

(6) 断路器、隔离开关的操作及加热负荷，可采用按配电装置区域划分、分别接在两段站用电母线的下列双回路供电方式。

①各区域分别设置环形供电网络，并在环网中间设置隔离开关以开环运行。

②各区域分别设置专用配电箱，向各间隔负荷辐射供电，配电箱的电源进线一路用于运行，一路作为备用。

(7) 330 ~ 500 kV 变电站的控制楼、通信楼，可根据负荷需要，分别设置采用单母线接线、双回电源进线的专用配电屏，向楼内负荷供电。

(8) 检修电源网络采用按配电装置区域划分的单回线路分支供电方式。

(9) 不间断供电装置主要是向通信设备、监控计算机及交流事故照明等负荷供电。

三、 变电站的站用电接线

大容量枢纽变电站，大多装设强迫油循环冷却的主变压器和同步调相机，为保证供电可靠性，应装设两台站用变压器，分别接到变电站低压侧不同的母线段上，如图 7 - 33 (a) 所示。

中等容量变电站中，站用电重要负荷为主变压器冷却风扇，站用电停电时，由于冷却风扇停运，会使变压器负荷能力下降，但它仍能供给重要负荷用电，因此允许只装设一台站用变压器，并应能在变电站两段低压母线上切换，如图 7 - 33 (b) 所示。

采用复式整流装置的中小型变电站，控制信号、保护装置、断路器操作电源等均由整流装置供电。为了保证供电的可靠性，应装设两台站用变压器，而且要求将其中一台接到与电力系统有联系的高压进线端，如图 7 - 33 (c) 所示。

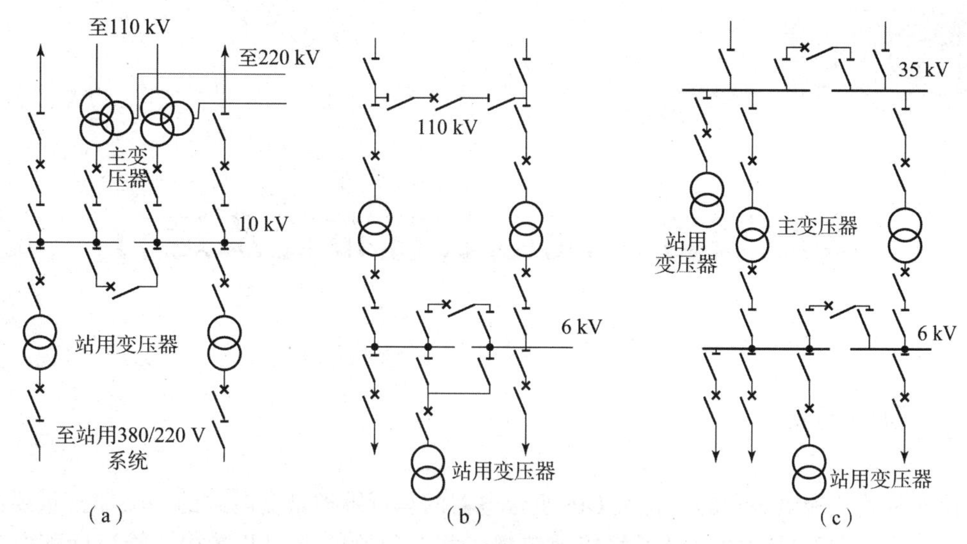

图 7－33　变电站自用电接线

(a) 大容量枢纽变电站；(b) 中等容量变电站；(c) 中小型变电站

站用电识图（微课）

【习题】

站用电系统图识读（交互习题）

项目八

接地装置、配电装置布置及运行

项目场景

接地装置、配电装置的布置及GIS组合电器的运行维护是变电站的一项非常重要的工作之一。通过本项目的学习可了解接地装置、配电装置的类型及结构，能识读配电装置图，能对接地装置、配电装置进行布置，能对成套配电装置进行运维。

相关知识和技能

①了解接地装置、配电装置的类型及结构；②能识读配电装置图；③对接地装置、配电装置进行布置；④能对成套配电装置进行运维。

任务一　接地装置布置

【任务描述】 通过本任务的学习，学生可了解接地装置的类型及结构；能对接地装置进行布置及运维。

【教学目标】

知识目标：掌握接地装置的类型及布置。

技能目标：能布置接地装置。

【任务实施】 ①课前根据推送材料认识接地装置并做相应测试，教师根据测试情况设计课堂教学内容；②课中学习基地装置的布置，做好笔记；③课后归纳总结，并做相应测试，根据测试情况回看相关素材。

【知识链接】 接地、接地体、接地电阻、接地装置。

子任务一　认识接地装置

接地装置是电力系统完成发电、输电、供电的必备电器设施，在设计、施工、运行维护中都应重视使接地装置具有良好的接地性能，这是电力系统安全可靠运行的重要保证。

一、 接地的定义

知识点1：接地定义.png

接地就是将设备上应该接地的部分，通过接地装置，与大地做良好的电气连接。

二、 接地装置的组成

接地装置由接地体和接地引下线组成，如图 8－1 所示。接地体是埋入地下与大地直接接触的金属导体。接地引下线是连接于接地体与必须接地部分之间的金属导体。

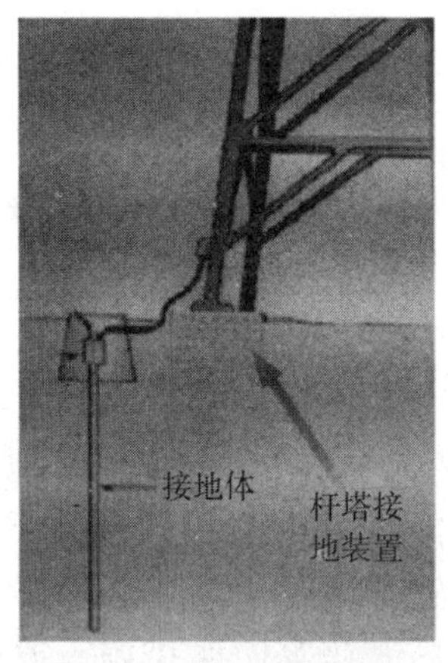

图 8－1　接地装置组成

知识点2：接地装置定义.png

什么是接地装置（视频文件）

三、 接地的种类及各类接地电阻的要求

知识点3：接地的种类及各自作用.png

1. 接地的种类

接地有工作接地、保护接地、防雷接地和防静电接地四种。

（1）工作接地是电力系统正常工作需要而进行的接地。如变压器中性点接地，是为了稳定电网对地电位，从而降低电气设备绝缘水平。

（2）保护接地是为了保证人身安全，将电气设备正常运行中不带电的金属部分可靠接地。如电气装置的金属外壳、配电装置的构架、线路杆塔，利用小接地电阻强分流或跳闸，以防设备外壳带电，大电流通过人体时，危及人身安全。

（3）防雷接地是为了将雷电流引入大地而进行的接地。如避雷针（线）、避雷器的接地。它的作用是减小接地电阻，使得雷电流通过时降低雷电过电压。

（4）防静电接地是指把可能产生静电的设备接地。易燃易爆液体、可燃气体和可燃粉尘的设备和管道，它的作用是泄放静电，防止静电危害影响。

2. 各接地类型接地电阻的要求

（1）工作接地是电力系统正常运行的需要而设置的接地，如三相系统的中性点接地、配电变压器低压侧中性点接地，接地电阻要求在 0.5～10 Ω 范围。

(2) 保护接地是由于电气设备的金属外壳因绝缘损坏而带电，为保护人身和设备安全而设置的接地。如电机、变压器以及高低压电器等外壳接地。对高压设备，接地电阻要求在1～10 Ω范围，低压设备接地电阻≤4 Ω。

(3) 防雷接地是为雷电保护装置向大地泄放雷电流而设置的接地。对避雷针、避雷线、避雷器的接地，接地电阻要求小于10 Ω。

(4) 防静电接地是为防止静电引起爆燃而设置的接地。如易燃油、天然气和管道等，接地电阻≤30 Ω。

子任务二　接地装置敷设

一、接地体的形式

接地体按土壤电阻率不同分为放射形接地体、环状接地体和混合接地体。接地体按埋入地中方式不同又分为水平接地体和垂直接地体两种。

二、接地装置的材料要求

接地装置主要由扁钢、圆钢、角钢或钢管组成。对接地材料的要求是：接地体的材料一般采用镀锌钢材；水平敷设接地体一般采用圆钢或扁钢，垂直敷设接地体一般采用角钢或钢管；接地体的导体截面应符合热稳定与均压的要求，由设计给定；敷设在腐蚀性较强场所的接地体，应根据腐蚀的性质采取热镀锡、热镀锌等防腐措施，或适当加大截面。

1. 接地电阻

接地电阻表示电流通过接地装置流入大地所受到的阻碍作用。接地电阻的数值等于接地体的对地电压与通过接地体流入地中的电流的比值，即 $R=U/I$。接地电阻数值主要由接地体附近约20 m半径范围内的电阻决定，与土壤电阻率直接有关。

2. 接地电阻值的要求

对于1 kV以下的装置，一般不应大于4 Ω。对于配电变压器：100 kVA及以上，不大于4 Ω；100 kVA以下，可不大于10 Ω。

对于1 kV以上的装置：大接地电流系统，不应大于0.5 Ω；小接地电流系统，一般不应大于10 Ω。

一般中小型变配电所的接地电阻不应大于4 Ω。

3. 接地装置装设的一般要求

首先充分利用自然接地体。实地测量的自然接地体电阻如能满足接地体电阻值的要求和热稳定条件，可不必再装设人工接地装置；自然接地体不满足要求时装设人工接地装置作为补充。

人工接地装置布置时，接地装置附近的电位分布尽量均匀，从而降低接触电压和跨步电压，保证人身安全。

三、 接地装置安装

接地装置的施工安装
（视频文件）

1. 首先要利用好自然接地体

钢结构和钢筋、行车钢轨、埋地的金属管道、敷设地下的电缆金属外皮，均可作为自然接地体。也可以利用建筑物钢筋混凝土基础作为自然接地体。

2. 人工接地体的装设

人工接地体有水平装设和垂直装设两种，接地体上端距地面不应小于0.6 m。水平装设时，接地体长度一般为5～20 m。垂直装设时长度一般为2～3 m。

垂直接地体常采用直径为50 mm、长2.5 m的钢管或50 mm×50 mm×5 mm、长2.5 m的角钢。

为了减小外界温度变化时散流电阻的影响，垂直接地体的上端距地面不应小于0.6 m，通常为0.6～0.8 m。

接地体的布置根据安全、技术要求，因地制宜安排，可以组成环形、放射形或单排布置。为了减小接地体相互间的散流屏蔽作用，相邻垂直接地体之间的距离不应小于2.5～3 m，垂直接地体的顶部采用扁钢或直径圆钢相连。

对于不同的土壤电阻率，一般采用不同形式的接地装置。

当土壤电阻率$\rho<300\ \Omega\cdot m$时，可采用以垂直接地体为主的复合接地装置。当土壤电阻率$300\ \Omega\cdot m<\rho\leqslant500\ \Omega\cdot m$时，可采用以水平接地体为主的复合接地装置。

接地网将多个接地体用接地干线连接成网络，具有接地可靠、接地电阻小的特点，适合大量电气设备接地的需要。

接地网的布置应使地面电位分布均匀，减小接触电压和跨步电压；人工接地网外缘各角应做成圆弧形；变电所接地网应敷设水平均压带。

为了减小建筑物接触电压，接地体与建筑物基础间应保持不小于1.5 m的水平距离，一般取2～3 m。

3. 接地体敷设一般步骤

（1）检查接地沟的深度是否符合设计规定。

（2）对接地体进行质量检查和必要的调整工作，连接焊口不得有开焊或裂纹等缺陷，否则应进行补焊。

（3）接地体为扁钢时，扁钢要立放，以减小散流电阻。

（4）带有垂直接地极的接地装置，应先将接地极打入土壤中，然后再进行接地体和极管的焊接。

（5）接地体的连接。接地装置的连接必须可靠，除设计规定断开处用螺栓连接外，其他均应用焊接连接，并应将连接处的铁锈等附着物清理干净。

搭接长度：圆钢为直径的6倍，并双面焊接；扁钢为其宽度的2倍，并应四面施焊。焊接后应进行防腐处理。

（6）回填。接地沟的回填土应尽量使用好土，土中不得掺杂石块、树根和其他杂物。冻土块应打碎后再回填。回填土必须夯实，并应依次夯打。

（7）接地引下线的连接。接地引下线应采用热镀锌导体，下端与接地体焊在一起，上端用连板螺栓连接。

【习题】

知识点4：接地装置的
施工安装.png

子任务三　接地电阻测量

无论是接地装置装设的一般要求中，还是接地装置的维护检查内容中，都要求接地电阻应满足规定值。

一、　接地电阻的测量

1. 测量前的准备

1）应准备的工器具

接地电阻测量（视频文件）

个人工具、专用工具、测试记录卡（一份）。接地电阻测量工器具包括榔头、扳手、钢丝刷、ZC－8 型接地电阻测试仪及导线和探针、绝缘手套。如图 8－2 所示为接地电阻测量工器具。

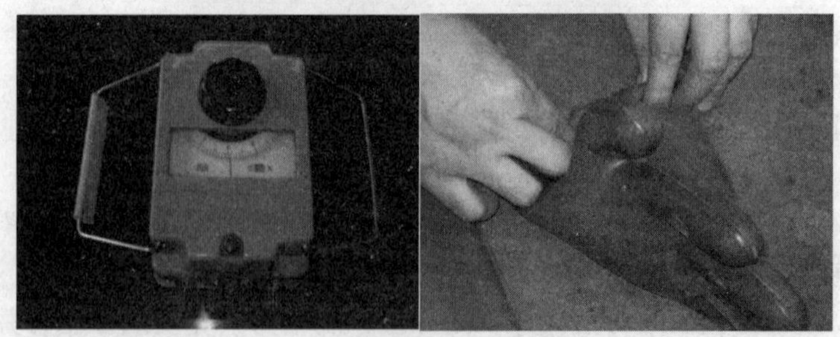

图 8－2　接地电阻测量工器具

2）工器具的检查

附件检查仪表附有两个接地探针和连接导线，如图 8－3 所示，导线长为 40 m、20 m、5 m。

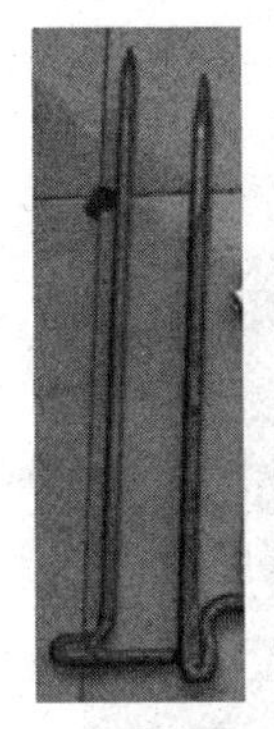

图 8－3　接地探针和连接导线

3）表计检查

ZC—8 型接地电阻测试仪外观如图 8－4 所示。

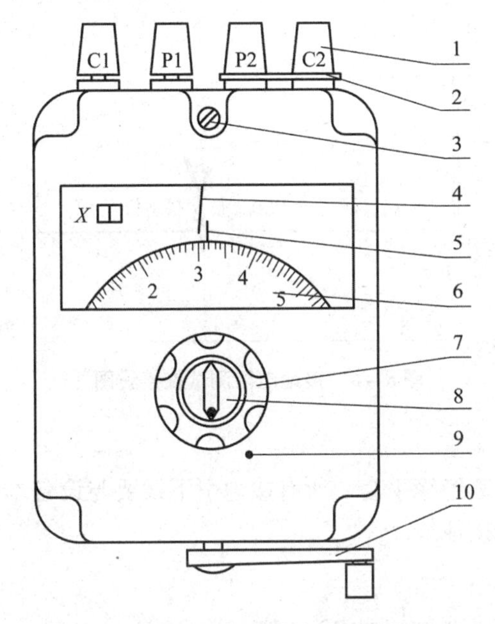

图 8－4　ZC—8 型接地电阻测试仪外观

1—接线端子；2—连接片；3—检流计指针零位调整；4—检流计指针；5—基线；6—刻度盘；7—刻度盘调节旋钮；8—倍率选择旋钮；9—倍率挡位标志；10—摇把

外观检查：表壳应完好无损；接线端子应齐全完好；检流计指针应能自由摆动。

调整：将表位放平，检流计指针应与基线对准，否则需调准。

试验：将表的四个接线端（C1、P1、P2、C2）短接；表位放平稳，倍率挡置于将要使用的一挡；调整刻度盘，使“0”对准下面的基线；摇动摇把到每分钟 120 转，检流计指针应不动。

2. 打入测试探针

如图 8－5 所示打入测试探针，要求入土 0.6 m 以上，垂直地面，不得松动，要保证与土壤连接紧密。图 8－6 所示为连接测试线和测试探针示意图。

图 8-5 打入测试探针

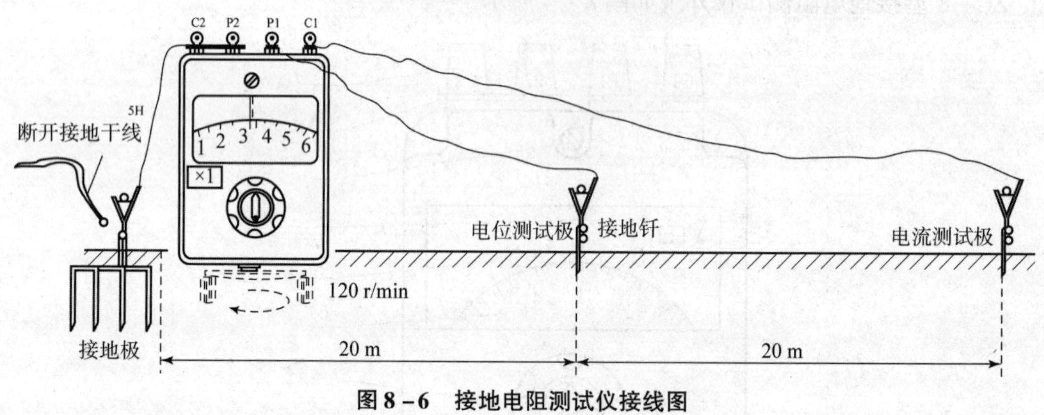

图 8-6 接地电阻测试仪接线图

3. 拆卸接地引下线

拆卸接地引下线必须戴绝缘手套。所有接地引下线要与设备本体断开。接地引下线拆卸后，人体不得接触设备接地线。

4. 实际测量

（1）按图示方法接好各条线（此 40 m 成一条直线）。

（2）慢摇摇把，同时调整刻度盘（检流计指针右偏，使刻度盘反时针方向转动；指针左偏，使刻度盘顺时针方向转动）使指针复位。当指针接近基线时，应加快摇表速度达到每分钟 120 转，并仔细调整刻度盘，使指针对准基线，然后停止摇表。

（3）读数：读取对应基线处刻度盘上的数。

（4）计算：被测接地电阻值 = 读数 × 倍率（Ω）。

（5）收回测量用线、接地钎子和仪表。

5. 恢复接地引下线

恢复接地引下线时必须戴绝缘手套，要将所有接地引下线全部恢复。

6. 工作结束

检查所有接地引下线是否连接牢固、紧密。检查所有工器具是否收回。清理现场，做到文明作业。判断接地电阻是否合格。

二、测量中应注意的问题

（1）应正确地选表并做充分的检查。

（2）将被测接地装置退出运行，拆开与接地线的连接螺栓。

（3）在测量的 40 m 一线的上方不应有与之相平行的强电力线路；下方不应有与之相平行的地下金属管线。

（4）雷雨天气不得测量防雷接地装置的接地电阻。

（5）此表不能开路遥测。

（6）遥测接地电阻时，要远离强磁场；表要水平放置。

（7）被测接地极附近不能有杂散电流和已极化的土壤。

（8）下雨后，以及气候、温度、压力等急剧变化时不能测量。

（9）探测针应远离地下水管、电缆、铁路等较大金属体，其中电流极应远离 10 m 以上，电压极应远离 50 m 以上，如上述金属体与接地网没有连接时，可缩短距离 1/2 ~ 1/3。

（10）连接线应使用绝缘良好的导线，以免有漏电现象。

（11）注意探针插入土壤的位置，应使电压极处于零电位的状态。

（12）测试宜选择土壤电阻率大的时候进行，如初冬或夏季干燥季节时进行。

子任务四　接地装置运行维护

接地装置在日常运行中，因受自然界及外力的影响与破坏，出现接地线锈蚀中断、接地电阻变化等现象，这将影响电气设备和人身的安全。因此，正常运行中的接地装置，应该有正常的管理、维护和周期性的检查、测试和维修，以确保其安全性能。

接地装置的运行维护
（视频文件）

一、接地装置的检查测试周期

（1）变配电所接地网，每年检查、测试一次。

（2）车间电气设备的接地线、接零线每年至少检查两次；接地装置的接地电阻每年测试一次。

（3）各种防雷保护的接地装置，每年至少应检查一次；架空线路的防雷接地装置，每两年测试一次。

（4）独立避雷针的接地装置，每年雷雨季前检查一次；接地电阻每五年测试一次。

（5）10 kV 及以上线路上的变压器，工作接地装置每两年测试一次。

（6）10 kV 及以下线路变压器工作接地装置，随线路检查。

二、接地电阻测量注意事项

接地电阻的测试应在当地较干燥的季节，土壤电阻率最高的时期进行。当年摇测后，于冬季土壤冰冻时期再测一次，以掌握其因地温变化而引起接地电阻的变化差值。

三、接地装置维护检查的具体内容

（1）接地线与电气设备外壳及与接地网的连接处是否接触良好。

(2) 接地线有无折断、损伤、腐蚀现象。

(3) 接地点土壤是否因受外力影响而有松动。

(4) 对接地线地面下 0.5 m 以上部位，应挖开地面检查腐蚀程度，若腐蚀严重时应立即更换。

(5) 人工接地体周围地面上，不应堆放或倾倒有强烈腐蚀性的物质。

(6) 定期测量接地装置的接地电阻，其数值应满足规定值。

运行中的接地装置，若发现有下列情况之一时应及时进行维修：

(1) 接地线连接处有焊缝开焊及接触不良。

(2) 接地线与电气设备连接处的螺栓松动。

(3) 接地线有机械损伤、断股、断线以及腐蚀严重（截面减少30%时）。

(4) 接地体由于洪水冲刷或取土露出地面。

(5) 接地装置的接地电阻值大于规定值。

四、 接地装置的异常处理

引起接地体接地电阻增大的原因主要是接地体严重锈蚀或接地体与接地干线接触不良，需要更换接地体或紧固连接处的螺栓或重新焊接。

引起接地线局部电阻增大的原因主要是连接点或跨接过渡线轻度松散，连接点的接触面存在氧化层或污垢，引起电阻增大，需要重新紧固螺栓或清理氧化层和污垢后再拧紧。

接地体露出地面时，需把接地体深埋，并填土覆盖、夯实。遗漏接地或接错位置时应补接好或改正接线错误。

接地线有机械损伤、断股或化学腐蚀现象时需更换截面积较大的镀锌或镀铜接地线，或在土壤中加入中和剂。连接点松散或脱落时应及时紧固或重新连接。

五、 降低接地电阻的方法

(1) 换土。用电阻率较低的黏土、黑土或砂质黏土替换电阻率较高的土壤。

(2) 增加接地极的埋深和数量。

(3) 外引接地或扩大地网面积，由金属引线将接地体引至附近电阻率较低的土壤中。

(4) 采用降阻剂和接地模块。在接地点的土壤中混入炉渣、废碱液、木炭、炭黑、食盐等化学物质或采用专门的化学降阻剂，进行化学处理，均可有效地降低土壤的电阻率。

(5) 保水。将接地极埋在建筑物的背阳面或比较潮湿处。

(6) 延长接地体。延长接地体，增加与土壤的接触面积，以降低接地电阻。

(7) 对冻土的处理。在冬天，向接地点的土壤中加泥炭，防止土壤冻结，或将接地体埋在建筑物的下面。

六、 接地网的防腐措施

我们先来了解接地网腐蚀的主要部位：

(1) 主地网的腐蚀。埋在地下 0.5 ~ 0.8 m 土层中，具有一般土壤腐蚀的特点。

(2) 引下线的腐蚀。大气介质和土壤介质电化学腐蚀机理的差别和土壤表层结构组成的不均一性，使得引下线材质的腐蚀比主接地网更加严重。

(3) 电缆沟中接地带的腐蚀。电缆沟中经常积水，而水又不易蒸发，致使比在一般大气条件下有更严重的腐蚀。

主接地网防腐蚀的措施主要有：

(1) 采用导电防腐涂料。

(2) 阴极保护法。变电站中采用埋入电位更负的活泼金属与被保护金属偶接，从而具有减缓或阻止腐蚀的作用。

(3) 采用无腐蚀性或腐蚀性小的回填土。

(4) 采用镀锌圆断面接地体。在相同的腐蚀条件下，扁钢导体的残留断面减小更快。另外，最好采用镀锌的接地体。

七、 接地引下线的防腐措施

1. 一般防腐措施

一般防腐措施是涂防锈漆或镀锌。

2. 特殊防腐措施

在接地体周围尤其在拐弯处加适当的石灰、提高 pH 值；或在其周围包上碳素粉加热后形成复合钢体。对于化工区的接地引下线的拐弯处，可在 590 ~ 650 ℃范围内退火清除应力后，再涂防腐涂料。另外，在接地引下线地下近地面 10 ~ 20 cm 处最容易被锈蚀，可在此段套一段绝缘，如塑料等。

八、 电缆沟的防腐措施

电缆沟的防腐措施主要有：

(1) 降低电缆沟的相对湿度。使其相对湿度在 65% 以下，以消除电化学腐蚀的条件。

(2) 对接地体涂防锈涂料。接地体采用镀锌或热镀锌处理以改变接地体周围的介质。具体做法是用水泥混凝土将扁钢浇筑到电缆沟的壁内，在电缆沟施工中将接地扁钢三面浇筑到混凝土两壁中，对于各焊点再做特殊处理，如打掉焊渣、涂沥青或用混凝土覆盖。

【习题】

知识点5：接地装置的运行与维护.png

任务二　配电装置布置

【任务描述】 图 8 – 7 是 110 kV 普通中型单母线分段接线出线间隔断面图，试识读此断面图。

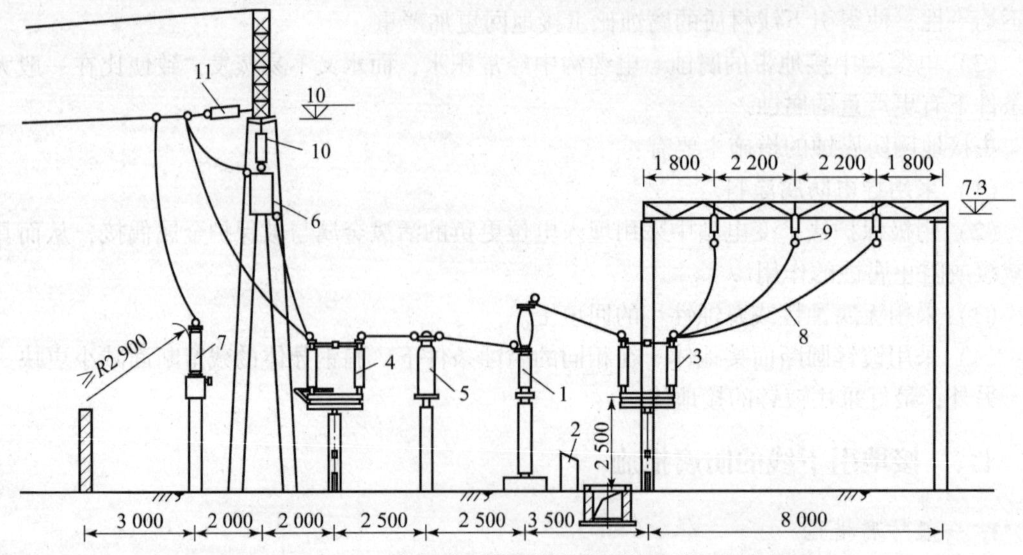

图 8-7　110 kV 普通中型单母线分段接线出线间隔断面图

1—断路器；2—端子箱；3—隔离开关；4—带接地刀闸的隔离开关；5—电流互感器；6—阻波器；7—耦合电容器；8—引下线；9—母线；10，11—绝缘子

【教学目标】

知识目标：掌握配电装置的类型及布置。

技能目标：能布置配电装置。

【任务实施】　①课前根据推送材料认识配电装置并做相应测试，教师根据测试情况设计课堂教学内容；②课中学习配电装置的布置，做好笔记；③课后归纳总结，并做相应测试，根据测试情况回看相关素材。

【知识链接】　屋内配电装置、屋外配电装置、成套配电装置、平面图、断面图、安装图。

子任务一　初识配电装置

一、配电装置的定义

配电装置是依据主接线图，由开关电器、载流导体、保护和测量电器等设备以及必要的辅助设备，按一定要求建造而成的电工建筑物。它的作用是接收和分配电能。

配电装置按安装场所分为屋内配电装置和屋外配电装置。

配电装置按组装方式分为现场组装的装配式配电装置和工厂预制的成套式配电装置。成套式配电装置主要是 3 ~ 35 kV 高压开关柜和 SF_6 全封闭组合电器等。

配电装置按电压等级分为低压配电装置、高压配电装置和超高压配电装置。低压配电装置电压等级是 380/220 V，高压配电装置是 6 ~ 220 kV，超高压配电装置是 330 kV 及以上。

二、配电装置的特点

1. 屋内配电装置的特点

屋内配电装置的优点是安全净距小，可分层布置，占地少；维修操作方便，由于在室内进行，受外界影响小，维护量少。缺点是投资大，需建造房屋。其应用在 35 kV 及以下，110 ~ 220 kV 有特殊要求的地区。

2. 屋外配电装置的特点

屋外配电装置的优点是建设费用少，周期短；扩建较方便；设备间距离较大，便于带电作业。缺点是占地多，设备露天运行，受外界影响较大。其应用在 110 kV 及以上的配电装置。

3. 成套配电装置的特点

成套配电装置的优点是结构紧凑、占地面积小、建造期短、运行可靠、维护方便，便于扩建和搬迁。缺点是耗材多、造价高。其应用在 3 ~ 35 kV 配电装置，110 ~ 500 kV 的 SF_6 组合电器。

三、 配电装置的基本要求

配电装置设计和建造应认真贯彻国家的技术经济政策和有关规程的要求，保证运行安全和工作可靠，便于检修、操作和巡视，节约投资和运行费，方便安装和扩建。

四、 配电装置的安全净距

什么是安全净距呢？安全净距是以保证不放电为条件，该级电压允许在空气中的物体边缘间的最小空气距离。通常用 A、B、C、D、E 来表示。

（1）配电装置的各种间距中，最基本的是 A 值。A 值有 A_1 和 A_2 两个值。A_1 值指带电部分至接地之间的最小安全净距。A_2 值是指不同相的带电部分之间的最小安全净距。B、C、D、E 等值均在 A_1 值基础上得出的。

（2）B 值：分为 B_1、B_2 两项。B_1 是指带电体对栅栏和带电体对运行设备间的距离。$B_1 = A_1 + 750$（mm），公式中 750 mm 是手臂的长度。考虑到一般人员手臂误入栅栏时手臂的长度不大于 750 mm，设备运输或移动时的摇摆也不会大于此值。

B_2 是指带电部分至网状遮栏的净距。$B_2 = A_1 + 30 + 70$（mm），式中 70 mm 是手指长度，30 mm 是施工误差。考虑到一般人员手指误入网状遮栏时手指的长度不大于 70 mm，另外考虑了 30 mm 的施工误差。

（3）C 值：裸导体如架空线路距地面的高度。

屋外：$C = A_1 + 2\,300 + 200$（mm），考虑到一般人员举手后的总高度不超过 2 300 mm，另外考虑了屋外配电装置 200 mm 的施工误差。

屋内：$C = A_1 + 2\,300$（mm）。

（4）D 值：配电装置检修时人与裸导体之间的距离。

屋外：$D = A_1 + 1\,800 + 200$（mm），考虑到一般检修人员和工具的活动范围不超过 1 800 mm，屋外另外考虑 200 mm 的裕度。

屋内：$D = A_1 + 1\,800$（mm）。

（5）E 值：屋内配电装置通向屋外的出线套管中心至屋外通道路面的净距。35 kV 以下，$E = 4\,000$ mm；60 kV 及以上，$E = A_1 + 3\,500$（mm），考虑到人站在载重汽车车厢中举手高度不超过 3 500 mm。

屋内配电装置的安全净距如表 8 - 1 所示，屋外配电装置的安全净距如表 8 - 2 所示，屋内配电装置安全净距校验图如图 8 - 8 所示，屋外配电装置安全净距校检图如图 8 - 9 所示。

表 8－1　屋内配电装置的安全净距

mm

符号	适用范围	额定电压/kV									
		3	6	10	15	20	35	60	110J	110	220J
A_1	1. 带电部分至接地部分之间； 2. 网状和板状遮栏向上延伸线距地 2.3 m，与遮栏上方带电部分之间	75	100	125	150	180	300	550	850	950	1 800
A_2	1. 不同相的带电部分之间； 2. 断路器和隔离开关的断口两侧带电部分之间	75	100	125	150	180	300	550	900	1 000	2 000
B_1	1. 栅状遮栏至带电部分之间； 2. 交叉的不同时停电检修的无遮栏带电部分之间	825	850	875	900	930	1 050	1 300	1 600	1 700	2 550
B_2	网状遮栏至带电部分之间	175	200	225	250	280	400	650	950	1 050	1 900
C	无遮栏裸导线至地面之间	2 500	2 500	2 500	2 500	2 500	2 600	2 850	3 150	3 250	4 100
D	平行的不同时停电检修的无遮栏裸导线之间	1 875	1 900	1 925	1 950	1 980	2 100	2 350	2 650	2 750	3 600
E	通向屋外的出线套管至屋外通道路面之间	4 000	4 000	4 000	4 000	4 000	4 000	4 500	5 000	5 000	5 500

表 8-2 屋外配电装置的安全净距

mm

符号	适用范围	额定电压/kV								
		3～10	15～20	35	60	110J	110	220J	330J	500J
A_1	1. 带电部分至接地部分之间； 2. 网状和板状遮栏向上延伸线距地 2.5 m，与遮栏上方带电部分之间	200	300	400	650	900	1 000	1 800	2 500	3 800
A_2	1. 不同相的带电部分之间； 2. 断路器和隔离开关的断口两侧带电部分之间	200	300	400	650	1 000	1 100	2 000	2 800	4 300
B_1	1. 栅状遮栏至带电部分之间； 2. 交叉的不同时停电检修的无遮栏带电部分之间； 3. 设备运输时，其外廓至无遮栏带电部分之间； 4. 带电作业时的带电部分至接地部分之间	950	1 050	1 150	1 400	1 650	1 750	2 550	3 250	4 550
B_2	网状遮栏至带电部分之间	300	400	500	750	1 000	1 100	1 900	2 600	3 900
C	1. 无遮栏裸导线至地面之间； 2. 无遮栏裸导线至建筑物、构筑物顶部之间	2 700	2 800	2 900	3 150	3 400	3 500	4 300	5 000	6 300
D	1. 平行的不同时停电检修的无遮栏裸导线之间； 2. 带电部分与建筑物、构筑物的边沿部分之间	2 200	2 300	2 400	2 650	2 900	3 000	3 800	4 500	5 800

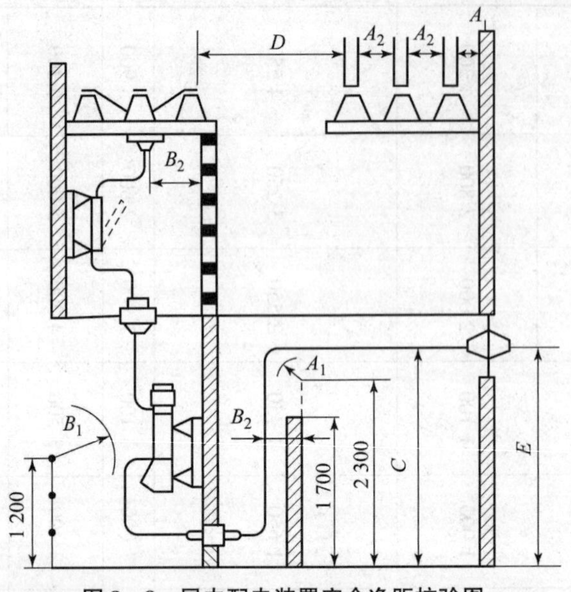

图 8-8　屋内配电装置安全净距校验图

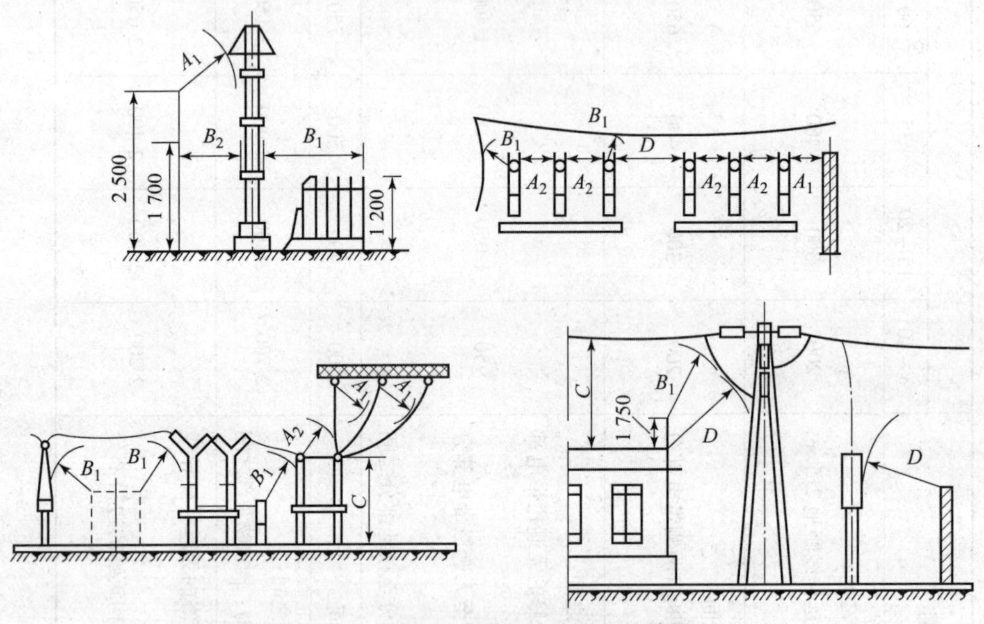

图 8-9　屋外配电装置安全净距校检图

工程实际中，确定安全净距还应考虑以下几个因素：减少相间短路的可能性；软导线在短路电动力、风摆、温度、覆冰及弧垂摆动下，相间与相对地间距离的减小；降低大电流导体周围钢构的发热与电动力；减少电晕损失以及带电检修等因素。

【习题】

初识配电装置（交互习题）

子任务二 认识屋内配电装置

屋内配电装置是将电气设备和载流导体安装在屋内，其特点是：可以分层布置，占地面积较小；维修、巡视和操作不受气候影响；外界污秽的空气对电气设备影响较小，可减少维护的工作量；房屋建筑的投资较大。

35 kV 及以下电压等级的配电装置多采用屋内配电装置。110 kV 及 220 kV 装置有特殊要求和处于严重污秽地区时，也可以采用屋内配电装置。

一、 屋内配电装置类型

屋内配电装置按安装方式分为成套式配电装置和装配式配电装置。常见的成套式配电装置又有低压开关柜、3 ~ 35 kV 高压开关柜、SF_6 全封闭组合电器三种。

屋内配电装置通常采用成套式配电装置。按布置方式分单层式、两层式和三层式。单层式电气设备布置在一层房屋内，用于单母线接线、出线不带电抗器的配电装置，常采用成套开关柜，以减小占地面积。

两层式电气设备按轻重布置，断路器、电抗器在底层，母线及其隔离开关在二层，用于带出线电抗器的情况。

三层式电气设备也按轻重布置，三层式布置很少采用。

二、 装配式屋内配电装置布置要求

1. 整体布局要求

同一回路的电气设备和载流导体布置在同一间隔内。满足安全净距要求的前提下，充分利用间隔位置。较重的设备布置在底层，减轻楼板荷重，便于安装。出线方便，电源进线尽可能布置在一段母线的中部，以减少通过母线截面的电流。布置清晰，力求对称，便于操作，容易扩建。

2. 有关要求

有关要求包括母线及隔离开关布置、断路器及其操动机构布置、互感器和避雷器布置、电抗器布置、配电装置的通道和出口、电缆隧道与电缆沟布置 6 种，下面将一一进行介绍。

1）母线及隔离开关布置

母线通常装在配电装置的上部。母线及隔离开关布置时，需考虑布置方式、相间距离、几段母线等因素。

布置方式有水平方式、垂直方式和三角形方式 3 种。水平布置可降低房屋高度，容易安装，其应用在中、小容量的发电厂中。垂直布置可获得较高的机械强度，结构复杂，增加房屋高度，其应用在短路电流较大的配电装置中。三角形布置结构紧凑，可充分利用间隔的高度和深度，其适用于 6 ~ 35 kV 大、中容量的配电装置中。

相间距离需考虑相间电压、电动力稳定性、安装条件等方面。几段母线是需要保证一组母线故障或检修时，不影响另一组母线正常工作。

母线隔离开关一般装在母线的下方，防止在带负荷误拉闸时形成电弧短路，并延烧至母线。实际应用时，在 3～35 kV 双母线布置屋内配电装置中，母线与母线隔离开关之间宜装设耐火隔板。两层式的配电装置中，母线隔离开关宜单独布置在一个小室内。

2）断路器及其操动机构布置

断路器通常设在单独的小室内。按照油量防爆要求，小室形式主要有敞开式、封闭式和防爆式 3 种。35 kV 以下多采用敞开式，35 kV 以上多采用防爆式。总油量超过 100 kg 的屋内油浸设备，设在单独的防爆间内。单台设备总油量在 100 kg 以上时，应设储油或挡油设施。

断路器的操动机构设在操作通道内，通常装在间隔的前臂上，适用于手动、轻型远距离控制操动机构；也可装在混凝土基础上，适用于远方控制的重型操动机构。

3）互感器和避雷器布置

电流互感器的布置：无论是干式或油浸式电流互感器，都可和断路器放在同一小室内。

电压互感器的布置：都经隔离开关及熔断器接到母线上，需占用专门的间隔。

避雷器的布置：当母线上装设时，因其体积小，共用一个间隔，需用隔层隔开。

4）电抗器布置

电抗器较重，多装设在底层的小室内，电抗器应有良好的通风条件。电抗器有 3 种不同的布置方式，即三相垂直、品字形和水平布置，如图 8－10 所示。垂直布置是三相重叠在一起。品字形布置是 A 相、B 相重叠在一起，C 相落地。水平布置是三相电抗器均放在地面上。在垂直和品字形布置时，应注意 B 相电抗器绕向应与 A、C 相相反，不能使 A、C 相电抗器叠装在一起。通常出线电抗器采用垂直式或品字形布置。当电抗器的额定电流超过 1 000 A、百分电抗超过 5%～6% 时，由于质量和尺寸过大，垂直布置会使电抗器小室高度增加较多，故应采用品字形布置；额定电流超过 1 500 A 的母线分段电抗器或变压器低压侧的分裂电抗器，则采取水平布置。

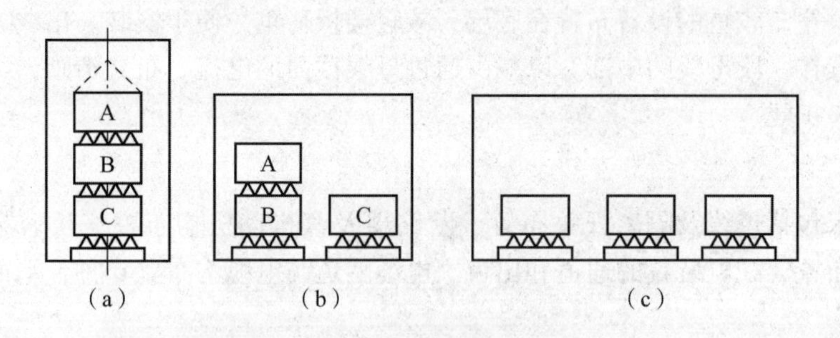

图 8－10　电抗器的布置方式

（a）垂直布置；（b）品字形布置；（c）水平布置

5）配电装置的通道和出口

通道设有维护通道、操作通道和防爆通道。维护通道是用来维护和搬运设备的通道，操作通道是设有开关操动机构或控制屏的通道，防爆通道是与防爆小间相通的通道，出口是保证工作人员安全和工作方便而设的。长度 <7 m 时，配电装置设 1 个出口；长度 >7 m 时，配电装置设 2 个出口；长度 >60 m 时再增加一个出口。

6）电缆隧道与电缆沟布置

电缆隧道及电缆沟是用来放置电缆的。电缆隧道为封闭狭长的构筑物，高 1.8 m 以上，两侧设有数层敷设电缆的支架，可容纳较多的电缆，人在隧道内能方便地进行敷设和维修电缆工作。电缆隧道造价较高，一般用于大型电厂。电缆沟为有盖板的沟道，沟深与宽不足 1 m，敷设和维修电缆不方便；沟内容易积灰，可容纳的电缆数量也较少；工程简单，造价较低，因此常为变电站和中、小型电厂所采用。

为确保电缆运行安全，电缆隧道（沟）在进入建筑物处，应设带门的耐火隔墙（电缆沟只设隔墙），以防发生火灾时，烟火向室内蔓延扩大事故；一般将电力电缆与控制电缆分开排列在过道两侧。

【习题】

认识屋内配电
装置（交互习题）

子任务三　认识屋外配电装置

一、 屋外配电装置的定义

屋外配电装置是指将电气设备安装在露天场地基础、支架或构架上的配电装置。它也是一般多用于 110 kV 及以上电压等级的配电装置。

二、 屋外配电装置的特点

土建工作量和费用较小，建设周期短，扩建比较方便；相邻设备之间距离较大，便于带电作业；占地面积大；受外界环境影响，设备运行条件较差，需加强绝缘；不良气候对设备维修和操作有影响。

根据电气设备和母线布置的高度，屋外配电装置可分为中型、半高型和高型三种。

中型配电装置的所有电器都安装在同一水平面内，并装在一定高度（2～2.5 mm）的基础上，与母线、跳线成三种不同高层的布置方式。布置清晰，运行、操作、检修较方便可靠；但占地面积过大。

图 8－11 是一幅 110 kV 屋外普通中型单母线分段接线出线间隔配置图，构架、软母线、下引线、断路器、隔离开关、带接地刀闸的隔离开关、耦合电容、阻波器、绝缘子等所有电气设备配置在一定高度的同一水平面上。

半高型、高型配电装置中，母线和电器分别装在几个不同高度的水平面上，并上、下重叠布置。半高型配电装置仅将母线与断路器、电流互感器等重叠布置，而高型配电装置将两组母线及母线隔离开关重叠布置。半高型、高型配电装置节省占地，但构架消耗较多，且巡视检查不便。图 8－12 所示为 110 kV 单母线、进出线均带旁路、半高型布置的进出线间隔断面图。

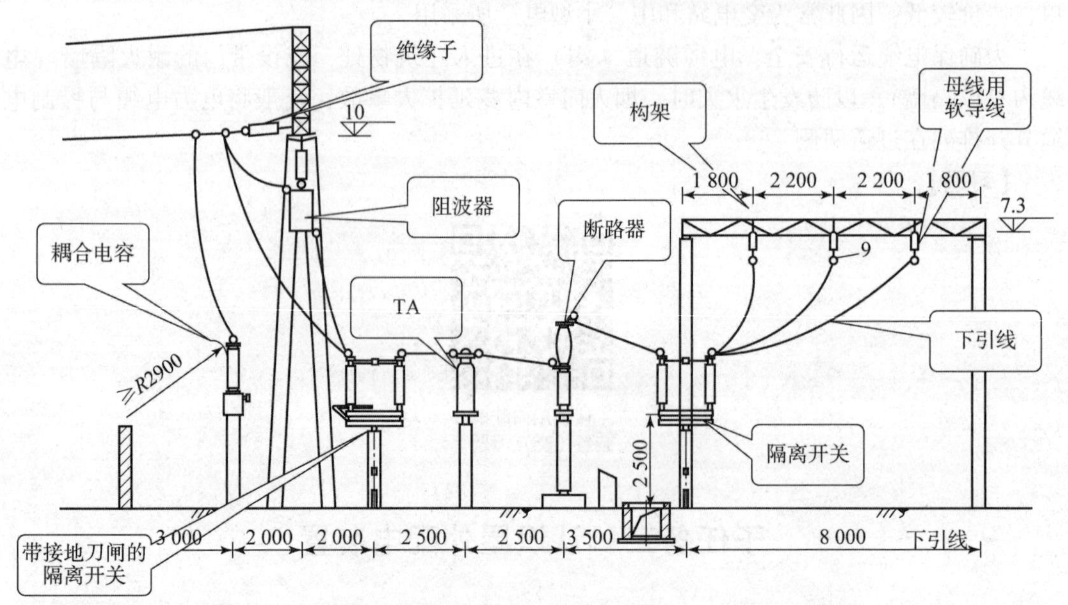

图 8-11　110 kV 屋外普通中型单母线分段接线出线间隔配置图

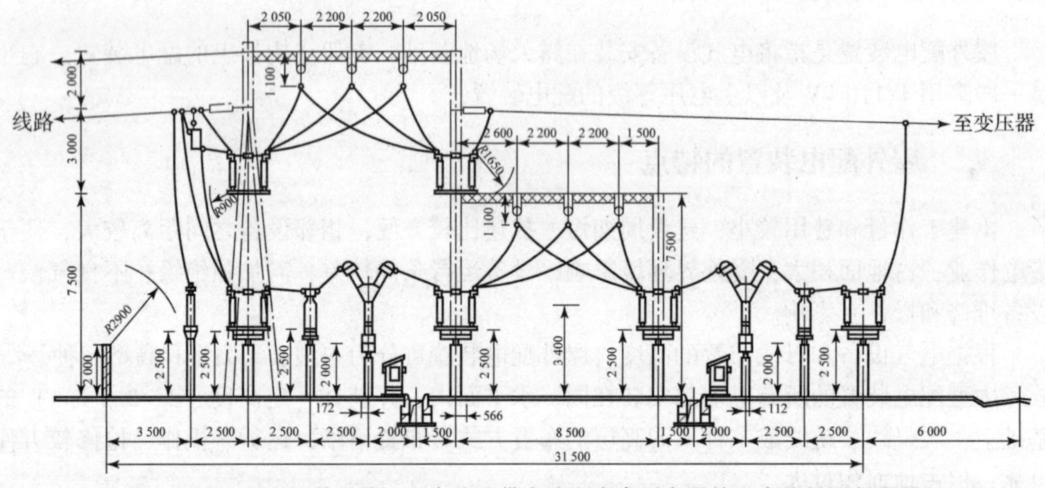

图 8-12　110 kV 单母线、进出线均带旁路、半高型布置的进出线间隔断面图

图 8-13 是一幅 220 kV 双母线、进出线带旁路、纵向三框架结构、断路器双列布置的高型配电装置进出线间隔断面图，母线和母线隔离开关重叠布置，主母线下无电气设备，主要用于 220 kV 地方受限场合，是中型占地的 40%~50%。

三、屋外配电装置的要求

1. 母线及构架的布置

软母线三相呈水平布置，用悬式绝缘子悬挂在母线构架上。硬母线一般采用柱式绝缘子，安装在支柱上。屋外配电装置的构架，可由型钢或钢筋混凝土制成。

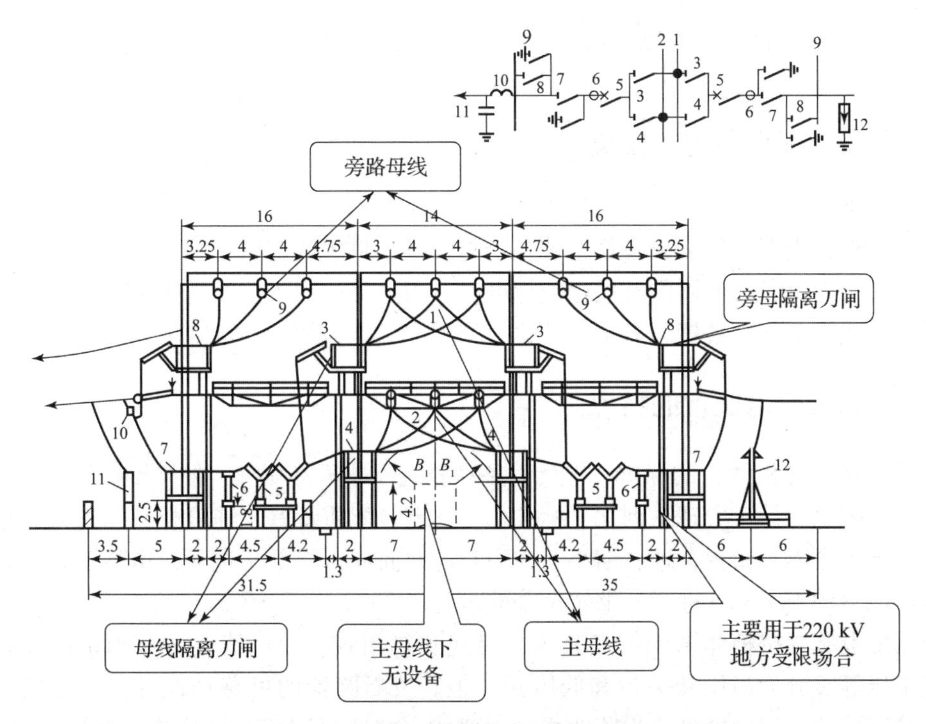

图 8－13　220 kV 双母线、进出线带旁路、纵向三框架结构、断路器双列布置的高型配电装置进出线间隔断面图

2. 电力变压器的布置

落地布置变压器的基础一般做成双梁并铺有铁轨。储油布置单个油箱油量超过 1 000 kg的变压器，下面应设置储油池。布置主变压器与建筑物的距离不应小于1.25 m。两台油重均超过2 500 kg 的变压器布置在一起时，其间净距不小于5～10 m 或设防火隔墙。

3. 电气设备的布置

断路器采用单列、双列和三列布置；常用低式或高式布置；低式安装在0.5～1 m 的混凝土基础上，高式安装在约2 m 高的混凝土基础上。

隔离开关和互感器均采用高式布置；避雷器可采用高式或低式布置；电缆沟采用纵向或横向布置。其他布置，包括环形道路、巡视小道、固定遮栏等。

【习题】

认识屋外配电装置（交互习题）

子任务四　认识成套配电装置

一、　成套配电装置的定义

成套配电装置是制造厂成套供应的设备。按主接线的要求，将同一回路的开关电器、测量仪表、保护电器和辅助设备都组装在全封闭或半封闭的金属柜内。

制造厂生产出各种不同的开关柜或标准件，用户可按照主接线选择相应回路的开关柜或元件，组成一套配电装置。

二、　成套配电装置的特点

有金属外壳（柜体）的保护，电气设备和载流导体不易积灰，便于维护，尤其适用于污秽地区的配电。易于实现系列化、标准化，具有装配质量好、速度快，运行可靠性高的特点。其结构紧凑、布置合理、缩小了体积和占地面积，降低了造价。电器安装、线路敷设与变配电室的施工分开进行，缩短了基建时间。

成套配电装置按柜体结构特点分为开启式和封闭式。按母线条数分为单母线和双母线。按电压等级分为高压开关柜和低压开关柜。按断路器的可移动性分为固定式和手车式。按断路器的置放位置可分为落地式和中置式。按照封闭程度可分为开关柜、SF_6 全封闭组合电器和箱式变电站等。

35 kV 及以下成套配电装置大多为屋内式，各种电器的带电部分之间用空气作绝缘介质。3～35 kV 的成套配电装置称为高压开关柜；1 kV 以下的称为低压配电屏；110 kV 及以上成套配电装置用 SF_6 气体作绝缘和灭弧介质，并将整套电器密封在一起，称为 SF_6 全封闭组合电器。

三、　低压成套配电装置

低压配电屏，又称配电柜或开关柜，它用在 1 kV 以下的供配电电路中。低压成套配电装置按柜体结构特点分为开启式和封闭式；按控制层次分为配电总盘、分盘动力、照明配电箱。我国生产的低压开关柜以固定式和手车式两类为主。

下面我们来了解几种常见的低压成套配电装置。

1. PGL 型交流低压配电屏

PGL 型交流低压配电屏（开启式双面维护）用于发电厂、变电厂、厂矿企业中作为交流 50 Hz、额定工作电压交流 380 V、额定工作电流 1 500 A 及以下的低压配电系统中，作为动力、配电、照明之用。P 表示低压开启式；G 表示元件固定安装、固定接线；L 表示动力用。

2. GGD 型固定式低压配电屏

GGD 型固定式低压配电屏可进行单面操作、双面维护，分断能力高，动热稳定性好，电气方案灵活、组合方便、防护等级高。第一个 G 表示交流低压配电柜；第二个 G 表示电气元件固定安装、固定接线；D 表示电力用柜。

3. GCS 低压抽屉式开关柜

GCS 低压抽屉式开关柜采用密封式结构，可进行正面操作，双面维护，分断、接通能力高，动热稳定性好，电气方案灵活，组合方便，系列性、实用性强，结构新颖，防护等级高，将逐步取代固定式低压配电屏。G 表示封闭式开关柜；C 表示抽出式；S 表示设备厂家代号。

4. MNS 低压抽出式开关柜

MNS 低压抽出式开关柜采用标准模件组装的组合装配式结构，设计紧凑，组装灵活，通用性强。M 表示标准模件；N 表示低压；S 表示开关配电设备。

四、 高压成套配电装置

1. 高压开关柜的型号含义

高压开关柜的型号有以下两个系列的表示方法：

（1）G 表示高压开关柜；F 表示封闭型；第三个字母表示类别，C—手车式，G—固定式；第四个数字代表额定电压或设计序号，电压单位为 kV。例如，GFC—10 型号含义为手车式封闭型的 10 kV 高压开关柜。

（2）第一个字母表示柜型，G—高压开关柜，J—间隔型，K—铠装型；第二个字母代表类别，Y—移开式，G—固定式；第三个字母表示安装地点，N 表示户内式；第四个数字表示额定电压，单位为 kV。例如，KGN—10 型号含义为金属封闭铠装户内 10 kV 的固定式开关柜。

2. 高压开关柜的类型

常见的高压开关柜有固定式高压开关柜和手车式高压开关柜两种。

（1）固定式高压开关柜：断路器安装位置固定，各功能区相通而且敞开，采用母线和线路的隔离开关作为断路器检修的隔离措施。

（2）手车式高压开关柜：断路器安装于可移动的手车上，便于检修，各功能区采用金属封闭或采用绝缘板的方式封闭，有一定的限制故障扩大的能力。

高压开关柜应具备“五防”功能，即防止误分、误合断路器，防止带负荷分、合隔离开关或带负荷推入、拉出手车隔离插头，防止带电挂接地线或合接地开关，防止带接地线或接地开关合闸，防止误入带电间隔，以保证可靠的运行和操作人员的安全。

下面简单介绍几种常见的高压开关柜。

（1）KGN—10 型固定式开关柜：采用金属封闭式结构，可进行双面维护，柜内用接地的金属隔板分成母线室、断路器室、电缆室、操动机构室、继电器室及压力释放通道。适用于三相交流 50 Hz、额定电压为 3 ~ 10 kV、额定电流为 2 500 A 的单母线系统，用以接收和分配电能。

（2）XGN2—10 型固定式开关柜：采用金属封闭箱式结构，由断路器室、母线室、电缆室和仪表室等部分构成。断路器室在柜体的下部；母线室在柜体后上部，母线呈“品”字形排列；电缆室在柜体下部的后方，电缆固定在支架上；仪表室在柜体前上部。

XGN2—10 型固定式开关柜，用于 12 kV 及以下三相交流 50 Hz 系统中，作为接收与分配电能之用，特别适合于频繁操作的场合，其母线系统为单母线，也可派生出单母线带旁路和双母线结构。

（3）KYN1—12 型铠装开关柜：适用于三相交流 50 Hz、额定电压为 3 ~ 10 kV 中性点不接地的单母线及单母线分段系统，作为接收和分配电能之用。适用于各类型发电厂、变电站及工矿企业，为全封闭型结构，由继电器室、手车室、母线室和电缆室 4 个部分组成。

（4）KYN28A—12 型中置式开关柜：整体由柜体和中置式可抽出部分（即手车）两大部分组成。开关柜由母线室、断路器室、手车室、电缆室和继电器仪表室组成。手车室及手车是开头柜的主体部分，采用中置式形式。适用于大型发电厂、变电站以及工矿企业中额定电压为 3.6 ~ 12 kV、额定频率为 50 Hz 的交流电网中，作为接收和分配电能之用。

五、 SF_6 组合电器

SF_6 组合电器，又称为气体绝缘全封闭组合电器（Gas - Insulator Switchgear），简称 GIS。它由断路器、隔离开关、母线、接地开关、互感器、出线套管、电缆终端等组成，这些设备或部件全部封闭在金属接地的外壳中，其内部充以 3 ~ 5 个标准大气压的 SF_6 气体作为绝缘介质。

六、 箱式变电站

箱式变电站也称为组合式变电站，是一种工厂预制的由高压开关设备、配电变压器和低压配电装置，按一定接线方案排成一体的紧凑式配电设备，将高压受电、变压器降压、低压配电等功能有机地组合在一起。特别适用于城网建设与改造，具有成套性强、体积小、占地少、能深入负荷中心、提高供电质量、减少损耗、送电周期短、选址灵活、对环境适应性强、安装方便、运行安全可靠及投资少、见效快等一系列优点。

【习题】

认识成套配电
装置（交互习题）

子任务五　配电装置断面图识读

一、 配电装置断面图

断面图是配电装置某个间隔断面的侧视结构图。它表示该间隔断面回路中，设备间的相互连接及其具体布置方式和尺寸，图 8 - 14 为出线间隔断面图。

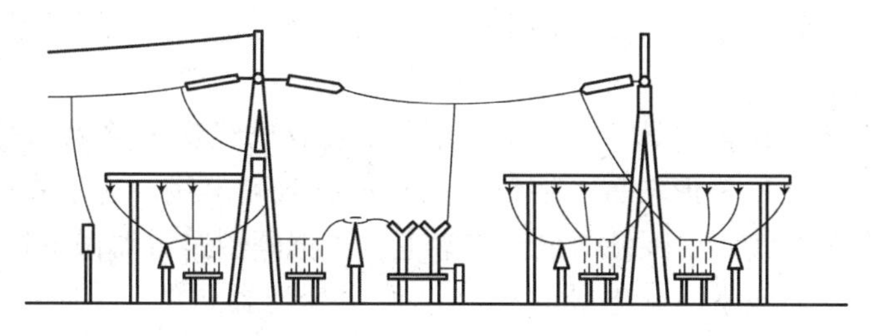

图 8－14　出线间隔断面图

二、配电装置断面图的识读

图 8－15 为 110 kV 屋内配电装置间隔断面图，采用双母线接线。两组主母线平列布置在上层，母线下的两组母线隔离开关安装在基础槽钢上。底层分别布置断路器及出线隔离开关，所有隔离开关均采用 V 形。上下层各设有两条操作维护通道，间隔宽度为 7 m，跨度为 12.5 m，采用人工采光。少油断路器已被逐步淘汰，现多采用六氟化硫断路器，因此，此配电装置中省去了旁路开关。

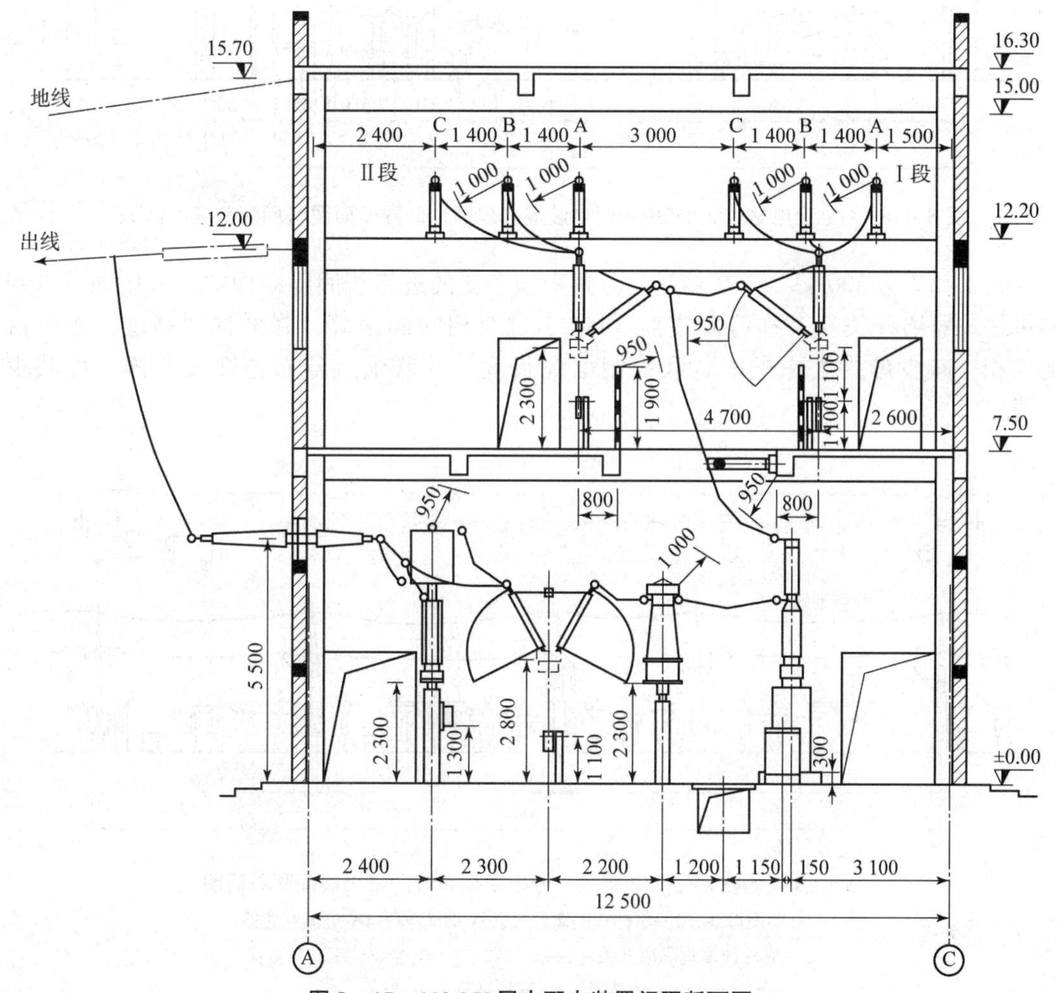

图 8－15　110 kV 屋内配电装置间隔断面图

图 8－16 为 GY 变电站 220 kV 屋内配电装置（E 形）间隔断面图。为了不使配电楼面积过于庞大，采用了占地面积小的敞开式组合电器（包括隔离开关－电流互感器组合电器和隔离开关－隔离开关组合电器），配电装置为双层双母线带旁路隔离开关双列式布置，双母线采用软导线作三列 E 形布置，使每一间隔可以双侧出线。为了降低配电楼的高度，将断路器作低式布置，其活动围栅斜设于支墩上，再把阀型避雷器做下挖 1.6 m 布置。虽然采取了这些措施，但该屋内配电装置楼（两回主变压器进线、3 回出线）的跨度仍达 44.5 m，长度为 48 m，楼房高度为 24 m，该配电楼耗用三材较多，共耗用钢材 292 t、水泥 710 t。

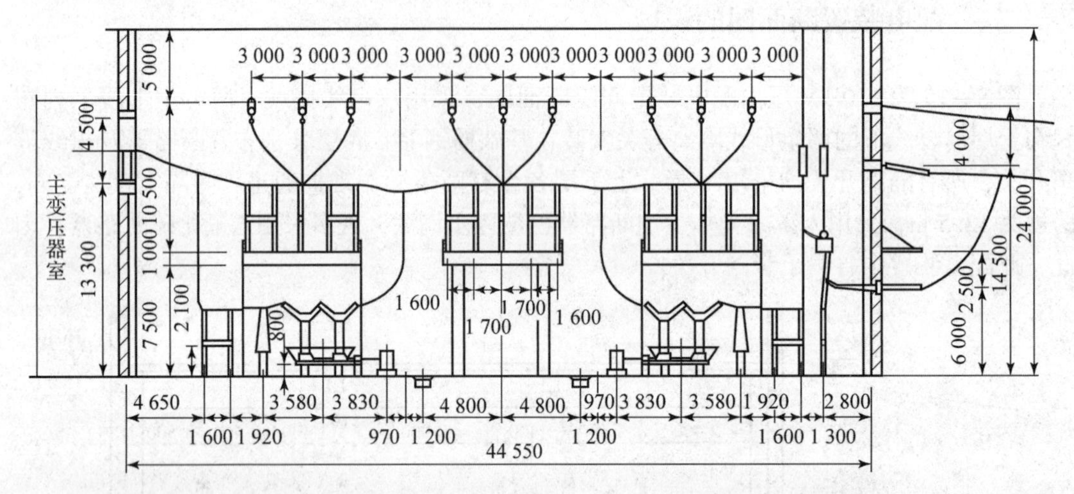

图 8－16　GY 变电站 220 kV 屋内配电装置（E 形）间隔断面图（间隔宽度：12 m）

图 8－17 为 500 kV、3/2 接线、分相中型布置的进出线间隔断面图。采用硬管母线和单柱式隔离开关（又称剪刀式），可减小母线相间的距离，降低构架高度，减少占地面积，减少母线绝缘子串数和控制电缆长度。并联电抗器布置在线路侧，可减少跨线。

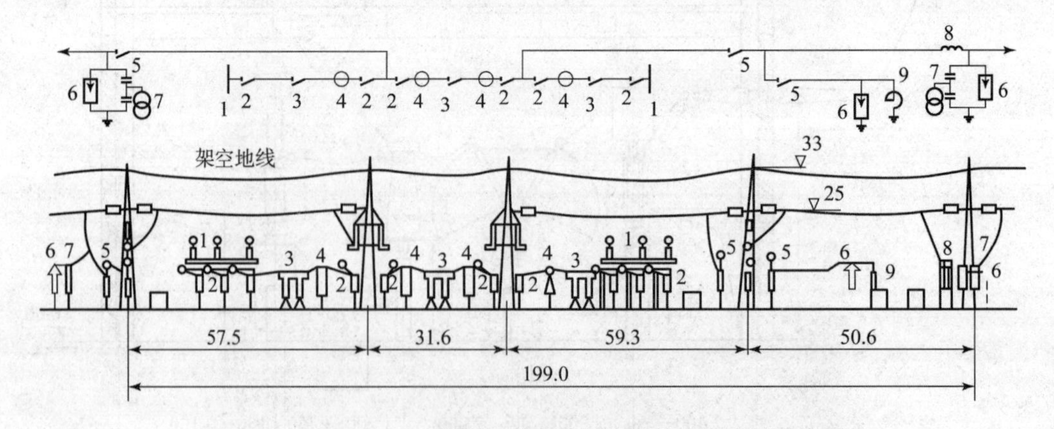

图 8－17　500 kV、3/2 接线、分相中型布置的进出线间隔断面图

1—管形硬母线；2—单柱式隔离开关；3—断路器；4—电流互感器；

5—双柱伸缩式隔离开关；6—避雷器；7—电容式电压互感器；

8—阻波器；9—高压并联电抗器

图 8－18 为 110 kV 单母线分段带旁母线半高型双列配电装置典型设计图。该配电装置以分段断路器兼作旁路断路器，正常运行时旁路带电。为便于检修，隔离开关横梁上设有 1 m 高的圆钢格栅检修平台，上下用爬梯。由于抬高了旁路母线，使得进出线便于引接旁路，克服了一般双列布置主变回路不便上旁路的缺点。其占地面积为普通中型的 73. 2%，耗钢量则为普通中型的 122. 7%。

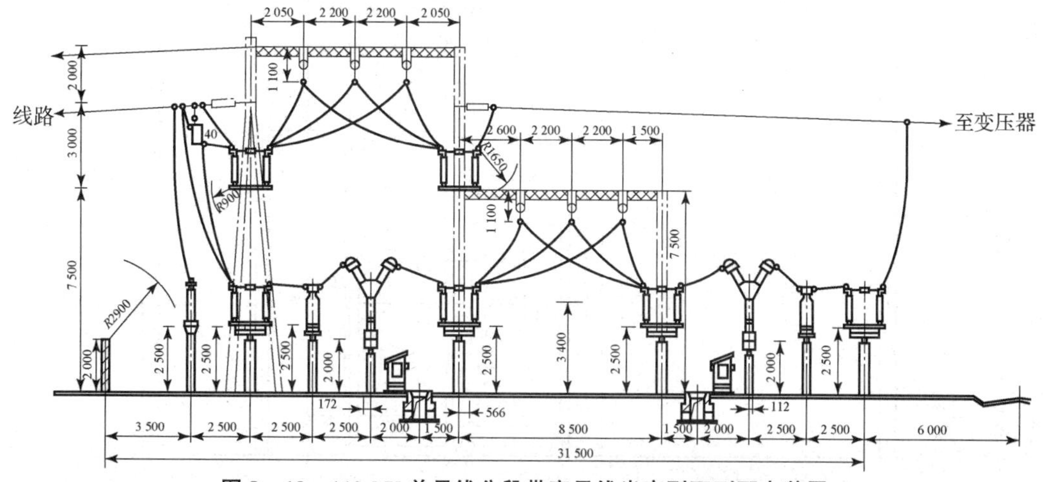

图 8－18　110 kV 单母线分段带旁母线半高型双列配电装置

图 8－19 所示为 220 kV 三框架双列式高型配电装置。该配电装置占地面积仅为普通中型的 46. 6%，耗钢量为普通中型的 112. 5%，间隔宽度为 15 m。为便于操作检修，增设了旁路隔离开关的操作道路，利用旁路开关走道梁兼挂进出线导线。上层隔离开关的引下线改为软线，30°斜撑。配电装置内的搬运通道设在主母线下，缩小了纵向尺寸。

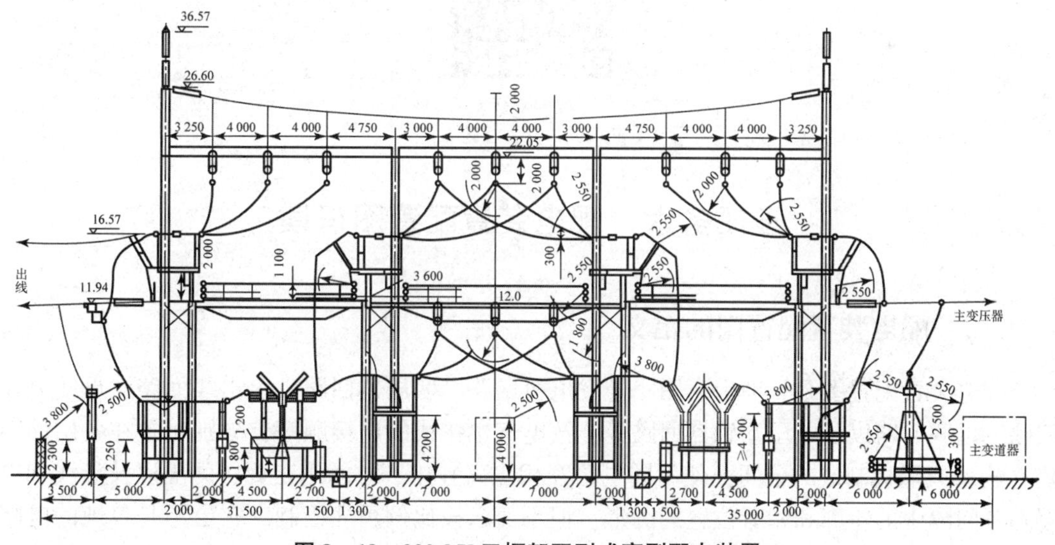

图 8－19　220 kV 三框架双列式高型配电装置

图 8－20 为 GBC—35 成套式高压开关柜。柜内安装了手车式真空断路器、隔离插头以及套管式电流互感器，明显缩小了配电装置总尺寸。母线三相水平布置在开关柜的上部，机械强度大且便于维护与检修。配电间隔的前后有较宽的操作和维护走廊，以便手车式断路器的拉出、推入和巡视。

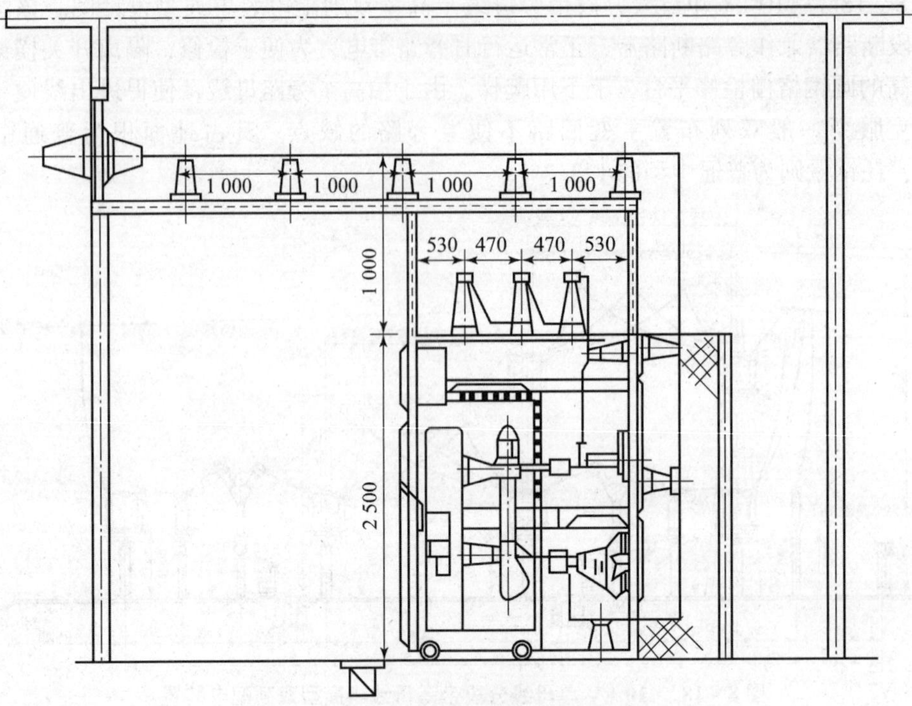

图 8－20　GBC—35 成套式高压开关柜

【习题】

识读配电装置
断面图（交互习题）

子任务六　配电装置配置图识读

一、 配电装置配置图的定义

配电装置配置图是一种示意图，把发电机回路、变压器回路、引出线回路、母线分段回路、母联回路以及电压互感器回路等，按电气主接线的连接顺序，分别布置在各层的间隔（构架或隔板制成的分间，使不同电路互相隔离）中，并示出走廊、间隔以及母线和电器在各间隔中的轮廓和相对位置的图形，但不要求按比例尺寸绘制。它已不是单纯的电路图，而是配电装置布置设计的基础图。

二、 配电装置配置图的作用

配电装置配置图用于分析设备布置是否合理，统计使用设备数量，为平面图、断面图的设计做必要的准备。

配置图是一种示意图。它不按比例画出，不表明具体的设备安装情况。它主要是便于了解整个配电装置设备的内容和布置，以便统计采用的主要设备。

它按一定方式根据实际情况表示配电装置的房屋走廊、间隔以及设备在各间隔内布置的轮廓。

配置图中把进出线、断路器、互感器、避雷器等合理分配于各层间隔中，并表示出导线和电器在各间隔中的轮廓；按电气主接线的顺序布置到间隔中，不要求按比例尺寸绘制。

图 8－21 所示为中、小型发电厂 6～10 kV 汇流母线的二层二走廊式、出线带电抗器的屋内配电装置配置图，为保证供电可靠性和限制短路电流，该接线采用双母线分段的接线形式，并装设分段和出线电抗器。

图 8－22 所示为采用 KYN28A—12 型开关柜的 10 kV 单母线分段屋内配电装置（单列布置）配置接线图，图 8－23 所示为采用 JYN—35 型开关柜的 35 kV 单母线分段屋内配电装置（单列布置）配置接线图。

【习题】

识读配电装置
配置图（交互习题）

任务三　GIS 组合电器运行维护

【任务描述】 通过本任务的学习，学生可掌握 GIS 组合电器的功能；了解 GIS 组合电器的类型及结构；能对 GIS 组合电器进行运维及异常处理。

【教学目标】

知识目标：掌握 GIS 组合电器的功能、结构。

技能目标：能对 GIS 组合电器进行运行维护。

【任务实施】 ①课前根据推送材料认识 GIS 组合电器并做相应测试，教师根据测试情况设计课堂教学内容；②课中学习 GIS 组合电器的运维，做好笔记；③课后归纳总结，并做相应测试，根据测试情况回看相关素材。

【知识链接】 GIS 组合电器及其运行维护、常见异常。

子任务一　初识 GIS 组合电器

一、什么是 GIS

GIS 是气体绝缘全封闭组合电器（Gas－Insulator Switchgear）的英文简称。

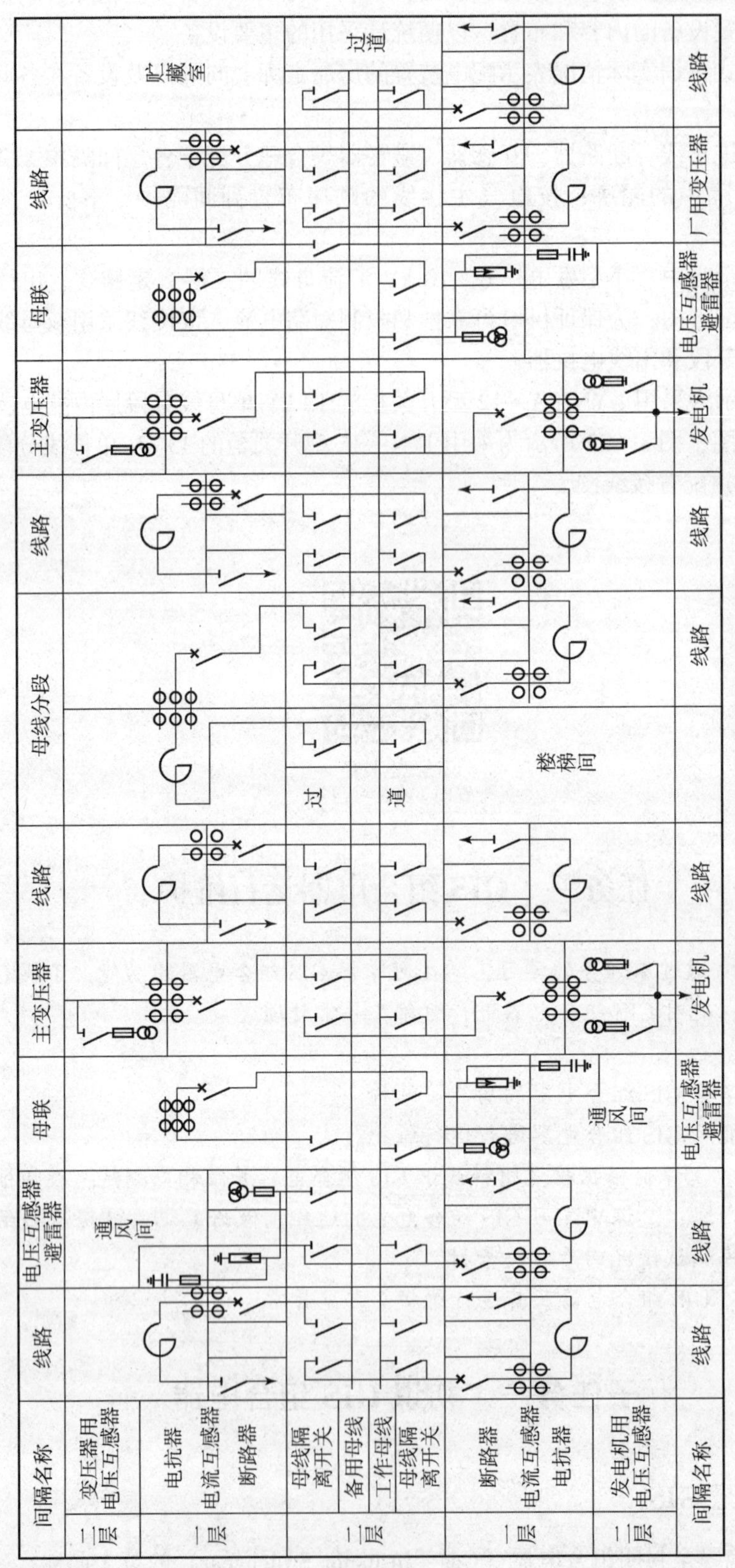

图 8－21　6～10 kV 屋内配电装置配置图

操作走廊																	
LMY-2(100×10)																	
成套小车开关柜 隔离插头																	
成套小车开关柜 真空开关																	
成套小车开关柜 电流互感器 TV避雷器																	
成套小车开关柜 接地刀闸 带电显示器																	
成套小车开关柜 电缆																	
开关柜编号	1	2	3	4	5	6	7	8	9	10	11	12	13	14	15	16	17
开关柜型号	KYN28A -12-022 (改)	KYN28A -12-014	KYN28A -12-077	KYN28A -12-005	KYN28A -12-005	KYN28A -12-041	KYN28A -12-005	KYN28A -12-005	KYN28A -12-012	KYN28A -12-055	KYN28A -12-005	KYN28A -12-005	KYN28A -12-041	KYN28A -12-005	KYN28A -12-005	KYN28A -12-012	KYN28A -12-020 (改)
断路器、熔断器		ZN63A-12 3150A 40kA	RN1-10	ZN63A-12 1250A 31.5kA	ZN63A-12 1250A 31.5kA	RN2-10	ZN63A-12 1250A 31.5kA	ZN63A-12 1250A 31.5kA	ZN63A-12 3150A 40kA		ZN63A-12 1250A 31.5kA	ZN63A-12 1250A 31.5kA	RN2-10	ZN63A-12 1250A 31.5kA	ZN63A-12 1250A 31.5kA	ZN63A-12 1250A 40kA	
电流、电压互感器	LZZBJ9-10 3000/5A 5P20/0.5	LZZBJ9-10 3000/5A 5P20/0.2S		LZZBJ9-10 300/5A 5P20/0.2S/0.5	LZZBJ9-10 200/5A 5P20/0.2S/0.5	JSZF-10 0.2/0.5	LZZBJ9-10 200/5A 5P20/0.2S/0.5	LZZBJ9-10 400/5A 5P20/0.2S/0.5	LZZBJ9-10 3000/5A 5P20/0.5		LZZBJ9-10 200/5A 5P20/0.2S/0.5	LZZBJ9-10 300/5A 5P20/0.2S/0.5	JSZF-10 0.2/0.5	LZZBJ9-10 400/5A 5P20/0.2S/0.5	LZZBJ9-10 400/5A 5P20/0.2S/0.5	LZZBJ9-10 3000/5A 5P20/0.2S/0.5	LZZBJ9-10 3000/5A 5P20/0.5
接地刀闸				JN15-10	JN15-10		JN15-10	JN15-10			JN15-10	JN15-10		JN15-10	JN15-10		
避雷器 站用变压器			SC-100/10/0.4	HY5WS2 -17/50	HY5WS2 -17/50	TBP-10	HY5WS2 -17/50	HY5WS2 -17/50			HY5WS2 -17/50	HY5WS2 -17/50	TBP-10	HY5WS2 -17/50	HY5WS2 -17/50		
电缆（用户自备）																	
带电显示器																	
零序TA					LJ－4－ϕ140		LJ－4－ϕ140				LJ－4－ϕ140			LJ－4－ϕ140	LJ－4－ϕ140		
安装单位名称								电容器室				电容器室					
维护走廊																	

图 8－22　采用 KYN28A—12 型开关柜的 10 kV 单母线分段屋内配电装置（单列布置）配置接线图

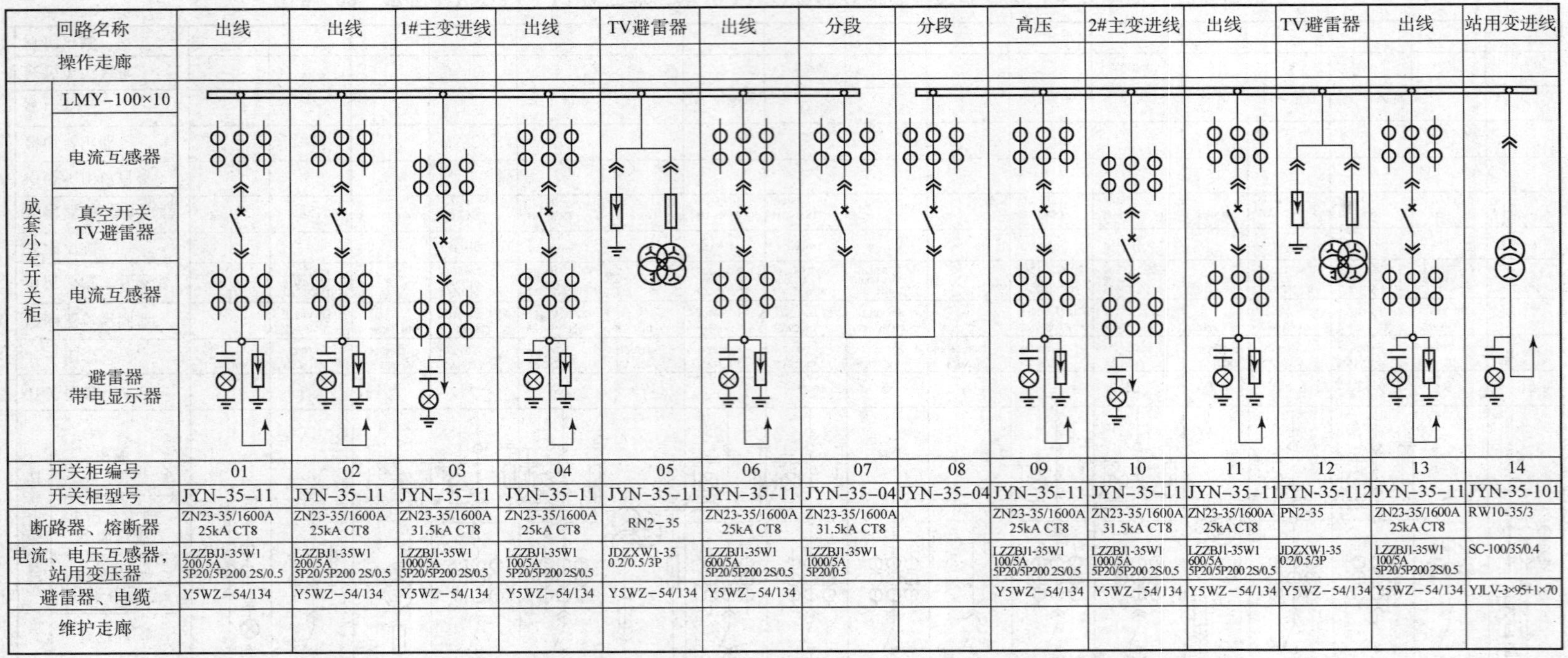

回路名称	出线	出线	1#主变进线	出线	TV避雷器	出线	分段	分段	高压	2#主变进线	出线	TV避雷器	出线	站用变进线
操作走廊														
成套小车开关柜 LMY-100×10														
成套小车开关柜 电流互感器														
成套小车开关柜 真空开关 TV避雷器														
成套小车开关柜 电流互感器														
成套小车开关柜 避雷器 带电显示器														
开关柜编号	01	02	03	04	05	06	07	08	09	10	11	12	13	14
开关柜型号	JYN–35–11	JYN–35–11	JYN–35–11	JYN–35–11	JYN–35–11	JYN–35–11	JYN–35–04	JYN–35–04	JYN–35–11	JYN–35–11	JYN–35–11	JYN-35-112	JYN–35–11	JYN-35-101
断路器、熔断器	ZN23-35/1600A 25kA CT8	ZN23-35/1600A 25kA CT8	ZN23-35/1600A 31.5kA CT8	ZN23-35/1600A 25kA CT8	RN2–35	ZN23-35/1600A 25kA CT8	ZN23-35/1600A 31.5kA CT8		ZN23-35/1600A 25kA CT8	ZN23-35/1600A 31.5kA CT8	ZN23-35/1600A 25kA CT8	PN2-35	ZN23-35/1600A 25kA CT8	RW10-35/3
电流、电压互感器，站用变压器	LZZBJJ-35W1 200/5A 5P20/5P200 2S/0.5	LZZBJ1-35W1 200/5A 5P20/5P200 2S/0.5	LZZBJ1-35W1 1000/5A 5P20/5P200 2S/0.5	LZZBJ1-35W1 100/5A 5P20/5P200 2S/0.5	JDZXW1-35 0.2/0.5/3P	LZZBJ1-35W1 600/5A 5P20/5P200 2S/0.5	LZZBJ1-35W1 1000/5A 5P20/0.5		LZZBJ1-35W1 100/5A 5P20/5P200 2S/0.5	LZZBJ1-35W1 1000/5A 5P20/5P200 2S/0.5	LZZBJ1-35W1 600/5A 5P20/5P200 2S/0.5	JDZXW1-35 0.2/0.5/3P	LZZBJ1-35W1 100/5A 5P20/5P200 2S/0.5	SC-100/35/0.4
避雷器、电缆	Y5WZ–54/134	Y5WZ–54/134	Y5WZ–54/134	Y5WZ–54/134	Y5WZ–54/134	Y5WZ–54/134			Y5WZ–54/134	Y5WZ–54/134	Y5WZ–54/134	Y5WZ–54/134	Y5WZ–54/134	YJLV-3×95+1×70
维护走廊														

图 8–23　JYN—35 型开关柜的 35 kV 单母线分段屋内配电装置（单列布置）配置接线图

GIS 组合电器由断路器、隔离开关、接地开关、互感器、避雷器、母线、连接件和出线终端等组成，这些设备或部件全部封闭在金属接地的外壳中，在其内部充有一定压力的 SF_6 绝缘气体，故也称为 SF_6 全封闭组合电器。

SF_6 全封闭组合电器，按结构分为：分相组合式，母线三相共箱式和其余三相分箱式，现在三相共箱式已广泛采用，即变电所除了变压器外，所有一次设备，如隔离开关、接地隔离开关、断路器、互感器、母线、避雷器、电缆头等，都装在充有 SF_6 气体的封闭金属外壳内，并保持一定压力。

GIS 配电装置的气体系统，由 SF_6 全封闭电器、辅助设备（如真空泵、压缩机、储气罐、过滤器等）、监视仪表、信号装置等组成。这样，使变电所设备结构为之一新。

二、 GIS 组合电器的特点

GIS 组合电器大量节省变电所的占地和空间，由于 SF_6 气体灭弧能力相当同等条件下空气灭弧能力的 100 倍，绝缘能力超过空气的 2 倍，断路器的开断能力强，断口数几乎减少一半，且断口电压可做得较高，组合在一起的电器体积大为缩小。

GIS 组合电器运行安全可靠，电气设备装在封闭的金属外壳内，不受外界和气象影响，不会发生短路接地、人员触电伤亡事故，且无着火，爆炸危险。正常运行检查、维护工作量少，环境整洁。

GIS 组合电器电气性能良好，检修周期长，维护方便，其一般周期可达 10 年或开断额定容量 15 次，故 SF_6 气体系统使用 5 年后，才需补充漏耗的少量气体，但过滤器可使用 10 年。

由于金属外壳接地屏蔽作用，GIS 组合电器能消除噪声、静电感应和无线电干扰，有利于工作人员安全和健康。

归纳 GIS 组合电器的优点为：结构紧凑、占地面积小、不受环境影响、安全性能好、可靠性高、维护工作量小、配置灵活、安装方便。

基于 GIS 组合电器的特点，相应也存在其应注意的问题：

GIS 需要专门的 SF_6 气体系统和压力监视装置，对 SF_6 气体的纯度（要求大于 99.8%）、水分都有严格的要求，对 GIS 组合电器的密封结构、元件材料性能装配工艺要求都很高。因为 SF_6 气体受电场均匀程度、电弧影响较大，若泄漏物与空气中氧、水分和电弧作用，会很快分解出低氧化物、氟氧化硫、四氟化硫和五氟化硫聚合物等，能与人体和材料产生剧毒物质，危害极大，因此必须要有检漏措施。同时，采用过滤器（通过活性氧化铝或活性炭）加以吸附。虽然 SF_6 电器运行中在国内外尚未发生中毒事故，但是必须采取“以防为主”的安全措施。

GIS 组合电器金属消耗量大，造价高，但随着电压等级增加，造价将下降。

GIS 组合电器的缺点为：制造工艺要求高、金属耗量大，价格较昂贵。检修措施要求严密，故障损失大，密封性能要求高。

三、 GIS 组合电器应用场合

GIS 组合电器为高压配电装置，属变电站的一次设备，其主要作用就是接收和分配电能。

目前，我国的 GIS 组合电器通常使用的起始电压为 60 kV，并在下列情况下采用：布置场地特别狭窄地区，如地下、市内变电所；加强外绝缘有困难的高海拔地区；高烈度地震区；严重污秽地区；重冰雹、大风沙地区。

四、GIS 组合电器型号

GIS 组合电器型号含义如图 8－24 所示。

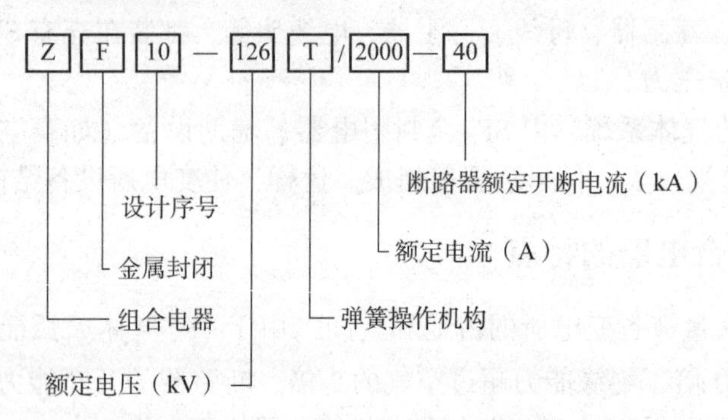

图 8－24　GIS 组合电器型号含义

第一部分的字母 Z 表示组合电器；第二部分的字母 F 表示金属封闭；第三部分的数字是设计序号；横杠后面的值是额定电压，单位是 kV，此型号中额定电压为 126 kV；字母 T 表示弹簧操作机构；斜杠后面的值是额定电流，单位是 A，此型号中额定电流为 2 000 A；最后一个值是断路器额定开断电流，单位是 kA，此型号中断路器额定开断电流为 40 kA。

五、GIS 组合电器的结构

GIS 组合电器通常由电缆进出线间隔、架空进出线间隔、母联单元间隔和 PT 避雷器单元间隔组成，如图 8－25 所示。

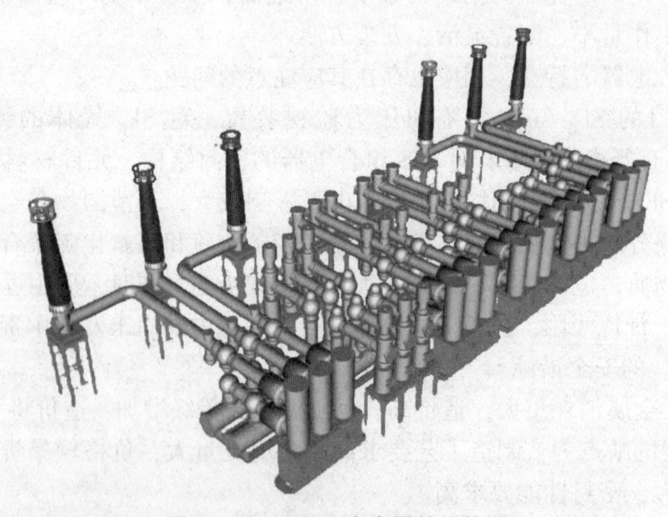

图 8－25　GIS 组合电器的结构图

电缆进出线间隔如图 8－26 所示，主要组成部分有母线、Ⅰ母线侧刀闸、Ⅱ母线侧刀闸、母线侧接地刀闸、母线侧 CT、开关、线路侧 CT、出线刀闸、开关侧接地刀闸、线路侧接地刀闸、线路 PT、电缆出线。

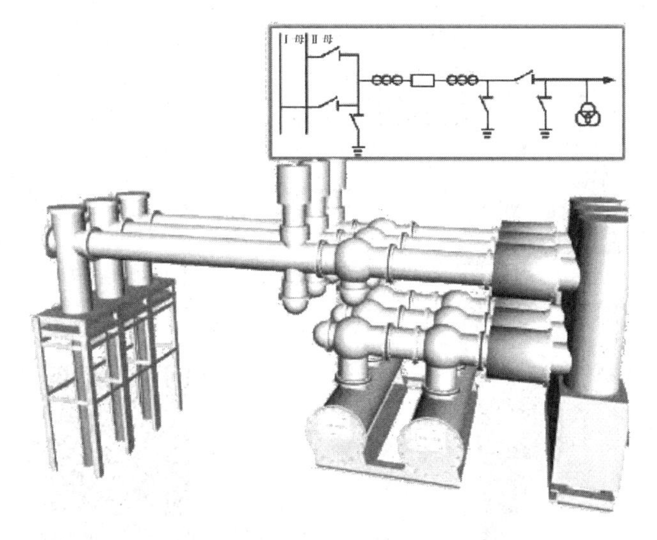

GIS组合电器电缆进出线间隔（视频文件）

图 8 – 26　电缆进出线间隔

架空进出线间隔如图 8 – 27 所示，主要组成部分有母线、母线侧刀闸、开关母线侧接地刀闸、CT、SF_6 开关、开关线路侧接地刀闸、出线刀闸、线路侧接地刀闸、架空输出线。

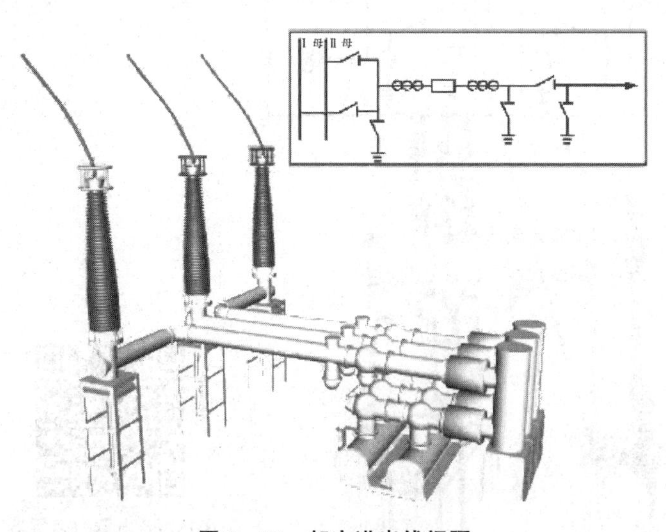

GIS组合电器架空进出线间隔（视频文件）

图 8 – 27　架空进出线间隔

母联单元间隔如图 8 – 28 所示，它的主要组成部分有母线、Ⅰ母线侧刀闸、Ⅰ母线侧接地刀闸、CT、六氟化硫断路器、Ⅱ母线侧刀闸、Ⅱ母线侧接地刀闸。

PT 避雷器单元间隔如图 8 – 29 所示。其主要组成部分有母线、刀闸、母线侧接地刀闸、PT 接地刀闸、电压互感器、PT 避雷器。

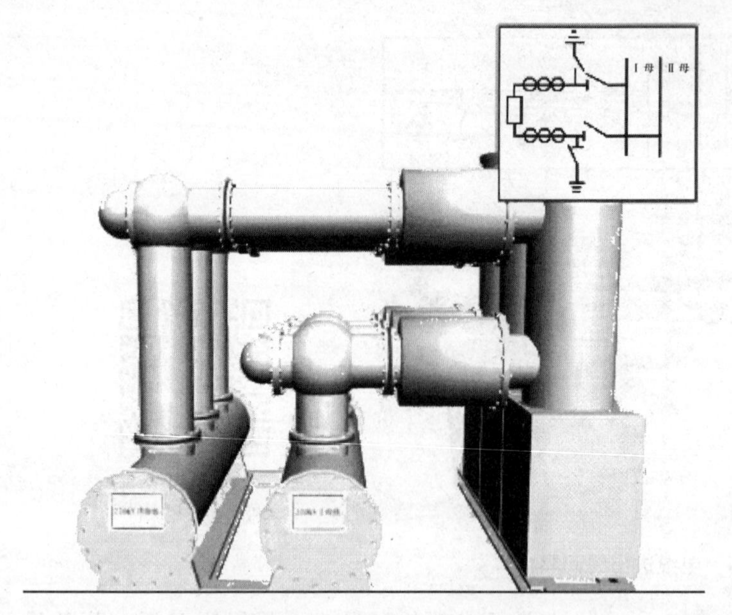

GIS组合电器母联单元间隔（视频文件）

图 8－28　母联单元间隔

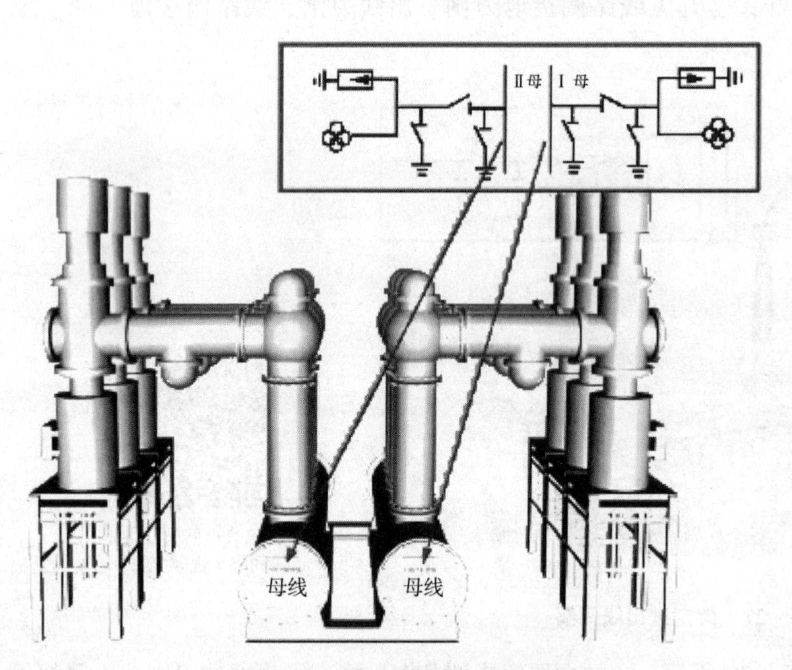

GIS组合电器PT避雷器单元间隔（视频文件）

图 8－29　PT 避雷器单元间隔

【习题】

认识GIS组合电器（交互习题）

子任务二　GIS 组合电器结构

GIS 组合电器主要由罐式六氟化硫断路器、分相式隔离开关、接地开关、主母线及分支母线、电流互感器、避雷器、电压互感器和终端元件组成。下面我们一一学习其原理。

一、 罐式六氟化硫断路器

罐式六氟化硫断路器结构如图 8 – 30 所示，断路器导电回路采用自力型触指，该触指无须外加弹簧压紧，靠材料自身弹力，保证其对导电元件压紧力，无崩簧触指或触指松散情况则很危险。该断路器的电寿命和机械寿命高。电寿命：开断满容量 20 次；开断额定工作电流 2 000 次。

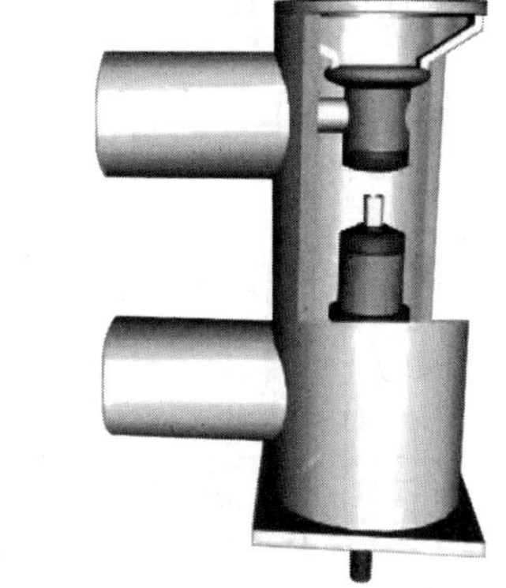

图 8 – 30　罐式六氟化硫断路器结构

灭弧室为单压式变开距双喷结构，如图 8 – 31 所示，它由静触头和动触头、压气缸、活塞以及其他部件组成。

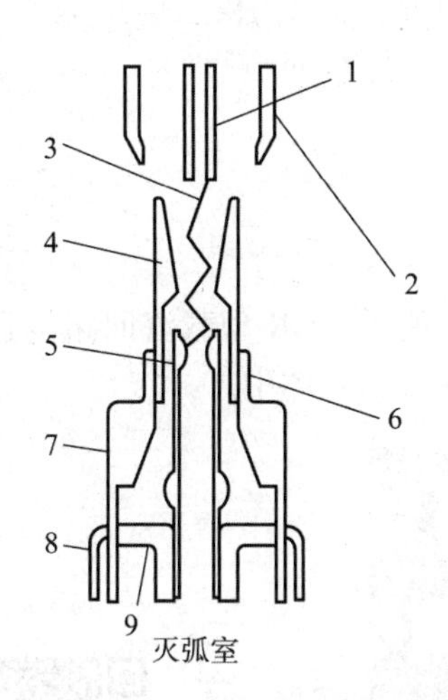

图 8 – 31　灭弧室截面结构图

1—静主触头；2—静弧触头；3—电弧；
4—喷嘴；5—动弧触头；6—动主触头；
7—气缸；8—中间触指；9—活塞

GIS组合电器罐式六氟化硫断路器机构原理（视频文件）

罐式六氟化硫断路器灭弧采取压缩空气纵向吹弧原理，其灭弧原理如图 8 – 32 所示。图中箭头表示吹弧方向。

罐式六氟化硫断路器配气动机构的分闸操作依靠储气罐中 1.5 MPa 的压缩空气进行。分闸的同时给合闸弹簧储能，为合闸操作做准备。

罐式六氟化硫断路器分闸过程如图 8 – 33 所示。

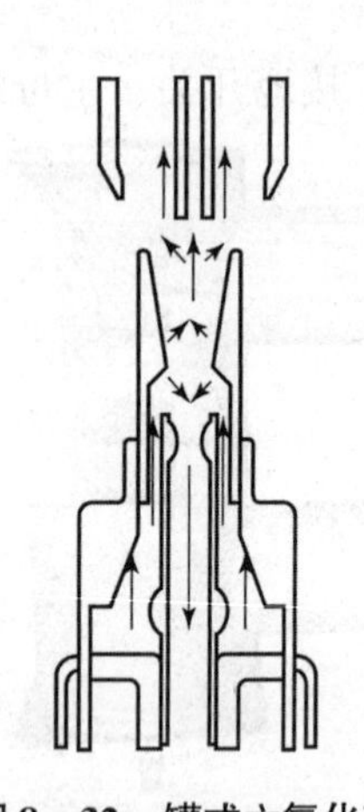

图 8-32　罐式六氟化硫断路器灭弧原理

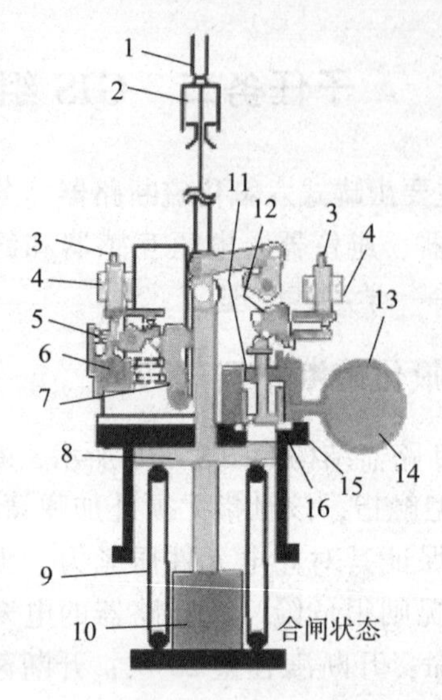

图 8-33　分闸过程

1—静触头；2—动触头；3—分闸铁芯；4—分闸电磁铁；5—防跳拐臂；6—防跳销；7—保持掣子；8—活塞；9—合闸弹簧；10—缓冲器；11—排气扎；12—拐臂；13—储气罐；14—压缩空气；15—控制阀；16—阀座

合闸操作时合闸弹簧被释放，使断路器合闸。

二、　分相式隔离开关

分相式隔离开关有 GL、GR 两种，如图 8-34 所示。GR 型载流回路呈直角形，GL 型呈直线形。两种隔离开关的所有带电部件均安装在金属壳体中。

图 8-34　分相式隔离开关类型

GIS组合电器分相式隔离开关机构原理（视频文件）

两种隔离开关都可组合进一台接地开关，使 GIS 组合电器布置时更加紧凑，随意、多变。

1. GR 型隔离开关

GR 型隔离开关载流回路呈直角形，如图 8-35 所示，其主要用于母线侧刀闸。

GR 型隔离开关内部结构如图 8-36 所示，由动触头、静触头、旋转连杆等组成。

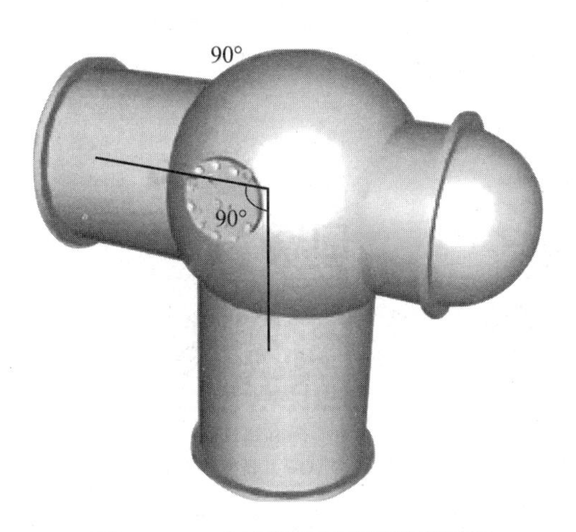

图 8－35　GR 型隔离开关载流回路

图 8－36　GR 型隔离开关内部结构

2. GL 型隔离开关

GL 型隔离开关载流回路呈直线形，如图 8－37 所示，其主要用于线路侧刀闸。

GL 型隔离开关内部结构如图 8－38 所示。

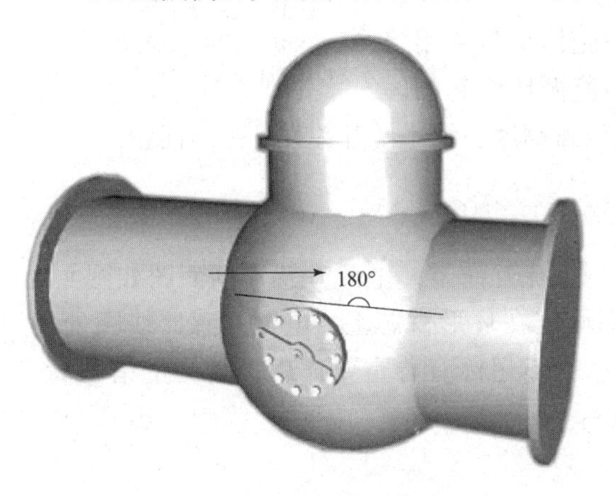

图 8－37　GL 型隔开关载流回路

图 8－38　GL 型隔离开关内部结构

隔离开关的分、合闸装置没有开断能力，因此，与断路器及其他隔离开关和接地开关之间必须联锁。根据主接线的需要，隔离开关有时须具备一定的开合容性、感性小电流和母线转换电流性能，其隔离开关内部通过专门设计来满足。

三、 接地开关

接地开关装在壳体中的动触头通过密封轴、拐臂和连接机构相连，壳体采用转动密封方式和外界环境隔绝，当该接地开关合闸时其接地通路是静触头、动触头、壳体及接地端子。

接地开关的结构如图 8－39 所示，主要由动触头、静触头、拐臂组成。

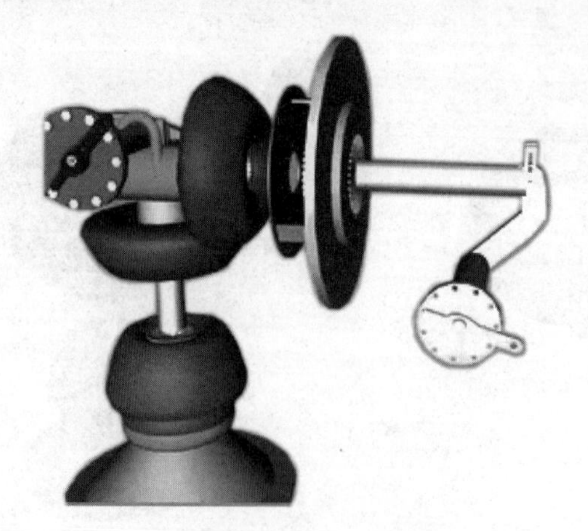

GIS组合电器接地开关机构原理（视频文件）

图8－39　接地开关结构

四、　主母线及分支母线

GIS组合电器主母线及分支母线机构原理（视频文件）

主母线采用三相共箱式结构，也可采用分箱式结构。分支母线采用分箱式结构。

母线导体连接采用表带触指，梅花触头。壳体材料采用铝筒及铸铝壳体低能耗材料，可避免磁滞和涡流循环引起的发热。采用主母线落地布置结构，降低了开关设备高度，缩小了开关设备占地面积。

五、　电流互感器

图8－40所示为内装电感式单相环氧浇注型电流互感器。电流互感器剖面图如图8－41所示，互感器中导体是初级线圈。次级线圈固定在环形铁芯上，电流互感器线圈处于地电位，属于无故障CT；并且对保证气室含水量不超标有着重要作用；其测量精度高，可做到0.2级。

GIS组合电器电流互感器机构原理（视频文件）

图8－40　内装电感式单相环氧浇注型电流互感器

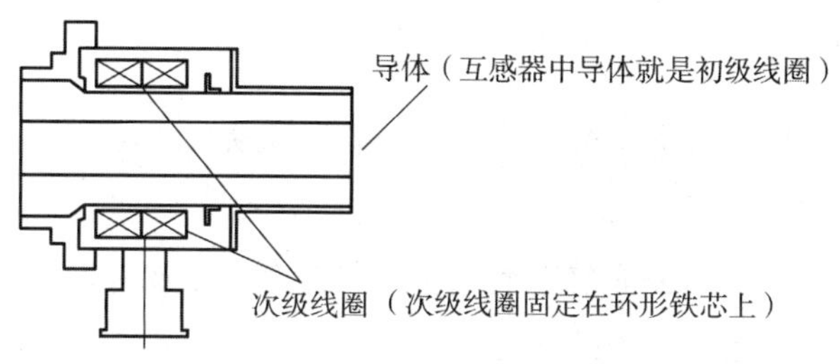

图 8－41 电流互感器剖面图

六、 避雷器

罐式氧化锌型封闭式避雷器结构如图 8－42 所示，采用 SF_6 气体绝缘，垂直安装。避雷器主要由罐体、盆式绝缘子、安装底座及芯体等部分组成，芯体是由氧化锌电阻片作为主要元件，它具有良好的伏安特性和较大的通流容量。

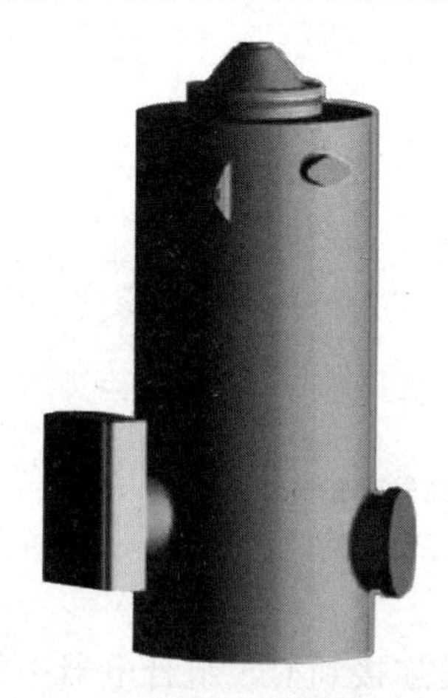

GIS组合电器避雷器
机构原理（视频文件）

图 8－42 罐式氧化锌型封闭式避雷器

七、 电压互感器

电压互感器及其剖面图如图 8－43 所示。252 kV GIS 组合电器所用电压互感器的一次绕组为全绝缘结构，另一端作为接地端和外壳相连。一次绕组和二次绕组为同轴圆柱结构，一次绕组装有高压电极及中间电极，绕组两侧设有屏蔽板，使场强分布均匀。

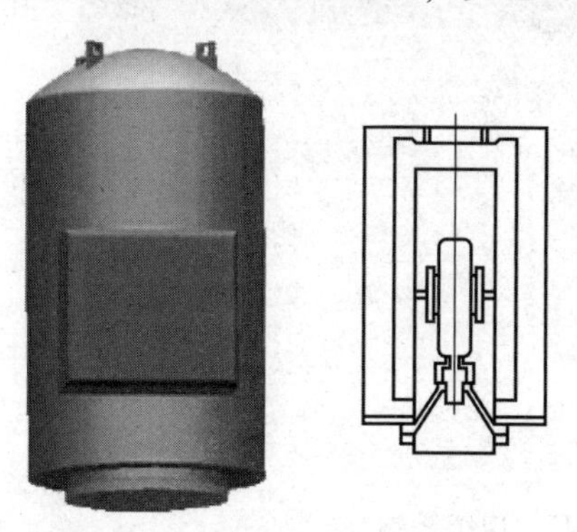

GIS组合电器电压互感器
机构原理（视频文件）

图 8－43 电压互感器及其剖面图

八、 终端元件

GIS组合电器终端元件机构原理（视频文件）

终端元件由充气套管、电缆终端、变压器连接头组成。

1. 充气套管

充气套管如图 8－44 所示，充气套管内充入 SF_6 气体；装有一体化旋压超长屏蔽罩，改善了电场分布瓷套外绝缘，具有耐受Ⅰ、Ⅱ、Ⅲ级污秽等级的能力。

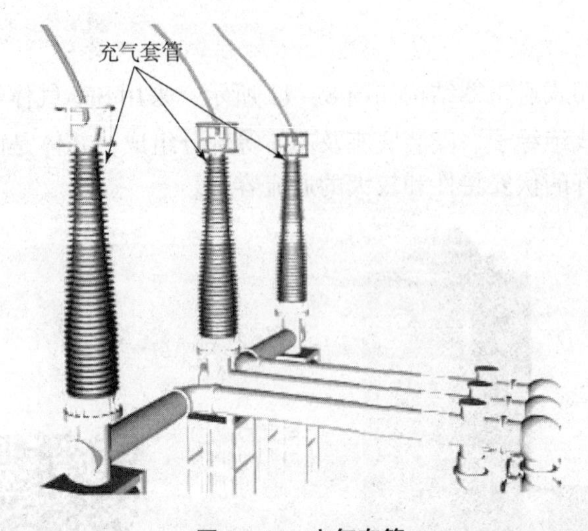

图 8－44　充气套管

2. 电缆终端

电缆终端如图 8－45 所示，是把高压电缆连接到 GIS 组合电器中的部件。其设计及 GIS 组合电器与高压电缆制造分担按 IEC 600859 执行。

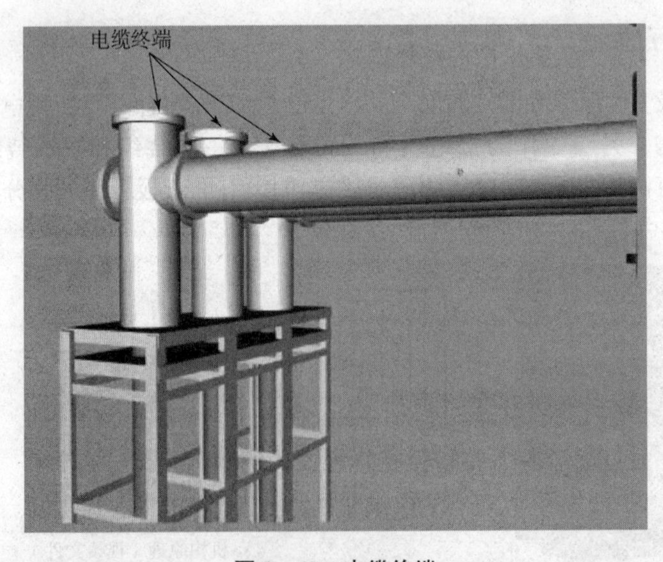

图 8－45　电缆终端

电缆终端的结构剖面图如图 8－46 所示。

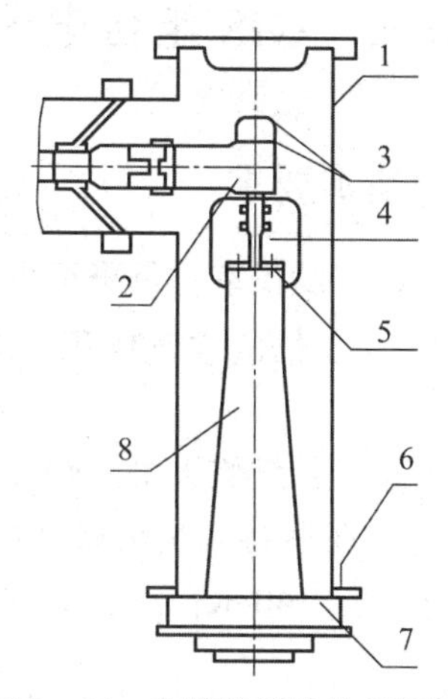

图 8－46　电缆终端结构剖面图

1—壳体；2—连接导体；3—屏蔽导体；4—螺栓；5—上部导体；
6—螺栓、螺母、垫圈；7—过渡法兰；8—电缆终端

3. 变压器连接头

变压器连接头如图 8－47 所示，是把变压器引出接头连接到 G1S 组合电器中的部件。其设计及 G1S 组合电器与变压器制造分担按 IEC 601639 执行。

变压器连接头的结构剖面图如图 8－48 所示。

图 8－47　变压器连接头

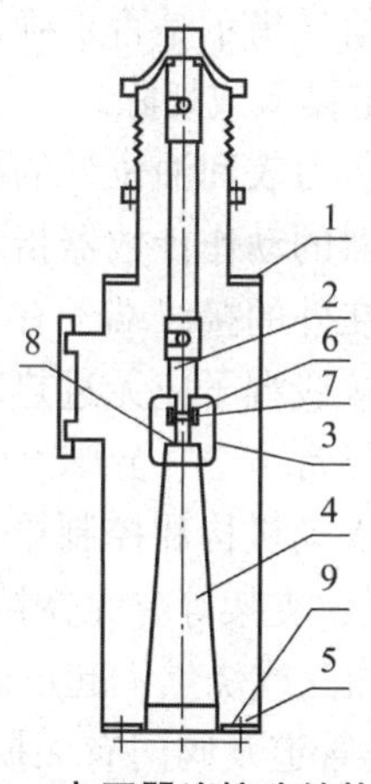

图 8－48　变压器连接头结构剖面图

1—壳体；2—连接导体；3—屏蔽导体；
4—油气套管；5—螺栓、螺母、垫圈；
6—导向棒、垫圈；7—梅花触头；
8—上部导体；9—口形圈

【习题】

GIS组合电器的
类型及结构（交互习题）

子任务三　GIS 组合电器运行

一、 GIS 组合电器运行的基本要求

（1）运行人员经常进入的户内 SF_6 设备室：每班至少通风一次，换气 15 min，抽风口应安装在室内下部，换气量应大于 3～5 倍的空气体积，对工作人员不经常出入的设备场所，在进入前应先通风 15 min。

（2）运行中 GIS 组合电器对于运行、维修人员易触及的部位：在正常情况下外壳及构架上的感应电压不应超过 36 V；温升在运行人员易触及的部分不应超过 30 K；运行人员易触及但操作时不触及的部分不应超过 40 K；运行人员不易触及的个别部位不应超过 65 K。

（3）SF_6 开关设备巡视检查：运行人员每天至少检查一次。无人值班变电所按照电力公司《无人值班变电所运行导则》规定进行巡视。巡视 SF_6 设备时，主要进行外观检查，检查设备有无异常，并做好记录。

二、 GIS 组合电器巡视检查项目

（1）断路器、隔离开关、接地开关的位置指示正确，并与当时实际运行工况相符。

（2）检查断路器和隔离开关的动作指示是否正常，记录其累计动作次数。

（3）各种信号指示是否正确，控制开关的位置是否正确，控制柜内加热器装置的工作状态是否按规定投入或切除。

（4）各种压力表和油位计的指示值是否正常。

（5）避雷器的动作计数器指示值是否正常，在线检测泄漏电流指示值是否正常。

（6）裸露在外的接线端子有无过热情况，汇控柜内有无异常现象。

（7）外部接线端子应无过热现象，瓷套应无开裂、破损、脏污及闪络放电现象。

（8）有无异常声音、异味。

（9）设备操动机构和控制箱等的防护门、盖是否关严。

（10）外壳、支架等有无锈蚀、损坏，瓷套有无开裂、破损或污秽情况。外壳漆膜是否有局部颜色加深或烧焦、起皮现象。

（11）各类管道及阀门有无损伤、锈蚀，阀门的开闭位置是否正确，管道的绝缘法兰与绝缘支架是否良好。

（12）设备有无漏气（SF_6 气体、压缩空气）、漏油（液压油、电缆油）。

（13）接地端子有无发热现象，接触是否完好。金属外壳的温度是否超过规定值。

（14）压力释放装置有无异常，其释放出口有无障碍物。

（15）GIS 室内的照明、通风和防火系统及各种监测装置是否正常、完好。

（16）所有设备是否清洁，标示是否清晰、完善。

（17）定期对压缩空气系统进行排水（或排污）。

三、GIS 组合电器的日常维护

GIS正常运行操作、巡视检查及维护注意事项（视频文件）

（1）对气动机构应三个月或每半年对防尘罩和空气过滤器清扫一次。防尘罩的清扫由运行人员进行。空气过滤器清扫由检修人员进行。空气储气罐需每周排放一次积水。

（2）运行人员负责每两周检查空气压缩机润滑油油位，当油位低于标志线下限时应及时补充润滑油。做好空气压缩机的累计启动时间和次数记录。空气压缩机寿命一般在 2 000 h，记录该数据可作为检修的依据。短期内空气压缩机频繁启动说明有内漏，应及时报检修进行消缺。

（3）对液压机构，应每周打开操动机构箱门检查液压回路有无漏油现象。夏季高温期间，密封件质量不过关易发生泄漏的，应特别加强定期检查工作，做好油泵累计启动时间记录，平时注意油泵启动次数或打压时间，若出现频繁启动或打压时间超长的情况，需要及时与检修人员联系进行处理。

（4）定期检查记录。如 SF_6 压力值、液压机构油位、避雷器动作次数等，应定期进行检查并记录。

四、GIS 组合电器的运行规定

（1）断路器投运前必须做一次远方分、合闸试验，断路器两侧隔离开关必须拉开，正常运行时断路器的操作应在后台进行，方式选择开关置于“远方”位置。在调试或事故处理时，才允许就地操作。SF_6 气体、操作机构的液压油和氮气均应满足质量要求。

（2）对液压机构失压的处理规定。断路器在合闸运行状态时，若液压机构失压，不得重新打压。应将断路器退出运行，在断路器不承受工作电压条件下重新打压，以避免断路器失压后再打压时的慢分闸事故。

（3）断路器慢分合操作规定。断路器必须在退出运行、不承受工作电压时，才能进行慢分、慢合闸操作。

（4）对液压机构油压升降情况的处理规定。油压断路器液压机构的油压应符合厂家的规定。正常油压为额定值，油压降低时，油泵自动启动、自动停止、运行时间应正常，闭锁分、合闸应正常，各种信号发出应正常；油压升高时，安全阀动作应正常。

（5）对 SF_6 气体压力的规定。断路器间隔和其他间隔的 SF_6 气体压力应符合厂家规定。如断路器间隔额定气压为 0.655 MPa，当气压降低至规定值时应能闭锁分、合闸，断路器间隔或其他间隔气压降低至某定值时，应能发出“SF_6 压力降低”信号。

GIS 组合电器产生故障的原因主要是设备制造厂家方面的原因和安装方面的原因。制造厂家方面的原因主要是：制造车间清洁度差，造成金属微粒、粉尘和其他杂物残留在 GIS 组合电器内部；装配的误差大，造成元件摩擦产生金属粉末遗留在零件隐蔽部位；不遵守工艺规程造成零件错装、漏装现象；材料质量不合格。

安装方面的原因主要是：安装现场清洁度差，导致绝缘件受潮、被腐蚀，外部的尘埃、杂物侵入 GIS 组合电器内部；不遵守工艺规程造成零件错装、漏装现象；与其他工程交叉作业造成异物进入 GIS 组合电器内部。

五、GIS组合电器设备的常见异常及故障处理方法

GIS异常及处理方法
（视频文件）

1. GIS断路器拒绝合闸

若断路器操作电源断电，运行人员应检查断路器操作电源空开是否跳闸或熔丝熔断，如果发现是操作电源空开或熔丝熔断，运行人员应试合空开或更换熔丝，还应检查汇控柜内的开关“远方－就地”选择开关是否在“远方”位置。

若是控制回路问题，应重点检查控制回路易出现故障的位置，如同期回路、控制开关、合闸线圈、分相操作箱内继电器等，对于二次回路问题，一般应通知专业人员进行处理。

若汇控柜内“远方－就地”控制把手置于“就地”位置或接点接触不良，则可将“远方－就地”控制把手置于“远方”位置或将把手重复操作两次，若接点回路仍不通，应通知专业人员进行处理。

如果是弹簧机构未储能，应检查其电源是否完好，若属于机构问题应通知专业人员处理。

若是断路器 SF_6 压力降低而闭锁开关，运行人员应断开断路器操作电源空开，申请停用重合闸，通知专业人员处理。

如果是故障造成断路器不能投运时，运行人员应汇报调度将断路器隔离（断开断路器两侧隔离开关），待专业人员处理。

2. GIS断路器拒绝分闸

若是分闸电源断电，运行人员应检查断路器操作电源是否空开跳闸或熔丝熔断，如果发现是操作电源空开跳闸或熔丝熔断，运行人员应试合空开或更换熔丝，还应检查汇控柜内的“远方－就地”选择开关确在“远方”位置。

若是控制回路存在故障，应重点检查分闸线圈、分相操作箱继电器、断路器控制把手，在确定故障后应通知专业人员进行处理。

若是断路器辅助接点转换不良，应通知专业人员进行处理。

若是汇控柜内“远方－就地”把手位置在“就地”位置，应将把手放在对应的位置，若是把手辅助触点接触不良，应通知专业人员进行处理。

如果是弹簧机构未储能，应检查其电源是否完好，若属于机构问题应通知专业人员处理。

若是断路器 SF_6 压力降低而闭锁开关，运行人员应断开断路器操作电源空开，申请停用重合闸，汇报调度，通知专业人员处理。

当故障造成断路器不能分闸时，运行人员应立即汇报调度，经调度同意后用母联串代故障断路器，即将非故障出线断路器倒换至另一母线，用母联断路器切除故障断路器，并将故障断路器接的那段母线转检修，通知专业人员处理。

3. GIS操作机构异常

（1）GIS断路器液压操作机构异常处理。发生液压机构无油位或漏油严重导致断路器分、合闸闭锁时，运行人员应切断其电机电源，立即汇报调度，经调度同意后用母联开关

串代故障断路器，即将非故障出线断路器倒换至另一母线，用母联断路器切除故障断路器；将故障断路器接的那段母线转检修，通知专业人员处理。

（2）GIS 设备隔离开关操作机构异常处理。正常操作 GIS 设备隔离开关时，如遇无法电动操作时，运行人员应检查控制回路电压或电机电压，查看是否过低或失压。如属于过低或失压时应立即恢复，并检查热继电器是否动作。如果热继电器动作，应按热继电器“复位”按钮。无法电动操作时应进行手动操作，操作前应先断开操作电源。

若连手动也无法操作时，当母线侧隔离开关无法操作时应马上汇报调度，经调度同意后立即将非故障出线断路器倒换至另一母线，将其故障隔离开关所接母线转检修，并将其开关也转检修，然后通知检修人员进行处理；线路侧隔离开关无法操作时马上汇报调度，经调度同意后在保证开关确已断开的情况下，断开母线侧隔离开关，将本侧停电并转检修（对侧应将线路转检修），然后通知检修人员进行处理。

4. GIS 设备遇到 SF_6 气压降低

当运行人员发现 GIS 设备 SF_6 气体降低至报警值时，应上报运行检修部，由检修人员对其补气。

（1）当运行人员发现 GIS 设备 SF_6 气体降低至闭锁值时，应立即将操作电源拉开，并锁定操动机构，在手动操作把手上挂“禁止操作”的标示牌，立即报告调度，根据命令，采取措施将故障开关隔离；汇报部门通知运行检修部门进行处理。

（2）GIS 设备如遇 SF_6 气体发生严重漏气故障时，应立即断开该开关的操作电源，在手动操作把手上挂“禁止操作”的标示牌；汇报调度，根据调度命令，采取措施将故障开关隔离；在接近设备时要谨慎，尽量选择从上风接近设备，必要时要戴防毒面具、穿防护服。

5. GIS 设备发生意外爆炸

若 GIS 设备发生意外爆炸事故，事故处理人员接近设备时要谨慎，对户外设备，尽量选择从上风接近设备。当处理 SF_6 气体大量外泄时，进行紧急处理时应注意：

（1）人员进入户外设备 10 m 内，必须穿防护服、戴防护手套及防毒面具。

（2）在室外应站在上风处进行工作。

【习题】

GIS组合电器运行与维护（交互习题）

参考文献

[1] 肖艳萍. 发电厂变电站电气设备 [M]. 北京：中国电力出版社，2009.

[2] 余建华，谭绍琼. 发电厂变电站电气设备 [M]. 第四版. 北京：中国电力出版社，2014.

[3] 郭琳，胡斌，黄兴泉. 发电厂电气设备 [M]. 第三版. 北京：中国电力出版社，2016.